中国传统建筑
解析与传承

河南卷
Henan Volume

THE INTERPRETATION AND INHERITANCE OF TRADITIONAL CHINESE ARCHITECTURE

《中国传统建筑解析与传承 河南卷》编委会 编

Editorial Committee of the Interpretation and Inheritance of Traditional Chinese Architecture: Henan Volume

中国建筑工业出版社

图书在版编目(CIP)数据

中国传统建筑解析与传承. 河南卷/《中国传统建筑解析与传承·河南卷》编委会编. —北京：中国建筑工业出版社，2019.12
ISBN 978-7-112-24509-3

Ⅰ.①中… Ⅱ.①中… Ⅲ.①古建筑-建筑艺术-河南 Ⅳ.①TU-092.2

中国版本图书馆CIP数据核字（2019）第283652号

责任编辑：唐 旭 胡永旭 吴 绫 张 华
文字编辑：李东禧 孙 硕
责任校对：王 烨

中国传统建筑解析与传承 河南卷
《中国传统建筑解析与传承 河南卷》编委会 编

*

中国建筑工业出版社出版、发行（北京海淀三里河路9号）
各地新华书店、建筑书店经销
北京锋尚制版有限公司制版
北京富诚彩色印刷有限公司印刷

*

开本：880×1230毫米 1/16 印张：24¼ 字数：712千字
2020年9月第一版 2020年9月第一次印刷
定价：270.00元
ISBN 978-7-112-24509-3
（32346）

版权所有 翻印必究
如有印装质量问题，可寄本社退换
（邮政编码 100037）

本卷编委会

Editorial Committee

组织人员：张秀梅、马耀辉、朱晓波、李桂亭、罗德胤

编写人员：郑东军、李　丽、唐　丽、韦　峰、黄　华、黄黎明、陈兴义、
毕　昕、陈伟莹、赵　凯、张　帆、渠　韬、许继清、李红建、
郑丹枫、任　斌、宁　宁、王晓丰、牛小溪、侯　宇、闫　冬、
郭兆儒、史学民、王　璐、毕小芳、张　萍、庄昭奎、叶　蓬、
王　坤、王东东、白一贺、单元勋、季　坤、尚永明、韩文超、
徐倩倩

河　南　卷：河南省住房和城乡建设厅
　　　　　　郑州大学建筑学院
　　　　　　河南大学土木建筑学院
　　　　　　河南理工大学建筑与艺术设计学院
　　　　　　郑州大学综合设计研究院有限公司
　　　　　　河南省城乡规划设计研究总院股份有限公司
　　　　　　郑州市建筑设计院
　　　　　　河南大建建筑设计有限公司

目 录

Contents

前　言

第一章　绪论

002　　第一节　河南自然与社会条件概述
002　　　一、河南自然、地理特点
004　　　二、河南人文与社会发展
005　　　三、河南地域文化形成
009　　第二节　河南传统建筑概况
010　　　一、河南传统建筑类型
025　　　二、河南传统建筑特征
027　　　三、河南传统建筑价值
029　　第三节　河南传统建筑演进
029　　　一、史前城址与传统建筑遗存
031　　　二、宋代以前传统建筑发展
032　　　三、元、明、清时期传统建筑发展
033　　第四节　研究方法与框架
033　　　一、关于方法论
035　　　二、研究框架分析

上篇：河南传统建筑特征形成与解析

第二章　豫中地区传统建筑及其特征

039	第一节　豫中地区地理与人文条件
039	一、区域范围
039	二、自然环境
039	三、人文历史
039	第二节　豫中地区传统建筑群体与单体
039	一、宗教文化与建筑群体
044	二、西风渐进与庄园民居
049	三、商业文化与传统建筑
051	第三节　豫中地区传统民居营建技术
051	一、民居类型
064	二、结构与构造
080	三、地方材料与细部装饰
086	第四节　豫中地区传统建筑特色与价值
086	一、嵩岳建筑
087	二、古都文化
088	三、楼院民居

第三章　豫东地区传统建筑及其特征

096	第一节　豫东地区自然与社会条件
096	一、自然条件
097	二、社会条件
099	第二节　豫东地区古城镇与乡村聚落
099	一、豫东古城镇空间格局
100	二、豫东乡村聚落及其变迁
104	第三节　传统建筑单体与群体
105	一、豫东地区传统建筑单体

108		二、豫东地区传统建筑群体布局
110	第四节	传统建筑营建与技术
111		一、传统建筑材料
111		二、传统建筑结构形式
113	第五节	传统建筑装饰与细部
113		一、装饰部位
113		二、装饰题材
114		三、装饰手法
118		四、装饰细部
119	第六节	豫东民居主要特征

第四章 豫南地区传统建筑及其特征

122	第一节	豫南地区自然与社会条件
122		一、区域范围
122		二、自然环境
122		三、人文历史
123	第二节	豫南地区传统聚落空间与民居建筑
123		一、因水就势，背山朝冲
123		二、面水聚居，村前水塘
126		三、前街后宅，宅院相通
127	第三节	中西杂合的鸡公山近代别墅建筑
127		一、总体布局
130		二、建筑风格
132		三、文化特色
132	第四节	豫南地区传统建筑文化特色
132		一、山水文化与传统村落
132		二、豫南地域文化与传统民居
133		三、红色文化与名人故居

第五章　豫西南地区传统建筑及其特征

137	第一节　豫西南地区自然与社会条件
137	一、区域范围
138	二、自然环境
138	三、人文历史
139	第二节　豫西南地区古城、古镇和古建筑
139	一、古城防御格局
139	二、古镇商业空间
145	三、古建筑楚风汉韵
150	第三节　楚文化与豫西南传统民居建筑
150	一、建筑类型
151	二、装饰特色
153	三、营建技术

第六章　豫西地区传统建筑及其特征

157	第一节　自然与社会条件
157	一、区域范围
157	二、自然环境
158	三、人文历史
159	第二节　传统建筑单体与群体
159	一、宗教建筑
164	二、会馆建筑
166	第三节　传统民居营建与技术
166	一、平原合院式民居
169	二、窑洞民居
175	第四节　传统建筑装饰与细部
175	一、装饰特点
176	二、装饰手法
181	三、装饰题材与文化内涵

第七章　豫北地区传统建筑及其特征

187	第一节　自然与社会条件
187	一、区域范围
187	二、自然环境
188	三、人文历史
189	第二节　豫北地区传统建筑的群体与单体
189	一、山水古城
191	二、商业古镇
192	三、传统古村
195	四、公共建筑
200	第三节　豫北地区传统民居营建技术
200	一、山地民居
201	二、平原民居
204	三、构造营建特色
207	第四节　豫北地区传统建筑装饰与细部
207	一、豫北地区传统建筑装饰艺术
207	二、豫北地区传统建筑雕刻

第八章　河南传统建筑地域特征分析

213	第一节　河南传统建筑文化特征
213	一、总体特征
214	二、分区特征
215	第二节　河南传统建筑空间特征
215	一、外部有序
215	二、组合有制
216	三、单体有别
220	第三节　河南传统建筑形态特征
220	一、曲态
221	二、砖艺

222	三、符号
224	四、色彩

下篇：河南现代建筑文化传承与实践

第九章　19世纪40年代~1949年近代建筑的转型

229	第一节　近代建筑的发展背景
229	一、位居内陆、发展缓慢
229	二、战争频繁、道路曲折
229	三、传统深厚、西风东渐
229	四、新类型、新材料、新结构、新技术
230	第二节　近代建筑的发展过程
230	一、1840年~19世纪末：近代建筑起步期
231	二、19世纪末~1928年：近代建筑发展期
233	三、1928~1937年：近代建筑实践期
237	四、1937~1949年：近代建筑萧条期
237	第三节　近代建筑的主要类型
237	一、宗教建筑
238	二、住宅建筑
239	三、工业建筑
240	四、交通、邮电建筑
241	五、商业、金融建筑
241	六、医疗建筑
242	七、文化教育建筑
244	八、其他（园林、祠堂、会馆、陵墓）
245	第四节　近代建筑的特色分析
245	一、类型多样、功能转变
245	二、风格折中、中西合璧
246	三、技术进步、大跨结构

第十章　河南现代建筑实践历程

249	第一节　20世纪50年代～70年代现代建筑的起步
249	一、20世纪50年代的共和国建筑
253	二、20世纪60～70年代的城市建设
257	第二节　20世纪80～90年代现代建筑的探索
257	一、20世纪80年代文化热与现代建筑创作
259	二、20世纪90年代市场经济与新古典主义
260	第三节　2000年以来现代建筑的提升
260	一、多元化建筑观的形成
262	二、全球化背景下的外来设计观
262	三、本土化的新地域主义探索
269	四、居住建筑

第十一章　河南传统建筑传承原则与策略

272	第一节　河南传统建筑传承原则
272	一、地域性原则
272	二、适应性原则
274	三、绿色生态原则
274	四、保护再利用原则
276	五、多元创新原则
277	第二节　传统建筑传承中的自然与生态策略
278	一、顺应地形地貌的建筑设计策略
288	二、适应气候条件的建筑设计策略
292	三、呼应建成环境的建筑影响策略
296	第三节　传统建筑传承中的人文与社会策略
297	一、符号意象模仿演绎的设计策略
307	二、建筑形态延续演化的设计策略
315	第四节　传统建筑传承中的营建与技艺策略
316	一、传统营建方式的保留与传承策略
320	二、新材料新技艺展现传统肌理形态的表达策略

第十二章　河南当代建筑的创作方法与手法分析

- 324　第一节　研究和创造河南地域建筑空间的特色
- 325　一、城市空间的符号隐喻
- 329　二、街巷空间的文脉延续
- 334　三、院落空间的语言转换
- 338　第二节　地域性建筑形式的重构
- 338　一、地域性建筑形式的移植
- 344　二、地域性建筑形式的简化
- 345　三、地域性建筑形式的转译
- 349　第三节　地域性建筑语言的更新
- 349　一、地域性建筑细部要素应用
- 351　二、地域性建筑材料的应用
- 359　三、地域性建筑色彩的应用

第十三章　结语：中原建筑文化传承中的挑战与分析

参考文献

后　记

前　言

Preface

　　地域建筑文化的研究是整个中国建筑文化研究的基础和深入，犹如涓涓溪水，终究汇聚成河。优秀的传统建筑，尤其是传统民居建筑是地域建筑文化的重要组成。河南地处中原，传统建筑数量大、价值高，在中国建筑史和地域建筑文化研究中不可或缺。

　　依据本套丛书的主题"中国传统建筑解析与传承"的要求，本卷分为两大部分，即解析与传承。解析就是回答传统建筑的特色是什么；传承就是说明这些特色如何在当代的延续和使用。那么，如何进行研究并把解析和传承相衔接？这就涉及研究方法和逻辑关系等问题，我们认为这一问题需要在文化的层面来认识和解决。

　　从理论上讲，"文化"的概念首先是与"天然、自然"相区别，即文化的本质在于创造，自然存在物只有经过人们加工、改造成为人的社会的对象，才构成文化现象，在这个过程中，人成为文化创造的主体。建筑设计活动同样是通过文化对自然物的人工组合，以一定的文化形态为中介的，其结果是"物的存在经由文化的再排列而构成了一种具有意义的文化存在。"建筑文化是人类社会文化的一个重要组成部分，在一定意义上，建筑文化反映出建筑所处时代最高的科学技术和文化艺术水平，是人类社会全部文化的高度集中。建筑是经济、技术、艺术、哲学、历史等各种要素的综合体，作为一种文化，它具有时空和地域性，各种环境、各种文化状况下的文脉和条件，是不同国度、不同民族、不同生活方式和生产方式在建筑中的反映，同时这种文化特征又与社会的发展水平以及自然条件密切相关。建筑文化不仅仅是有关建筑物、建筑群及其周围环境等这些物质的文化，它更多是关于人的精神需求和人与环境相互关系的精神层面的文化，它的外涵和内延复杂而且丰富。

　　文化观影响到建筑观，即建筑是什么的问题，虽然建筑有各种属性，但从文化上而言，建筑本身是一种文化形态，它是人们根据各自的价值观所创造出的创造物，是某些具有相同价值观的人们的"约定俗成"的"符号"。建筑文化其实具有传承、转化和创新精神等特点。经过岁月的演变，创新从历史的传承中慢慢产生。也就是说，经过我们今天的消化变成今天的东西，这就是传承。而转化就是要把各个因素转化成为我们今天的东西。建筑文化是带有深刻的代表性的，在不同的时代，建筑文化内涵和风格是不一样的，在不同的地域，建筑文化也完全不同。地区的地理自然、社会、经济等文化对建筑总有一定的直接或间接的影响，特别是每个地区风俗习惯都会对该地区建筑产生影响。

通过对河南传统建筑的发展史和遗存的研究、梳理，一般认为在河南建筑文化史上曾经出现过五个重大转变时期：夏商至秦汉，以礼制为根本的中原地区原生建筑文化的奠基时期，河南出现了偃师二里头宫殿遗址和分布较广的商代城址和建筑遗址，汉代明器和画像砖从一个侧面反映了当时的社会生活秩序和建筑情况；南北朝至唐宋，是对外来建筑文化的交融时期，佛教建筑在河南有了大规模发展，至北宋，河南在城市建设和建筑理论等方面达到顶峰，登封少林寺初祖庵建于北宋宣和七年（1125年），既晚于《营造法式》(1100年)的颁布，又是北方地区最接近《营造法式》的建筑，是反映《营造法式》与江南做法相关联的典型例证，是南北文化交流过程中南方技术北传的具体表现，初祖庵深阔各三间，单檐歇山顶，琉璃瓦剪边，是河南现存最早的砖木结构建筑；北宋之后至清末，随着政治、经济、文化中心的南移，河南传统建筑发展逐步式微，但也保留了不少具有河南当地手法的北方官式建筑和传统民居建筑遗存，成为当代研究河南地域建筑文化和传承的主体；鸦片战争以后的近代，河南作为内陆省份，也处于与西方建筑文化碰撞、融合时期，主要近代建筑集中在信阳鸡公山地区和近代河南省省会开封市；中华人民共和国成立以后，尤其是20世纪80年代后，是河南探索传统与现代的新建筑文化特质，摸索、创造与展现河南当代新型建筑文化的时期。这五个时期初步勾勒出河南传统建筑发展的脉络。

作为一名当代建筑工作者经常会被问道：河南最著名的建筑有哪些，河南传统建筑特色是什么等诸类问题，这些看似简单的问题却常常答案不一，但不能回避，因为这些问题涉及建筑观念、建筑分类、建筑风格和建筑发展等，这些问题正是本书解析与传承研究的重点和难点。

对传统建筑的解析过程本身就是要给出结论，为此，我们从河南传统建筑分区特点到综合特点，在上篇中把河南分为豫中、豫东、豫南、豫西南、豫西、豫北六个文化分区进行分析和总结。根据目前的传统建筑遗存和研究成果，给出一个答案，即河南传统建筑的总体特征：

古今多元、多向交融；居中为尊、讲求对称；

河洛民居、院落布局；地方材料、生态宜居。

这个答案不是最终的，但代表了本书的研究成果，是在一定的研究和分析的基础上形成的，有一定代表性，也希望建筑、历史、文化等不同学科的研究者共同关注，推动这一成果不断完善。

第一章　绪论

河南地处中国中东部、黄河中下游地区，是一个人口众多、资源丰富的农业大省，北宋以前长期处在中国的政治、经济、文化的中心地位。夏禹治水以后，中国分为九州，河南为豫州，居九州之中，故又称中州。河南具有厚重的历史文化，创造了灿烂的古代文明，是华夏文明的重要发祥地之一。新郑黄帝故里、内黄颛顼陵、淮阳太昊陵和众多的家族宗祠，在凝聚华夏民族情感和力量的过程中起了非常重要的作用。登封中岳庙、济源济渎庙、武陟嘉应观等山川国祭祠庙，是中国五岳四渎祠庙中的精品。各种教派竞相在中原谋求发展，使河南各地佛教、道教、文庙与书院、伊斯兰教建筑如星罗棋布，为文化交流作出了贡献。

河南在中国建筑历史和城市史方面有着不可或缺的地位，产生过许多代表不同时期理论和技术水平的建筑作品，河南又产生过中国古代建筑理论的重要著作，诸如《作雒》、《木经》、《营造法式》、《洛阳名园记》等。目前，河南地下建筑遗存数量全国第一，现存地面古建筑的数量全国第二，成为河南传统建筑传承的重要基础。

第一节　河南自然与社会条件概述

一、河南自然、地理特点

（一）西高东低的地形地貌特征

河南位于我国第二级地貌台阶和第三级地貌台阶的过渡地带（图1-1-1），境内地势西高东低，东西差异明显。

西部海拔高而起伏大，东部地势低且平坦。沿过渡地带这条线以东为辽阔的黄淮平原，著名的隋唐大运河贯穿此区域，富饶的平原上分布着许多著名的城邑和历史建筑。这条线以西是黄土高原，高原东部不仅是历代图霸天下的统治者们的盘桓之处，也是"窑洞"这种中国生土建筑分布区的东端，与四合院结合型窑院、地坑院、窑洞这几种窑洞形式在这个地区都分布普遍，成为河南传统民居建筑的重要类型。

河南境内地表形态复杂多样，其中平原和盆地、山地、丘陵分别占总面积的55.7%、26.6%、17.7%。这种多样的地貌类型，是河南传统建筑类型多样化的环境条件，其中，山脉集中分布在豫西北、豫西和豫南地区，海拔最高处2413.8米，海拔最低处在淮河出省处23.2米，两者相差2390.6米，这样的地势决定了河南境内较大的河流多发源于西部、西北部和东南部山区；平原由黄河、淮河和海河冲积而成（称黄淮海平原），面积广阔，土壤肥沃，分布在省内中部、东部和北部；西南部为南阳盆地，是河南最大的山间盆地，盆地中部地势平坦，水资源丰富，许多集镇依山傍水而建（图1-1-2）。

河南约1/3为平原，1/3为丘陵，1/3为山区，古代建筑最重要的建筑材料——木材种类丰富，可满足建筑各种部位结构材种之需；极为丰富的土资源，为筑城立基、烧造建材提供了就地取材的材料；阶梯交会带裸露的多种岩石可直接作为建材使用，大量的石灰岩为烧制石灰提供了丰富的原材料。河南的先民们因材致用，借势立基，创造出了丰富多彩的建筑文化。

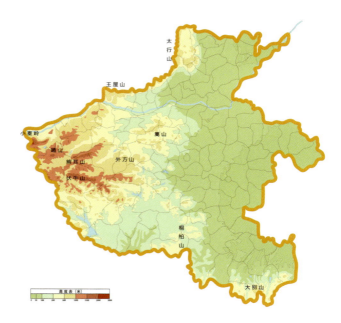

图1-1-2　河南地形地貌示意图（来源：毛鑫轶 绘）

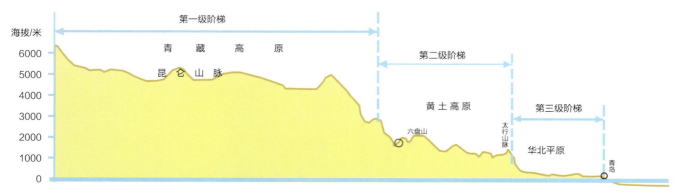

图1-1-1　全国阶地地形示意图（来源：方广琳 绘）

（二）南北温差大的气候特征

中国的气候分界线——秦岭余脉横贯河南中南部，它不仅是中国古代重要的区域政治界线和南北经济作物类型分界线，也是中国两大木构建筑体系——北方抬梁式建筑体系与南方穿斗式建筑体系的分界线。此线以北建筑风格厚重庄严，此线以南建筑风格轻盈疏透，形成"南秀北雄"的独特景观。

河南境内气候的南北差异显著。我国划分暖温带和亚热带的地理分界线为秦岭淮河一线，正好穿过境内的伏牛山脊和淮河干流。此线以北属于暖温带半湿润半干旱地区，面积占全省总面积的70%；此线以南为亚热带湿润半湿润地区，包括豫南南阳盆地和信阳的大部，面积占全省总面积的30%，气候具有明显的过渡性特点。

另外，全国建筑热工分区界限从中部将河南一分为二，此线以北属于"寒冷地区"，建筑的保温要求高，以南属于"夏热冬冷地区"，建筑通风要求相对高些（图1-1-3）。虽然这两条线没有重合，但是对比河南的南北地区，可以清楚地看到不同气候气象条件对传统建筑的影响，再加上南北所处的纬度不同，东西地形差异巨大，使河南的热量资源和降水量呈现南部和东部多，北部和西部少的特征。

其次，境内气候温暖适中，季风性显著。全省年平均气温12.8~15.5℃，日照充足，年均日照1140.1~2525.5小时，年均降水量1380.6~532.5毫米。降水量的时空分布不均：北部少雨区降水不足600毫米，淮河以南多雨区降水在1000毫米以上，总体上呈现南部大于北部、山区大于平原的趋势，且由西至东递减。这种情况影响了传统建筑的屋面样式，平屋面主要出现在降水较少的豫北靠近河北处的安阳地区，其他地区除厢房有用单坡屋面外，多用双坡屋面。全年降水主要集中在夏季，这种不稳定性极易引起旱涝灾害。

（三）河流水文特征

河南省地跨黄河、淮河、长江、海河四大流域（图1-1-4），境域内河流众多。地表水资源的年内分配高度集中。汛期雨量丰沛、径流集中，占全年的60%~70%（西部）和70%~80%（东部）。径流量年际变化大，且往往集中在几次大的暴雨洪水过程，特别是秋伏大汛，易引起洪涝灾害。基本分为北部少水区和南部多水区两部分。

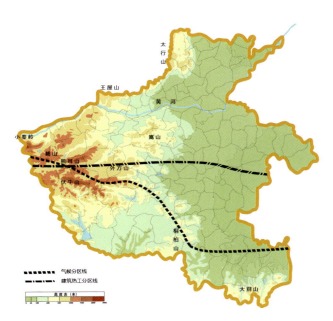

图1-1-3 河南气候分区示意图（来源：毛鑫轶 绘）

图1-1-4 河南河流流域示意图（来源：毛鑫轶 绘）

图1-1-5 商丘古城与水系（来源：张文豪 摄）

黄河流域面积3.62万平方公里，主要包括豫西地区和豫北部分地区，占河南总面积的21.7%。黄河由潼关入河南，经河南省北部，境内长700多公里，一半左右属于下游地区。黄河自远古以来即为多泥沙河流，公元前4世纪黄河下游因河水混浊即有"浊河"之称，这些泥沙中的一部分堆积在下游河床上将河床淤高，全靠堤防约束，日积月累形成悬河，每逢伏秋大汛，如防守不力，轻则漫溢决口，重则河流改道。

历史上黄河不断有决口、泛滥和改道的现象发生，对下游地区产生了巨大的影响。据粗略统计，黄河下游决口泛滥见于20世纪50年代前历史记载的约1500余次，重要的改道26次，洪水遍及范围北至海河，南达淮河，纵横25万平方公里，对中国黄淮海平原的地理环境影响巨大（图1-1-5）。另外还有人为的因素，1938年6月国民党政府以水为兵，扒开花园口大堤，豫、皖、苏三省共有390万人背井离乡，受灾面积29000平方公里，成灾严重，史所罕见。

二、河南人文与社会发展

先秦时期，中原地区是"天下之中"，政治经济文化的中心，人文荟萃之地，是当时最繁荣的地区。春秋时期，这一地区集中东周王室及其分封的一些诸侯国。诸侯国秦，拥有函谷关之险塞；楚，占据南国；齐鲁，雄踞山东半岛；晋，所处皆是进可攻、退可守的险要之地，所以这些诸侯国在春秋时期迅速发展壮大，从西、南、东、西北四个方向发展起来，形成了自己独具特色的文化：秦文化、楚文化、齐鲁文化和晋文化（图1-1-6）。这些诸侯国的文化在当时中国文化的格局中，属于边缘文化、外围文化。

就文化来说，秦以前中原文化的道家思想和墨学始终占据主导地位。秦受中原文化中的法家思想影响最大。国家大一统局面的形成，促进了文化的整合。汉代楚文化和鲁文化的影响加大，中原文化处于一种退守的趋势。唐代佛学和胡文化十分活跃，并且出现了儒、释、道三家伦理思想合流的

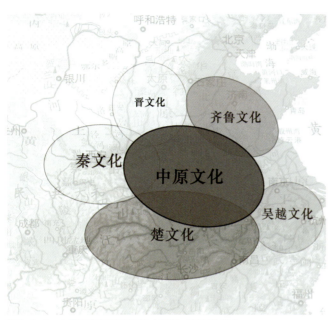

图1-1-6 中原文化与周边文化（来源：方广琳 绘）

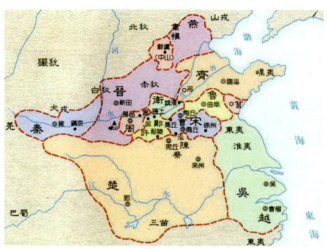

图1-1-7 华夏民族圈示意图（图片来源：http://www.360doc.com/content/14/1227/22/21224556_436239500.shtml）

趋势，中原文化"转型"速度加快。北宋时期，中原文化在和鲁文化、佛学思想的比较中进一步整合，形成了"外儒内道"的文化模式。尤其是在经历宋明理学对中国传统文化系统整理和传承的过程之中，中原文化作为社会秩序建构的重要手段被加以强化。

南宋以后，随着中国政治中心和经济中心的转移，中原地区国家政治经济中心的地位不复存在。但是封建社会后期统治阶级选择了作为儒家正统的宋明理学为其统治服务，从而使以儒家正统思想为中心的中原文化成了指导和支配中国封建社会一切行为的准则，中原文化成了华夏文明的核心和象征（图1-1-7）。

中原文化以等级制度为基础的政治制度和以血缘关系为基础的宗法制度的建构，既表述了"天道恒常，不偏不倚"的道家哲学，也表达了"中于正，无过之而无不及"的儒家思想，也体现了师法自然、尊重客观规律，充分发挥人的主观能动性创造的一种"和谐"，所以，对河南的社会文化特色进行概括是困难的，它的中原文化特色融化到了中国特色之中，成了中国文化的大背景。

三、河南地域文化形成

（一）中原文化生成

常言道：一方水土养一方人，一方人创造一方文化。

河南省因其区位、地理、气候条件和行政区划等因素，从夏至北宋长期处在中国文明发展的核心区域，形成了厚重的河南地域文化。"河南"一词出现很早，古籍《周礼·职方》及《尔雅·释地》有曰："河南曰豫州。"而"豫州"一词最早出现在《尚书·禹贡》。因河南地处中原腹地，又有"中州"、"中原"之称，"中原"作为地域概念，有广义和狭义之分，广义的中原指黄河中游及下游地区，狭义的中原就是指河南省，所以，河南地域文化亦被称之为中原文化。

周武王灭商之后，决定迁居中原。在出土的西周时期的青铜器何尊铭文（图1-1-8）中就记载着："惟武王既克大商邑，则廷告于天，曰：余其宅兹中国。"就是说武王灭商之后，郑重地祭告上天，说他将要到"中国"居住了。这里所谓的"中国"，指的是以洛阳为中心的中原地区。

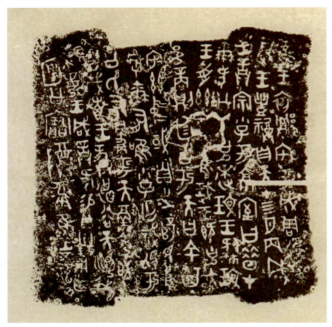

图1-1-8　何尊铭文（来源：《中国青铜器定级图典》）

中原文化主要指以中原地域为依托是生活在中原地区的人们与自然及人们之间对象性关系而形成的特定的物质文化、制度文化、思想观念、生活方式的总称。从文化学的角度分析，中原文化又可以分为不同的亚文化，这与河南的自然地理条件和各地区经济发展的差异性有关，是长期历史发展、沉淀、冲突、交流与融合的结果。总体而言，以洛阳为中心的豫西地区和豫中地区是河洛文化的发祥地，是河南中原文化的核心区，在历史发展进程中又形成了一些亚文化区：河洛文化区、嵩山文化区、河内文化区、黄淮文化区和汉淮文化区（表1-1-1）。

（二）中原文化特点

中原文化的特点主要体现在：根源性、主导性、人文性和开放性。

河南地区的亚文化区构成与特征表　　　表1-1-1

	地域分布	文化内涵	文化特征
河洛文化区	以洛阳为中心的黄河中下游的伊洛河地区，是华夏文明——黄河文化摇篮的核心和象征	仰韶时期的彩陶文化，《河图》《洛书》是中华文明之始，夏商周三代的史官文化、礼乐文化，汉代经学、魏晋玄学、宋明理学和佛教文化	根源性；正统性；开放性；包容性
嵩山文化区	嵩山位于五岳之中，北依黄河，南临颍水，是河洛文化的主文化区	中原文明的重要起源地，儒、释、道等人文荟萃	嵩山历史建筑群；少林文化；书院文化；道教文化
河内文化区	河南境内黄河以北地区，包括南太行和豫北平原地区，以安阳为中心	是中原文化的重要组成部分，以殷商文化、卫文化等为基础，又受到赵文化、三晋文化和齐鲁文化的影响	豪气侠义，古朴厚重，其中以甲骨文、青铜文化、龙凤文化、园林文化等具有特色
黄淮文化区	位于商丘至周口市辖区内，是历史上华夏、古夷、苗蛮三大文化碰撞、融合的中心地区	以商丘为中心的宋文化、以淮阳为中心的陈文化为组成	老子、庄子故里，孔子的祖籍地，及伏羲文化影响
汉淮文化区	地处河南南部，是中原文化与荆楚文化的交汇区域，处在中国南北气候带的分界线上	是中原文化的文化过渡地带	楚风豫韵，山水文化，汉代文化

（来源：黄华 制表）

1. 根源性

主要指中华文明诞生于中原地区，中原地区是中华文明历史演进中的核心区域。关于中华文明的起源，虽然有"满天星斗说"，但以青铜器、文字、城市和国家作为文明标志的产物，最先出现于中原地区。以河南偃师二里头文化所代表的夏文化已正式进入青铜时代，在二里头二期和三期遗址考古中均发现铸铜作坊遗址，其青铜铸造工艺已达到相当高的水准和生产规模。关于文字的起源，现代学者多认为仰韶时代和龙山时代陶器上的刻画符号，可能与文字的起源有关，我国大约在夏代进入阶级社会，所以，汉字的形成的时代大概不会早于夏代，虽然尚未发现夏代的文字，但商代的甲骨文已经是一种很成熟的文字了。

城市的出现是文明的重要标志。郑州西山遗址（图1-1-9）是迄今发现的最早的仰韶时期的城址，现存城墙遗址约265米长，宽3～5米，高1.75～2.5米，全部为版筑而成，并有两座城门。进入龙山时代的新密王城岗遗址和淮阳平粮台遗址已经是公认的城堡了。大规模的筑城活动需要一定的社会组织和财富的集中，在二里头遗址中发现的宫殿和宗庙遗址，是王权的象征，表明国家形成。

2. 主导性

中原文化在北宋以前长期处于核心和支配地位，先后有22个朝代在河南建都，时间延续大2200多年。中国八大古都河南有四个，即郑州、安阳、洛阳和开封，中原地区的都城文化是其他地区无法比拟的。

3. 人文性

中原文化的人文性体现在作为中华始祖文化之一，其所展现和蕴含的人文精神和人文关怀。中原文化的核心思想，如"大同"、"和合"、"中庸"等都发展成为中华民族的核心思想；中原文化的价值观，如：礼义廉耻、仁爱忠信等都成为中华民族的核心价值观；中原文化的重要民俗活动，如：岁时年节、婚丧嫁娶等都成为中华民族的民俗节庆。《易经》、《道德经》等对宇宙、社会和人生的独特观察，极大地影响了中国人的民族性格和文化心理。中国传统文化的天人合一的理念，就是以中原地区为核心的道、释、儒文化的人与自然和合共生的思想，以及文化上的伦理观念。这方面显著区别于西方的人文主义传统。这些思想和文化也影响到河南传统建筑的发展。

4. 开放性

中原文化长期发展的生命力所在就是交流、传播和融合，不是一个封闭的体系，而是具有开放性，通过贸易、文化交流、人口迁徙以及军事战争，使文化发展始终处在一种动态更新之中。

佛教文化作为外来文化对中原文化影响深远。中国第一座佛寺白马寺（图1-1-10）始建于汉代洛阳。

（三）河南传统建筑的六个分区

文化区域的概念源于文化地理学，首先表现在空间形式上，一个地区文化的形成必须有其原生文化的起源与长期积淀，并形成特有的文化中心，区域特征不仅是地理上的分区，有相对的稳定性，但文化需要与时俱进。依此，文化区的划分普遍根据特定区域的生产方式、语言、政治形态、日常生活、房屋构造、风俗等各种文化现象的差别来划分，其中语言和风俗是两项主要指标。从语言区系上看，河南话

图1-1-9　西山古城遗址

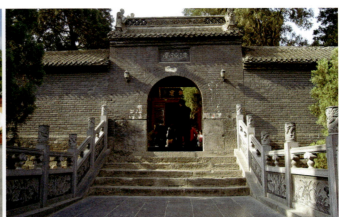

图1-1-10 洛阳白马寺（来源：郑东军 摄）

大体可以分为两个大的区域，最主要的是分布在黄河以南地区的中原官话，以及在黄河以北的晋方言与中原官话之间的过渡区。从大的范围讲，一般沿黄河把黄河以北称为豫北地区，黄河南部沿京广铁路东西划分为豫东、豫西两部分，豫南就是河南省的南部，包括信阳、南阳和驻马店三市。结合语言区系、自然地理条件，从建筑平面、立面造型、装饰风格和建筑材料等因素，河南传统民居的区划可分为四个部分，即豫北、豫西丘陵、豫东平原和豫南山区。

再结合河南各地自然、历史、文化、行政区划等因素和河南传统民居的区划，本研究中按传统建筑的特征，把河南划分为六个分区（图1-1-11），即豫中、豫东、豫南、豫西南、豫西和豫北。

豫中：郑州、许昌、漯河、平顶山
豫东：开封、周口、商丘
豫南：信阳、驻马店
豫西南：南阳
豫西：洛阳、三门峡
豫北：新乡、焦作、安阳、济源、鹤壁、濮阳

图1-1-11 河南省传统建筑地域划分示意图（来源：王晓丰 绘）

河南六个传统建筑分区与地域文化关系表　　　　表1-1-2

	地域文化构成	地域文化内涵	地域文化特色
豫中	郑韩文化	新郑地区是轩辕黄帝出生和建都的地方，先秦时期为中国文化的中心区域	古城文化
	少林文化	佛教文化和武术文化	中国佛教的禅宗祖庭
豫东	汴梁文化	开封历史上是七朝古都，因北宋建都168年而达到历史高峰，影响到海外	以开封都市文化为主
	陈宋文化	以宋文化和陈文化为主要构成	"三皇"文化（伏羲氏、女娲氏、神农氏）
豫南	汉淮文化	信阳地区与荆楚文化和吴文化的交流区域	淮河流域的文化过渡地带
	天中文化	是驻马店古代文化的总称，以中原云中——云中山得名	具有盘古文化、嫘祖文化、冶铁文化、重阳文化、梁祝文化等的丰富性
豫西南	楚汉文化	南阳地区与荆楚文化的交汇，形成楚风豫韵的地域特色	商业集镇文化、汉代文化
豫西	河洛文化	博大精深的华夏文明主流，"河图""洛书"发源地，仰韶文化中心区和二里头文化	以洛阳为中心的都市文化为特征
	虢国文化	以三门峡地区虢国墓地及都城为代表，反映了西周时期的地方文化	西周时期的古城文化
豫北	濮卫文化	濮阳"颛顼遗都"、"帝舜故里"文化深厚	濮阳被称为中华帝都和华夏龙都
	河内文化	广义的河内指豫北地区，狭义的专指沁阳地区的历史文化	太极文化、山水文化
	商都文化	以七朝古都安阳为中心的地域文化，商代文化影响深远	安阳殷墟和中国大运河卫河（永济渠）为世界文化遗产

（来源：郑东军 制表）

这六个河南传统建筑分区与河南大的文化区划相对应，又与其区域内的亚文化的发展密切相关（表1-1-2）。

豫中，主要包含郑韩文化、少林文化；
豫东，主要包含陈宋文化、汴梁文化；
豫南，主要包括汉淮文化、天中文化；
豫西南，主要包括楚汉文化；
豫西，主要包含河洛文化、虢国文化；
豫北，主要包含濮卫文化、河内文化、商都文化。

第二节　河南传统建筑概况

河南现存地面的传统建筑异常丰厚，现存古建筑多达1000余处，具有时间上的连续性、类型上的多样性、技术上的先进性以及独特性、艺术性等特色。具体而言，从石器时代的人类聚落遗址和早期城址，以及从东汉到清代的地面建筑连续不断。除了聚落、堡寨、古都、水城、窑洞、民居、古村镇、园林、衙署、会馆、寺院、书院、砖（石）塔、戏楼等类型外，还有城垣、石窟、石阙、陵园、牌坊、华表、石柱、天文台、桥梁、水利工程等类型。

一、河南传统建筑类型

（一）佛教建筑

河南是中国佛教文化的胜地。中国第一座佛教寺院白马寺诞生于东汉东都洛阳，北魏都城洛阳佛寺达1367所，皇室斥巨资开凿了闻名于世的巩义、龙门两大石窟群，其中龙门石窟与敦煌石窟、云冈石窟并称中国三大石窟。义马鸿庆寺石窟，是佛教艺术东渐过程中的代表作。安阳小南海石窟与方城佛沟摩崖造像，是文化交流干线上佛教文化的胜迹，其中后者拥有浓厚的藏传佛教特色，成为汉藏民族文化交流的珍贵史证。

洛阳白马寺、登封法王寺、嵩岳寺与少林寺、开封相国寺等著名的古代京畿寺院（图1-2-1），在中国古代佛教文化发展中发挥了巨大作用。少林寺初祖庵，以其"四绝"特征，成为国内外研究宋《营造法式》制度的珍贵实物例证。汝州风穴寺为北方地区寺庙园林建筑的典型代表。登封会善寺是中国唐代天文学家僧一行（张遂）修行之处，且寺中的净藏禅师塔是现存最早的唐代仿木构八角亭式塔，在中国古代建筑史中占有重要地位。

温县慈胜寺、济源大明寺、宜阳灵山寺，保存有价值颇高的金元建筑遗存和珍贵的壁画、彩画与塑像。淅川香严寺、陕县安国寺分别代表了河洛文化与荆楚、秦晋文化交汇带的建筑风貌，具有重要的文化价值。浚县天宁寺与奉祀主

洛阳白马寺

登封法王寺

登封嵩岳寺

登封少林寺

开封相国寺

图1-2-1　著名的古代京畿寺院

嵩岳寺塔　　　　　　　　　　　　　　灵泉寺双石塔

图1-2-2　我国现存时代最早的砖塔和石塔（来源：郑东军 摄）

体大石佛有机组合，形成了佛地胜景。辉县白云寺、镇平菩提寺在建筑物的形体、色调、比例上与幽静美丽的自然环境达到了有机统一。

河南是中国保存古塔最多的省份，现存古塔825座，接近全国古塔总数的1/5。登封少林寺塔林是中国最大的佛寺塔林，为中国古塔艺术宝库；博爱月山寺塔林以独具特色的布局而闻名；登封北魏嵩岳寺砖塔、安阳灵泉寺北齐双石塔（图1-2-2），是我国现存时代最早的砖塔和石塔，前者为我国十二边形密檐塔孤例，蕴含中国早期佛塔的许多历史信息。

登封法王寺唐塔群与"嵩门"景观形成绝佳构图，为著名胜景；安阳修定寺塔为中国现存唯一的唐代华塔，以富丽的高浮雕砖雕装饰誉满海内外；武陟妙乐寺塔（图1-2-3）为五代时期佛塔，其镏金宝刹保存完好，为研究五代佛塔形制提供了珍贵实物资料；开封祐国寺塔为中国最早以褐色琉璃构件组合而成的琉璃佛塔，代表了北宋时期高超的工艺水平；开封宋代繁塔，体量雄浑；唐河泗洲塔，为河南现存宋代砖塔体量与高度之最。邓州福胜寺塔地宫内出土的精美宋代金棺银椁及佛教文物为国内罕见。

洛阳白马寺齐云塔、三门峡宝轮寺舍利塔、沁阳天宁寺塔为中国金代密檐塔的代表之作。安阳天宁寺塔，以其上大下小的奇特形象，有中国最典型"倒塔"之美誉（图1-2-4）。许

图1-2-3　武陟妙乐寺塔（来源：郑东军 摄）

图1-2-4 安阳天宁寺塔（来源：郑东军 摄）

昌文明寺塔为明代大型砖塔，它以挺拔秀丽的倩影成为魏都的标志。鹤壁玄天洞石塔，是河南体量最大的明代石塔，代表了河南明代石构佛塔的工艺水平。河南是研究中国佛教文化的重要中心之一，其中洛阳龙门石窟（图1-2-5），登封少林寺建筑群（包括常住院、塔林和初祖庵）、会善寺、嵩岳寺塔等佛教建筑，以其非常高的历史、艺术、科学价值，相继被联合国教科文组织评定为世界文化遗产。

（二）道教建筑

河南是中华文明的重要发源地，也是中国道教文化的重要发源地。道教建筑多与自然景观相结合，后者对提升前者的形象起到了很好的衬托作用。现存中岳庙（图1-2-6）是

图1-2-5 洛阳龙门石窟

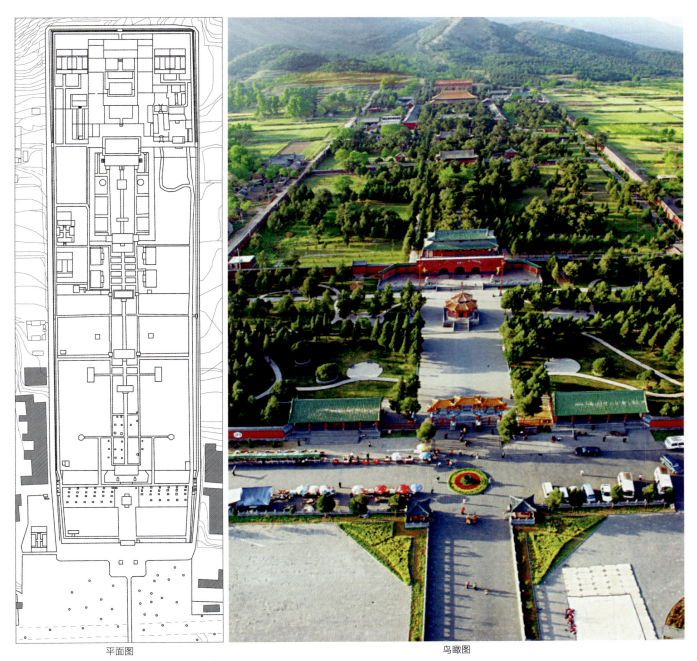

平面图　　　　　　　　　　　　鸟瞰图

图1-2-6　登封嵩岳庙（来源：方广琳 绘制）

中国五岳庙中规模最大、时代最早、保存最完整的岳庙，庙内遗存涵盖东汉至清代的漫长时期，为研究中国岳祭制度的典型资料，中岳庙与位于其前的东汉太室阙是世界文化遗产"天地之中"历史建筑群的重要项目。国祭四渎庙有三座在河南，是研究中国水祭文化的珍贵资料。

清朝政府在武陟县濒临黄河处建有规模宏大的嘉应观（图1-2-7），既为河神庙，又为治理黄河的指挥中心，是研究祭河及治理黄河历史的珍贵资料。济源济渎庙是中国古代四渎庙中规模最大、保存早期建筑最多、布局最典型的祭祀水神的遗存，是研究中国祭水制度的珍贵实物资料。济渎

图1-2-7 武陟嘉应观（来源：宁宁 摄）

庙内以对比手法构建的小北海胜景和宋代寝殿、临水石栏及元明遗构，在中国建筑史上享有盛誉。登封中岳庙、武陟嘉应观两座庙宇建筑均为河南少见的清代官式建筑群，其中也包含着珍贵的地方手法信息。

洛阳祖师庙、开封延庆观、许昌天宝宫、安阳城隍庙、沁阳静应庙、济源奉仙观和阳台宫、浚县碧霞宫分别为河南各地道教建筑的代表作，同时也代表了不同地区、不同教派发展的历史，其中许昌天宝宫曾为中国真大道派第九、第十祖祖庭，沁阳静应庙儒、道、佛三教合流文化特色突出，为研究不同宗教文化之间的交流提供了珍贵的资料。

（三）伊斯兰教建筑

信奉伊斯兰教的民族很早就在河南地区生活，为河南的文明历史增添了光辉的一页。

伊斯兰教建筑从形制上可分为两大类，即回族建筑与维吾尔族建筑，中原地区多为回族清真寺。开封东大寺、朱仙镇清真寺历史悠久，为研究我国伊斯兰教历史的发展提供了珍贵的资料。沁阳清真北大寺（图1-2-8）为我国中原地区时代最早、规模最大、保存最为完整的伊斯兰教建筑群，对研究中原地区伊斯兰教的发展提供了翔实的证据。郑州北大清真寺（图1-2-9）处于中国清真寺建筑的转型期，是难得的建筑文化资料。

河南的回族清真寺吸收了汉族传统建筑的技艺，不仅在建筑群的规划中采用了汉族的院落式布局原则，而且建筑也采用汉族的形式，甚至连伊斯兰教的特色建筑邦克楼亦做成亭阁式样。为满足礼拜功能，礼拜殿多采用勾连搭组合式坡屋顶。建筑大量应用中国特色小品建筑为点缀，装饰艺术中融入了伊斯兰教风格，情调淡雅而清新。河南的伊斯兰教建筑既融合了河南本土的古代建筑形式，又结合清真寺的功能需要，创造了独具特色的亭阁、敞厅，是我国清真寺建筑中的亮丽形象。

（四）纪念建筑

河南自古就有尊崇先祖先贤的优良传统，绵延不绝，世代不辍，以寄托情思、教育后人。河南为中原腹地、文明之源，名人辈出，为纪念、拜祭历史名人而修建的

图1-2-8 沁阳北大寺（来源：宁宁 摄）

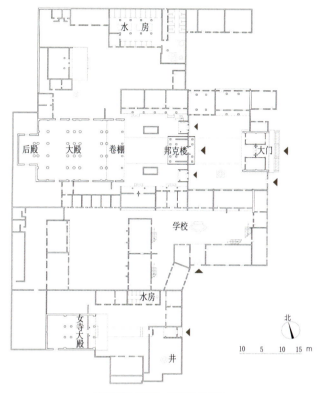

总平面图（来源：毛鑫轶 绘制）

大门

图1-2-9　郑州北大清真寺（来源：韦峰 摄）

纪念性建筑遍布域内，主要包括陵墓庙祠、名人祠庙两大类。

河南是中华文明的重要发源地，许多历史建筑具有巨大的社会情感价值。淮阳太昊陵庙（图1-2-10）为华夏人

图1-2-10　淮阳太昊陵庙（来源：张文豪 摄）

祖伏羲氏的墓祠，这里的庙会表演项目反映了远古的文化信息；卫辉比干墓庙不仅是商代铮臣比干的墓祠，亦为中国林姓的纪念地；汤阴羑里城是商代末期囚禁周文王之地，为中国八卦理论的诞生地；南阳张仲景墓祠为纪念中国医圣之地；而洛阳关林的"冢、庙、祠"三祀合一、郏县三苏墓祠的坟寺祠三体合一的建筑组合，为国内少见。

河南现存纪念商汤的祠庙很多，主要集中于豫西北地区，可能与商部族活动地域有较大的关系；洛阳周公庙是祭祀周代雒邑的规划营造者周公姬旦的祠庙；许昌灞陵桥关帝庙为纪念关羽于此"挑袍辞曹"千里寻兄而建；南阳武侯祠则为诸葛亮隐居躬耕之地和后人祭祀中国智圣的地方；汤阴岳飞庙（图1-2-11）和朱仙镇岳飞庙（图1-2-12）则分别为民族英雄岳飞故里和岳飞大败金兵之地的纪念祠庙。汤阴岳飞庙内存有岳飞手迹《送紫崖张先生北伐》、《满江红》等碑刻，价值重大。

河南巩义北宋皇陵（图1-2-13），是中国最大的露天宋代石刻博物馆；以新乡明代潞简王墓、禹州周王墓、南阳唐王府为代表的藩王建筑遗存是研究明代藩王文化的珍贵实物资料，其中潞简王墓的石象生规格超越了明十三陵；安阳袁世凯墓的建筑（图1-2-14），代表着中国一个特殊历史时期建筑文化的面貌。此外，河南还有众多的家祠，或独立作为一方姓氏祭祀之所，或作为古建筑群中的一区而存在，也是古建筑家族中的重要一员。

图1-2-11 汤阴岳飞庙（来源：郑东军 摄）

图1-2-12 朱仙镇岳飞庙（来源：郑东军 摄）

图1-2-13 巩义北宋皇陵（来源：郑东军 摄）

图1-2-14 袁世凯墓（来源：郑东军 摄）

（五）文庙书院建筑

河南现存50多处文庙建筑，如河南府文庙、安阳文庙、商丘文庙、浚县文庙、郏县文庙等。

河南府文庙（图1-2-15）位于洛阳市老城区东南文明街中段路北、文明街小学院内，为全国重点文物保护单位。河南府文庙是祭祀春秋时期的思想家、教育家孔子的庙宇。据《洛阳县志》和《金元洛阳城池图》等资料推测，文庙始建于金元时期，元时毁于兵灾。明洪武二年（1369年），河南府（治所洛阳）奉诏重建府儒学，地址在城内东南隅宋代西京国子监所在地（今文庙址）。明景泰二年（1451年）、嘉靖六年（1527年）、万历四十三年（1615年）相继修建。清顺治八年（1651年）在旧址扩建。民国初年，明德中学迁于河南府儒学。抗日战争时期，文庙曾遭日军飞机轰炸，大成殿殿顶南坡西半部被炸毁。中华人民共和国成立后文庙得到多次维修。

河南府文庙为豫西地区现存规模最为完整的文庙建筑群。据记载，原河南府文庙建筑群由照壁、棂星门、泮池、戟门（图1-2-16）、大成殿、明伦堂、尊经阁及乡贤祠、名宦祠等组成。现存金元至清代建筑戟门、掖门、大成殿及明伦堂等十余座，建筑坐北朝南，中轴左右对称，布局严谨，层次分明，整体结构规整，庄重华丽，为不可多得的文庙建筑实例。文庙前有下马碑一通，庙内尚存府学碑、河图洛书碑等珍贵的石刻。洛阳河南府文庙保留着从金元至清代具有不同特征和风格的建筑，是一组内涵丰富的建筑艺术宝库。

河南历史上有众多书院建筑闻名于世，如登封嵩阳书院、商丘应天书院、邓州花洲书院等。花洲书院系北宋著名政治家参知政事范仲淹因推行"庆历新政"失败被谪知邓州后，为造就人才而创建。庆历六年（1046年），范公应挚友滕子京之邀，在花洲书院挥毫写下了脍炙人口、中外传颂的《岳阳楼记》。

花洲书院（图1-2-17）建筑规模宏大，是全国仅有的融祠堂、书院、园林为一体的书院建筑群。留存的览秀亭、范文正公祠、春风堂、万卷阁等清代建筑采用地方手法风格，既使用北方抬梁式结构，也有南方穿斗式结构，是研究河南地方建筑的重要实物资料，对研究南北建筑技术风格的交流提供了珍贵的标本。现存有明、清等代的碑碣数通，对研究花洲书院的沿革变迁提供了珍贵的资料。

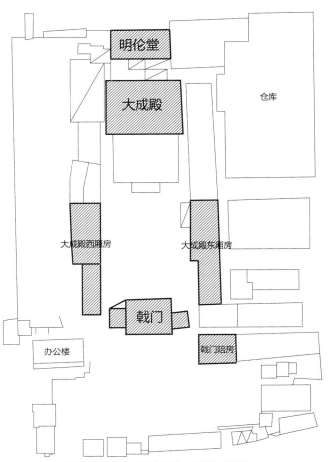

图1-2-15 河南府文庙总平面图（来源：毛鑫轶 绘制）

图1-2-16 河南府文庙戟门（来源：张文豪 摄）

图1-2-17 邓州花洲书院（来源：闫冬 摄）

花洲书院屡遭战火，迭经修葺，风景优美，名列邓州八景之首，曰"花洲霖雨"。百花洲内亭台楼榭错落有致，山湖洲林相映成趣，其建筑皆为江南园林风格。重建的百花洲为清代苏州园林风格。菊花台、亭榭、太湖石点缀湖岸，岛内遍植花木。北端有石舫"香舟"，中段临水有扇亭"月到风来亭"。

（六）衙署建筑

衙署建筑是中国古代官吏办理公务的场所。《周礼》称官府，汉代称官寺，唐代以后称衙署、公署、公廨、衙门。衙署是城市中的主要建筑，大多有规划地集中布置，采用庭院式布局，建筑规模视其等第而定。河南现存的衙署建筑主要有南阳府衙、内乡县衙、新密县衙和叶县县衙等。

叶县县衙（图1-2-18）始建于明洪武二年（1369年），是目前国内仅存的明代五品县衙建筑。叶县明代县衙规模宏大，气势雄伟，坐北朝南，整座建筑由中轴和东、西两侧副线上的41个单元、153间房屋组成。主体建筑有大堂、二堂、三堂、狱房、厨院、知县宅、大仙祠、虚受堂、思补斋等。大堂、二堂、三堂均为五间七架，屋面兰瓦兽脊，梁栋檐桷青碧绘饰。大堂前的卷棚，主体采用天沟罗锅椽勾连搭连接的做法，是高级别县令在建筑形式上的反映。该建筑在木作、砖雕技术等方面融入了南方建筑工艺精巧、细腻的部分特点，为研究中国古代南北建筑流派的特点及变化规律提供了实物依据。

（七）会馆建筑

会馆的兴建是明清时期一种重要的经济社会现象。清代随着商品经济的发展和外来商贾的增多，河南境内也陆续建设了许多会馆建筑。作为一种商业建筑类型，会馆承载了合约、祀神、义举、公约等诸多的功能，其中周口关帝庙、洛阳潞泽会馆、洛阳山陕会馆、社旗山陕会馆、开封山陕会馆、禹州怀邦会馆等都是其代表。

周口关帝庙本名"山陕会馆"（图1-2-19），是豫东平原地区保存最为完好的清代古建筑群，承载着周家口镇的商业历史与辉煌。建筑群总体呈长方形，三进院落，南北长

图1-2-18 叶县县衙

图1-2-19　周口关帝庙（来源：韦峰 摄）

160米、东西宽110米，沿南北轴线布局，飨殿、大殿、戏楼、春秋楼等建筑依次排列，建筑宏大、装饰精美，既满足了商贾们对会馆建筑华美宏丽的审美要求，也体现了祭祀空间的庄严神圣。关帝庙单体建筑平面以长方形为主，明间左右对称布置次间和稍间，与《清式做法则例》基本符合，但柱网布局有不同变化，如飨殿、戏楼、春秋阁的减柱造，拜殿的移柱造等，这样的做法不仅增大了建筑的使用空间，也反映出河南地方传统做法对金、元时期建筑的沿袭。

（八）民居建筑

河南传统民居建筑类型丰富、地域差别明显，主要属北方四合院民居体系，生土建筑是河南民居的一大特色，豫南民居也显现出地域特色，传统民居、传统村镇是河南地域建筑文化的载体。

郏县临沣寨（图1-2-20）是河南传统村落的代表，具有体系完整、建筑质量高和红石装饰等特色。临沣寨位于郏县堂街镇朱洼村，是中国历史文化名村、国家级文物保护单位。临沣寨地处平原地带，发源于香山的利溥、沣溪两水分别从寨东、寨西流过，汇入北汝河。整个寨墙及建筑用一种红色条石砌筑，当地人又称之为"红石寨"、"红石古寨"。临沣寨始建于明末，清道光二十九年（1849年），盐运司知事朱紫峰告老还乡，在朱家洼营造私宅，称为"朱镇府"，规模宏大，布局严谨，被誉为"汝河南岸第一府"。

咸丰元年（1851年），朱家洼在朱紫峰等富商巨贾的带领下，以当地紫云山的红石为主要材料修筑了红石寨墙，至此临沣寨初具规模，后于同治元年（1862年）重修。临沣寨民居建筑从明至清，在时代上没有缺环。它们集中地出现在一个村落中，在国内实属罕见。2005年年底，临沣寨被评为第二批中国历史文化名镇（村）。

临沣寨占地约7公顷。寨内有东、西主干道两条，将寨分为南部、中部、北部三部分。古建筑主要集中在村子的中部，保存较完整的院落有四处，分别为朱紫贵、朱镇南、朱紫峰和张氏创建。有明代民居一座，清代建筑百余座，这些古建筑除少部分被后人拆除或翻新外，大部分较好地保存了创建时的原貌。临沣寨村落布局比较完整，朱氏祠堂、关帝庙等建筑群遗址均存。

临沣寨平面呈椭圆形，寨墙为清一色红石砌筑，周长1100米，高6.6米，上有哨楼5个、城垛800个。由临沣寨通往村外的寨门是按八卦方位的乾、坤、巽三方分别开的，西寨门取名"临沣"，东寨门取名"溥滨"，意为此寨濒临沣溪、利溥两水。南寨门取名"来曛"，取自《诗经》"曛风南来"一句。三个寨门均装有两扇10厘米厚且用铁皮镶嵌的榆木大门，临沣门上的铁皮面鎏金"同治元年"和"岁在壬戌"的题字，至今仍清晰可辨。寨外是长达1500米的护寨河，河宽12米，深3米。临沣寨南门一侧，沣溪汇入护寨河，河内常年清水长流，水草茂盛。河外是千亩芦苇，百亩翠竹，与红石寨墙构成一幅亮丽的风景画。

地坑院也叫下沉式窑院，是古代人们穴居生存方式的延续，被称为中国北方的"地下四合院"。庙上村地处黄土高原，现存地坑院达70余座。由祖传家谱可知，当地村民居住地坑院的习俗至少已经沿袭了数百年。地坑院的开挖因地制宜，省工省料，且冬暖夏凉，挡风隔声，是一种独特的建筑形式。

地坑院的设计以人体尺度为模数，使用独特的营造工具，其营造过程经历了策划准备→择地、相地→定向、放线→挖天井院、渗井→挖入口坡道、门洞、水井→挖窑洞→砌筑窑脸、下尖肩墙、檐口、挡马墙及散水→修建散水坡、加

图1-2-20　郏县临沣寨（来源：张文豪、郑东军 摄）

固窑顶→修建窑顶排水坡、排水沟→安门框、窗框、扎窑隔→粉墙→地面处理→砌炕、砌灶→制作、安装门窗→装饰、绿化的有序过程。

庙上村地坑院就是按照这种做法，在平整的黄土地上，挖一个边长10~12米的正方形（或长方形）深坑，坑深6~7米，然后在四壁凿挖8~12孔窑洞，并选择窑院一角的一孔窑洞挖出一个斜向弯道通向地面，作为居民出入院子的门洞。门洞正对的窑洞是长辈居住的正窑即主窑，左右为侧窑，按功用分为厨窑、牲口窑、茅厕窑、门洞窑等，依主窑所处东西南北位置朝向不同，地坑宅院分为"东震宅"、"西兑宅"、"南离宅"、"北坎宅"四种。地坑院窑洞里大都用土坯垒成火炕，冬天烧火做饭取暖。

院里栽有桐树、梨树，很多院里还种有花卉，呈现出一种恬静的农家情调。院子里通常还有一个渗井，主要用来

图1-2-21 河南地坑院村落（来源：王晓丰 摄）

积蓄雨水。有一些地坑院的四周砌有30～40厘米高的拦马墙（又名女儿墙），一方面防止下雨时雨水灌入院里，一方面考虑儿童和夜里出行人的安全，并可以起到一定的美化作用。农忙时，窑顶还是打晒粮食的场地，厨窑的顶部开有直径约15厘米的小孔，能直接将晒好的粮食灌入窑内，省时省力。"地坑院建筑营造技艺"已被推荐为国家级非物质文化遗产（图1-2-21）。

（九）古代城址

楚长城（图1-2-22）主要位于河南省南阳市的南召县和方城县，是我国修筑最早的长城之一。据史料记载，春秋时，楚国为"控霸南土，争强中国"，约在楚文王十二年（公元前678年）伐申灭邓之后，在南阳东北开始修筑长城，设缯关。该长城比齐长城早约300年，比秦统一后大规模修的长城早约460年。现方城黄石山西麓有楚长城大关口（即缯关）遗址。东侧残存南北二道土城垣，高1.5～3米，全长180米，南北城垣相距250～380米，南城垣北侧有土台7个，似为城堡或马面遗迹。

商丘归德府城墙（图1-2-23）为明朝弘治十六年（1503年）至正德六年（1511年）所建的城墙，以元代城墙为南城墙。嘉靖三十七年（1558年）包砖建成。南墙长950.6米，北墙长993.4米，东墙长1210米，西墙长1201米，周长4355米。高6米，顶阔6米，址阔9米。南为拱阳门，拱券式建筑，门洞全长21米，台高8米。北为拱辰门，东为宾阳门，西为垤泽门，门上原皆有城门楼。

（十）其他建筑

登封汉三阙（图1-2-24）即中岳庙前的太室阙、少室山庙前的太室阙、启母庙前的启母阙，均建于东汉，为中国现存独有的庙阙。阙，作为庙前神道入口处的标志性和导引性建筑，在建筑心理学中起着重要作用。浚县明代恩荣坊形体高大，雕刻华丽，极为雍容华贵，是明代石坊的杰作。新乡七世同居坊，运用了视差设计手法，其形象工整气派，是清代石坊的代表。

鸟瞰　　　　　　　　　　　　　　　局部

图1-2-22　楚长城

图1-2-23　归德府城墙与城门（来源：张文豪 摄）

太室阙　　　　　　　　　　　　　启母阙　　　　　少室阙

图1-2-24　登封汉三阙（来源：郑东军 摄）

风水塔是古代建筑环境中一个有着特殊含义的建筑类型。与宗教建筑中塔的内涵截然不同，风水塔体现出科举制度下地方政府和民众的价值取向，以及繁荣文化、多出人才的愿望。河南境内的光山紫水塔、唐河文笔峰塔为楼阁式风水塔中的精品。明末农民起义军领导人牛金星参与捐建的宝丰文峰塔（图1-2-25），其造型融入了西方纪念碑的形象，为国内所罕见，反映了明代时期河南建筑设计思想的活跃。

登封市告成镇观星台（图1-2-26）是我国现存最早的天文台建筑之一。观星台建于元代初年，是元初全国27个天文台站的中心台，也是元代初年天文科学活动所留下的唯一实物，为世界文化遗产"天地之中"历史建筑群的重要项目、全国重点文物保护单位。

观星台建于周公测影台旧址上。元世祖忽必烈统一中国后，于至元十三年（1276年）下令改革历法，由著名天文学家郭守敬设计营建天文建筑。郭守敬在全国北纬15°～65°建立了27个天文台和观测台，登封观星台就是当时的中心台。现存观星台为砖石结构的高台建筑，由覆斗状的台体与台体北侧的石圭（又称量天尺）两部分组成。观星台通高12.62米，台体北侧东西两边设对称的石踏道，可拾级而上，登至台顶。台顶平面近正方形，是观星和测影的工作场地，边长8米余，周边顺砖砌筑女儿墙，红石墙帽压顶。

明嘉靖七年（1528年）于台顶北边增建三间小室。台北壁中部砌筑一上下直通的凹槽，槽南壁上下垂直，下接石圭。石圭由36块青石圭面和砖砌圭座平铺而成，上面刻两条间距0.15米的平行水槽，其南端伸入凹槽内，与垂直的凹槽南壁共同组成测量日影长度的元代圭表装置。石圭表面水槽南端有注水池，北端有泄水池，刻有尺度，以测量水准，

图1-2-25　宝丰文峰塔

图1-2-26　登封观星台（来源：郑东军 摄）

是古人用于天文观测的取平装置。在石圭西侧有"大明嘉靖二十一年孟冬重修，督工义官□□医生□□老人刘和□□"的题记。

观星台南端存唐代"周公测景台"石表，既是纪念西周周公的建筑，也是标准的天文设施。该表建于唐开元十一年（公元723年），又名"八尺表"，是我国古代测量日影、验证时令、计年的仪器。在观星台的前后尚存有清代的明壁、大门、祠堂、后殿等建筑，另有元代建筑遗址及明清碑刻十余通。观星台是中国现存最古老的天文台，也是世界上现存最早的观测天象的建筑之一。

百泉位于辉县市区百泉镇百泉村（图1-2-27），为全国重点文物保护单位，中国北方重要的古典园林，自商代就以自然山水之美而闻名天下。单体建筑类型丰富，风格迥异，依山就势，按景而设，井然有序，构成了一幅美丽的古代北方园林艺术画卷。

百泉开凿于商代，最早记载见于《诗经》。秦王政二十六年（公元前221年），秦兵击齐，齐王为秦兵所虏，被迁往苏门山，旧志称其住所为齐王建旧居。晋时高士孙登隐居苏门山土窟之中，后人在苏门山巅建台一座，取名"啸台"以示纪念。隋唐时，为祭祀卫源河神，在苏门山南麓西侧建起了一处坐北朝南的古代建筑群，称为"卫源庙"，为百泉的第一组寺庙建筑。宋天圣年间（1023~1031年），邵雍从河北迁居苏门山。金明昌年间（1190~1194年），卫源庙前建"百泉亭"，与庙配套。元代，郭子忠在百泉湖南辟花园，内建一小亭，取名"挹翠楼"，明代时亦称"浓翠亭"、"宛在亭"、"仁知亭"。

百泉北部环山，南对平原，总面积为70.5平方米，由苏门山和百泉湖构成。百泉湖分南、北两湖，湖水面积6.3公顷。百泉现有古建筑99座（包括20世纪90年代复修的建筑），著名的有卫源庙、清晖阁、孔庙、无梁殿、邵夫子祠、启贤祠、孙征君祠、涌金亭、灵源亭、喷玉亭、放鱼亭、洗心亭、下马亭、龙亭、振衣亭、课桑亭、湖心亭、啸

图1-2-27　辉县百泉（来源：郑东军 摄）

台、金梭桥、飞虹桥等。

百泉现存碑刻350余通，时代自三国始，历晋、南北朝、唐、宋、元、明、清，现大部分保存于百泉湖畔碑廊之内及苏门山上下，如北魏造像碑、唐代造像碑、布袋真仪画像碑、板桥竹画像碑、苏门山涌金亭碑、岳飞书四条屏碑、玉虚观碑、苏门碑及乾隆御碑等。

济源五龙口水利工程位于济源市五龙口镇北2公里处（图1-2-28），是两千多年前的古老水利灌溉设施，始建于秦王政二十六年（前221年），因渠首以"枋木为门，以备蓄泄"，始名枋口堰，亦称方口或秦渠。东汉元初二年（公元115年），朝廷敕令"修理旧渠，通利水道，以溉公私和田畴"。三国时曹魏典农司马孚奉诏重修。唐代河阳节度使温造对枋口堰进行扩修，可灌溉济源、河内、温县、武陟农田5000公顷，改称广济渠。明隆庆二年（1568年）疏浚广济渠，新开广惠渠。明万历间（1573~1619年）创修新广济渠、永利渠、大小兴利渠，并在渠首修闸门，形成五龙分水之势，故名"五龙口"。今存广利渠，仍发挥作用，造福当地群众。

二、河南传统建筑特征

河南的传统民居建筑因区域气候、地形地貌、建材资源及建造者身份之不同，也呈现出多彩的面貌，其中巩义康百万庄园，代表了清代封建地主和豫商家宅建筑的特点；而豫西的窑洞，为研究中国生土建筑提供了难得的实物资料。因历史动乱，河南现存园林实例不多，但从辉县百泉、汝州风穴寺二例中，我们可以分别感受到河南的山水园林和寺庙园林艺术的设计思想。修建于明代的潞王望京楼（图1-2-29）已出现了拱肋拱券石结构，说明河南砖石发券技术已达到了一个新高度。

明清时期，河南古建筑屋面的琉璃作五彩缤纷、琳琅满目，为琉璃艺术大观。清代赊旗镇山陕会馆和开封山陕甘会馆上的木雕、石雕，均出自当地匠师之手，技艺之精冠盖海内。河南灿若繁星、各呈异彩的建筑作品，因其所处气候与

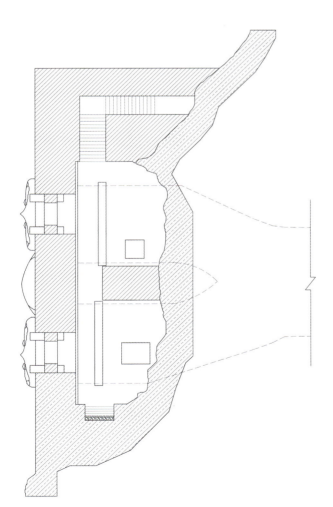

图1-2-28 济源五龙口水利工程平面图（来源：毛鑫轶 绘制）

图1-2-29 潞王望京楼（来源：郑东军 摄）

区域文化的不同，被赋予了更独特的价值。

（一）比较完整的木构架体系

河南古代建筑普遍采用木构架，有抬梁式、穿斗式等结构体系，以抬梁式结构占主导地位，这种结构形式早在春秋、战国时期就已经形成。省内现存明清以前（包括明清时期）木结构建筑1000多处，其中宋代2处、金代5处、元代25处、明清时期约1000处。

抬梁式结构是用立柱和横梁组成构架，以数层重叠的梁架，逐层缩小，逐级加高，直至最上一层梁上立脊瓜柱，各层梁头上和脊瓜柱上承托檩条，又在檩条间密排椽子，构成屋架。建筑物重量由构架承担，墙壁只起维护隔断作用，墙倒屋不塌。

（二）人工与自然的有机结合

河南传统建筑在处理建筑与自然环境的关系上，更多是因地制宜地改造，如传统民居，有敞厅与前廊作为日常生活的主要场所，庭院中植树成荫、藤蔓满架，或作花台、鱼池，尽量引入自然情趣，住宅的绿化程度很高。同时受所谓聚合、不耗散、不冲破、不泄漏、补救不利之处等论说的影响，选择和利用地形来构成理想环境。

河南古代园林造园艺术十分丰富。总体布局无明显轴线，群体组合比较自由，景观依地形的自然条件布置，曲折多变，错落有致。在建筑组群之间，以假山、走廊、桥梁、曲径等作为联系，运用借景、对景、障景等方法创造富有自然情趣的园林，供人们居住和观赏，形成中国独特的自然风景式园林。明藩唐王在南阳修建的王府花园（图1-2-30）是其中的典型遗存，今存一高耸挺拔、造型奇特的假山。

（三）灵活多样的群体布局

河南古代建筑布局以间为单位构成单座建筑，由若干单座建筑组成庭院，再以庭院为单位构成多种形式的组群。布局手法采用均衡对称方式，沿纵轴线与横轴线布局，纵轴线为主，横轴线为辅，也有纵横两轴并重的，以及局部有轴线或完全没有轴线的。

图1-2-30　南阳王府花园（来源：郑东军 摄）

庭院布置有两种：一种是在纵轴线上先配置主要建筑，再于主要建筑两侧和对面布置若干座次要建筑，组成封闭性空间，称为四合院，这种布置应用较广。另一种是廊院，在纵轴线上建立主要建筑和次要建筑，再于院子两侧用回廊将若干单座建筑联系起来，构成完整的格局，空间上可收高低错落、虚实对比的效果。唐宋时期的宫殿、祠庙、寺观多采用此种形式。

至于巨大建筑群，则以重重院落相套向纵深发展，横向配置以门道、走廊、围墙等建筑，分隔成若干互有联系的庭院，如豫北安阳的马氏庄园和豫东地区的袁寨。袁寨（图1-2-31）是袁世凯故里，有着双寨墙的防御体系，寨内院落布局紧凑、主次分明。

（四）形态丰富的宗教建筑

河南古代建筑类型繁多，现存建筑中数量最多的为宗教建筑，有佛教建筑、道教建筑、伊斯兰教建筑等。在宗教建筑中，又以佛教建筑居多，寺院、佛塔、石窟等建筑遍布全省各地。著名的有中国佛教"祖庭"、"释源"——洛阳白马寺，中国最早的禅宗寺院和现存最大的塔林——登封少林寺和塔林，以及开封大相国寺、临汝风穴寺和洛阳龙门石窟等。佛塔建筑更多，有大小佛塔530多座，占全国佛塔建筑总数的1/6，其中登封嵩岳寺砖塔，已有1480年，是全国保存时间最长的砖塔；开封铁塔（图1-2-32）建于北宋，

图1-2-33　沁阳清真寺拜殿屋顶（来源：王晓丰 摄）

现在三个方面：类型全、数量大、价值高。

目前河南省省级文物保护单位数量已达到1231处，国家级文物保护单位419处，数量全国第二，世界文化遗产5处。这些宝贵的文物建筑是中国历史、中国古代建筑史、城市史研究的不可或缺的重要组成。主要体现在：

（一）类型齐全

河南作为地下文物大省，地上古建筑也非常丰富，现存文物保护单位多达65519余处，其中古建筑（含传统民居）23921处，近现代建筑16059处。具体而言，从石器时代的人类聚落遗址和早期城址，以及从东汉到清代的地面建筑连续不断，且城垣、石窟、石阙、寺庵、庙观、砖（石）塔、园林、陵园、衙署、书院、会馆、祠堂、民居、牌坊、华表、石柱、天文台、桥梁、水利工程等建筑，多具有唯一性和典型性，如：被尊为"释源"和"祖庭"的洛阳白马寺，被誉为禅宗祖庭的嵩山少林寺，开封的大相国寺、龙亭、开封铁塔、嵩阳书院、登封观星台、汉三阙、中岳庙、汤阴岳飞庙、南阳武侯祠、三门峡函谷关、淮阳太昊陵等一大批优秀传统建筑群。

（二）建筑价值

即建筑的创造性、技术性、理论性和艺术水准，如建于北魏的登封嵩岳寺塔，是中国现存最古老的砖塔，经历1400余年风风雨雨，至今屹立于嵩岳大地。

（三）城市史价值

从中国城市发展看，中原地区在11世纪北宋以前长期处于中心地位，中国早期的城址大多在河南，郑州西山城址距今5300余年，淮阳平粮台城址距今4300余年，登封王城岗遗址距今4000余年，郑州商城、洛阳的西亳距今3000余年。北魏洛阳规划开创了里坊制，其面积265.5平方华里，是当时世界上最大的都市。11世纪的北宋东京开封面积达170平方华里（1平方华里约合0.25平方公里），也是当时世界上最大的城市，从瓦肆的出现逐步形成了商业街市，里坊制在此随经济发展被打破。

（四）文物价值

即建筑的历史性、独特性和典型性。安阳殷墟被国家文物部门列为20世纪中国100项重大考古发现之首，洛阳龙门石窟是中国三大石窟之一，被列为世界文化遗产。

（五）文化价值

即河南传统建筑所具有的文化内涵和底蕴，体现出当地的信仰观念、风俗习惯、宗教信仰、审美意识等特点。表达出特定时代中人们的集体经验，即文化上的认同感和归宿感，具有象征意义。

第三节　河南传统建筑演进

一、史前城址与传统建筑遗存

（一）史前时代

河南优越的地理和自然条件，为旧石器时代的人类社会发展提供了一条既向阳避湿，又可尽享四季大自然水陆恩赐的生存带。呈南北向分布的南召猿人洞穴、许昌灵井旧石器时代遗址、郑州织机洞遗址、安阳小南海洞穴遗址即为其

图1-3-1 郑州大河村遗址

图1-3-2 郑州商城遗址（来源：王晓丰 摄）

证。进入新石器时代，河南区域成为中华大地上部落分布最密集的区域，建筑文化亦随之快速发展。在距今7000年的裴李岗文化舞阳贾湖遗址中，发现了半地穴、地面起建、干阑式等几种建筑，后者的出现，为研究中国气候分界线或日气候的变化提供了直接的实物证据。

属仰韶文化的郑州大河村遗址（图1-3-1）出现了排房，经火烧烤过的居住面说明人们已在探索室内防潮技术。类似三门峡西坡遗址所见的大型公共建筑，在许多遗址中不断出现。郑州西山遗址是中国最早出现的城址之一。在父系氏族社会阶段，河南大地上的小型城堡如雨后春笋般涌现，筑城夯土技术日臻成熟。新石器时代龙山文化时期，汤阴白营遗址井和土坯砌块的出现，既是对木骨泥壁和夯土墙技术的一次革命，亦孕育着建筑模数制的萌芽。在郾城郝家台遗址中发现了木地板，说明当时河南的先民们在室内防潮处理方面已有成熟的认识和构造技术。淮阳平粮台遗址城内有十几座高台建筑，人类社会的尊卑序列已用建筑的等级来标示，城址中的陶排水管的发现，说明当时城的建设已注重科学排水问题。

（二）夏、商、周时期

河南是中国率先进入奴隶制社会的区域。阶级和国家的出现、经济的发展、青铜工具的发明和奴隶的大量集中使用，使得建造更大规模、更高水平的建筑成为可能。夏、商、周三代在河南大地上暴风骤雨式的发展、冲突、交融与更替，诞生了许多划时代的建筑作品，其中的城市规划思想和理论一直影响了整个古代中国。

在偃师二里头和尸乡沟、郑州商城（图1-3-2）、安阳殷墟遗址中，发现了规模宏大的建筑群和城址，遗址中有大量大型宫殿基址、城门、道路、供水排水设施及富丽庄严的建筑彩画，殷墟遗址还发现了保护柱根免遭水害的青铜柱锧。为了取得宏阔的屋檐，已在尝试木擎檐结构——斗栱的雏形。安阳殷墟商代甲骨文中有大量与建筑有关的文字记载，如"宫"、"京"、"高"、"室"、"宅"、"寝"、"家"、"门"、"墉"等，说明河南区域当时已有不同类型的建筑，建筑各部功能、构造日臻完善。根据周人《作雒》所记，洛阳成周城是周天子在中国之"中"建造的以"以礼治国"为城市规划思想。由此可见，河南区域是中国城市规划理论的诞生地。

将黏土烧制成砖瓦等建筑材料，是建筑史上的一次革命，它不但增强了建筑的承载力和抗风雨剥蚀的能力，且在尺度上与当时的度量衡制度结合，已具备建筑模数的基本概念。创建于春秋时期的登封阳城遗址中发现了室内砖铺地、储水设施和供水管道，均是这次革命的成果。

战国时期有了铁器，城市规模比以前发展，高台建筑更发达，出现了砖和彩画。那时韩、魏等国在河南开封、新郑等地修建的都城，已有宫殿、官署、手工业作坊和市场等。战国时期，河南出现了以楚长城为代表的长城建筑，为中国"长城之父"。

二、宋代以前传统建筑发展

（一）秦、汉时期

秦始皇统一六国后，修驰道、开鸿沟、凿灵渠、筑万里长城、营造规模空前的宫殿与陵墓等，嵩山中岳庙就始建于此时，秦朝时兴建的济源五龙口水利工程至今仍发挥着重要作用。

西汉时期，洛阳兴建了大批粮窖仓，反映了汉代仓储建筑在防潮、恒温、恒湿方面所达到的较高水平。永城梁孝王陵区北部芒砀山巅（图1-3-3）发现的木构高层建筑遗迹反映出当时建筑设计已使用与人体尺度密切相关的丈尺模数制，且建筑内以夯土、砌石方柱为稳定建筑的基体。从新密打虎亭西汉墓结构中，可知当时石结构发券技术已达纯熟阶段。东汉时期，从班固《两都赋》及张衡的诗赋中可知，都城洛阳和南都南阳城市建设繁华为天下之最。

从河南所见大量东汉陶楼明器中，可知当时正尝试以高层木结构取代高台建筑，斗栱的形式也在逐渐完善，屋顶形式几乎包含了后世所能见到的基本形式。该时期建筑虽然现存较少，但建筑遗迹较为丰富，登封东汉三阙是我国现存最早和仅有的石构庙阙建筑。东汉是我国木结构建筑体系基本形成的时期，而体系形成的中心在河南。

政治动荡、战争频繁的三国时期，建筑技术有了很大发展。曹魏都城许昌留下了许多著名建筑遗迹。安阳魏武王曹操高陵（图1-3-4）的平面规划、空间尺度和大型青砖分别以丈、尺为模数，证明了建筑模数制的进一步发展。北魏定都洛阳，民族及文化得到大融合，统治者继承汉文化，在洛阳城旧址上修建了宏大的都城和宫殿。佛教高层建筑的大量出现，直接刺激了建筑技术的进步，杨衒之《洛阳伽蓝记》载，当时洛阳有佛寺1367所之多。举高90丈的永宁寺木塔，规模、高度及华丽为全国之最。建于北魏正光四年（公元523年）距今1400多年的登封嵩岳寺砖塔，是中国现存最早的砖塔，也是唯一的平面呈十二边形的塔，反映了是时高层砖结构技术的巨大进步，塔壁厚度与塔心室直径之间存在着倍数关系，说明了当时对砖结构设计模数的探索。

图1-3-3 永城梁孝王陵

图1-3-4 安阳曹操高陵（来源：河南省文物局 提供）

（二）隋、唐时期

中国木构建筑体系进入成熟阶段，建筑规模更加宏大，是中国封建社会建筑的辉煌灿烂时代。隋、唐两朝继汉以来设立东西两京制度，以洛阳为东都，进行了大规模的营建。隋于公元605年，由将作匠宇文恺、封德彝、牛弘等主持规划建造新城，城址位于汉魏洛阳城之西约10公里，洛水由西往东穿城而过，将洛阳分为南北二区，河上建有4道桥梁进行连接。为了适应地形，不强调南北轴线完全对称的布局。每月役使工丁达200万人。唐朝继续营建东京洛阳，在宫城外西南一带修筑了上阳宫和西苑等。

中唐以后，官僚贵族在南区营建住宅园林，使洛阳又成为以园林而著名的城市。这时的建筑造型、布局达到了较高的技术与艺术水平,雕塑与壁画更为精美。嵩山永泰寺塔、法王寺塔外形挺拔秀丽,成为密檐式塔的典型;安阳修定寺塔为磨制花砖砌筑,顶嵌红、黄、绿色琉璃构件,造型奇特,精美异常,有很高的艺术价值。武则天在洛阳修建明堂(即万象神宫)和天堂。明堂高88.2米,方约90米,后面建天堂5级,其中第3级可俯视明堂,这反映了那时木结构技术所达到的最高水平。在局势动荡且短促的五代时期,河南仍出现了如武陟妙乐寺塔这样著名的优秀建筑作品。

(三)宋、辽、金时期

宋代首都东京(今开封市),改变了汉以来历代采用的封闭式里坊制度,代以沿街设店,按行成街。东京城建有外城、内城、宫城等三重城,每层城墙之外都有护城河环绕;4条人工河贯城而过,以大小桥梁连接,构成四通八达的水陆交通网络。城内房屋鳞次栉比,街道纵横,繁荣异常,是当时中国乃至世界上最为繁华的大都市。

建筑的艺术形象也因琉璃、彩画、小木装修的发展和提高而丰富多彩起来,艺术风格趋于柔和绚丽。琉璃出现了黄、绿、褐等颜色,重要建筑因使用各色琉璃砖瓦而增加光彩。门窗已改为棂条组合极为丰富,可以开启的隔扇门窗,与唐代的板门、直棂窗相比,不仅改变了外观,也有利于室内通风与采光。园林建筑有较大发展,据史籍记载,东京有名可举的苑囿就有百余处,其中玉津苑、琼林苑、艮岳、金明池、宜春苑等皇家园林,都是当时规模很大的园林。

北宋洛阳的园林也很发达,有宰相富弼等人的私家园林19处,另有市集1处。宋代的大小砖石塔多仿木构形象,比唐塔更为华丽,结构更为合理,其中高50余米的开封铁塔的修建,不仅显示了琉璃制品生产规模的扩大,而且展示了构件的标准化和镶嵌方法所取得的艺术成就。以登封少林寺初祖庵大殿、济源济渎庙寝宫(图1-3-5)为代表的实物,是研究宋代建筑制度的珍贵建筑遗存。宋代还产生了著名建筑师喻皓、李诚和他们的著作《木经》与《营造法式》。《营

图1-3-5 济源济渎庙寝宫(来源:王晓丰 摄)

造法式》以"材"为标准的模数制,使木构架建筑的设计、施工达到了一定程度的规范化。

三、元、明、清时期传统建筑发展

元代起,虽然政治中心移出河南,但河南区域建筑的发展依然活跃,并出现了规模宏大的建筑行会组织"鲁班社"。元代建筑虽然风格粗犷,但却摒弃了梁首断面过小等一些旧制弊端,并在梁架构造上大胆地进行了有益的探索。元代促进了民族建筑文化的融合,留存至今的一些元代建筑带有明显的北方少数民族的建筑风格。河南现存元代木结构建筑多集中于豫西北地区。元代喇嘛教、伊斯兰教建筑在河南有所发展,主要有林州惠明寺喇嘛塔、辉县天王寺普济塔等。开封延庆观玉皇阁(图1-3-6)是元代砖结构楼阁的典型代表。元代在登封周公测景台旧址修建的观星台,可视为当时的"国家天文台",其测量数据的精确度领先欧洲数百年,代表了当时世界天文学的最高成就。

明清时期是中国古代建筑史的最后一个高峰期,河南区域的匠师们不囿法式,积极地进行了有益的建筑手法探索,使得河南区域绝大多数的明清建筑仍呈现出勃勃生机。明、清时期城市建设有较大发展,县城城墙也都用砖包砌;民间建筑多用砖瓦砌筑,类型与数量增多,质量普遍提高;砖券

图1-3-6 开封延庆观玉皇阁（来源：王晓丰 摄）

结构发展很快，出现了全部使用砖券结构的无梁殿；组群建筑布局与空间组合能力显著提高，富于特色；琉璃瓦生产的数量、质量有明显的增加和提高，镏金、玻璃及其他工艺美术品应用于建筑，丰富了装饰手法；官式建筑已完全实现程式化、定型化，这一时期成为中国封建社会建筑的最后一个高潮。

因河南处于中国四方陆路与黄河、淮河、长江三大水运通道相交接的枢纽位置，河南的中小型商业城镇在明清资本主义萌芽的催化下，出现了蓬勃发展的局面。几大交通枢纽的商业城镇，被南北行商大贾尤其是晋陕"两商"掌控，其所建的会馆建筑成为河南乃至全国明清建筑中最具文化特色的作品，其中尤以南阳的赊旗镇、淅川荆紫关镇的会馆群和洛阳的潞泽会馆、山陕会馆以及开封山陕甘会馆、周口关帝庙最为著名。

以南阳府衙、淅川荆紫关协镇都督府、内乡县衙、密县县衙与叶县县衙为代表的衙署文化，是官衙建筑系列的珍贵遗存。以新乡明代潞王墓、禹州周王墓、南阳唐王府为代表的藩王建筑遗存是研究明代藩王文化的珍贵实物资料。

第四节　研究方法与框架

一、关于方法论

问题决定方法。

方法是一个含义广泛的多层次概念，在科学认识活动中，方法主要指研究中的理论、原则、方式和手段。所以，认识方法先要明确概念。那么，什么是河南传统建筑？从定义上看：中国传统建筑是指从先秦到19世纪中叶以前的建筑，是一个独立形成的建筑体系。中国传统建筑风格的形成经过了一个漫长的历史过程，是数千年来中华民族经过实践逐渐形成的特色文化之一，也是中国各个时期的劳动人民创造和智慧的积累。河南传统建筑作为中国传统建筑的重要组成之一，也具有这样的内涵。在传承什么的问题上，也要明确，这是对特色分析的基础，就当代的建设实际而言，探寻"民族的、现代的、中国的建筑"是个实践性很强的课题，传承的不仅仅是建筑形式，还包括营建智慧、设计思想、审美观念、营造技术和工匠精神等，涉及不同地区的建筑文化、传统文化和文化传统。其中的营建技术是保护、维修、复建传统建筑的技术基础，而传统园林中蕴含审美观念和某些装饰的形式，本身就超越了时代，有很强的现代性，如：卫辉比干庙的明代影壁（图1-4-1）和鹤壁李家大院3号院三进院月亮门上的砖雕文字"宜风、宜雨、宜晴、宜雪"；表达了宅主人的心境和处世哲学（图1-4-2），造型独特，形式感和艺术性都很强。

这里所说的建筑文化是指经济、技术、艺术、哲学、历史等各种要素的综合体，作为一种文化，它具有时空和地域性，各种环境、各种文化状况下的文脉和条件，是不同国度、不同民族、不同生活方式和生产方式在建筑中的反映，同时这种文化特征又与社会的发展水平以及自然条件密切相关。同样，建筑本身作为一种文化形态，它是人们根据各自的价值观所创造出的创造物，是某些具有相同价值观的人们的"约定俗成"的"符号"。

而传统文化和文化传统有所差异，传统文化指包括历史上的精神与物化了的精神的主要领域，而文化传统是更多属于现代的研究范畴，是传统文化形态在现代社会文化中依然存在。

所以，对传统建筑的解析是个文化过程，不是一个单向和静态的结构分析过程，而是在"文化"与"建筑"的互动与关照中呈现不同历史阶段及社会层面中蕴含的地域性和复杂性。所以，用断代史的方法研究建筑史或地域建筑传统不

图1-4-1 卫辉比干庙的明代影壁（来源：郑东军 摄）

图1-4-2 鹤壁李家大院砖雕（来源：郑东军 摄）

是很理想的方法，实际上建筑行为有高度的连续性，很少有政治史般"改朝换代"的断裂情形，不容易断代，如宋代郑州人李诫所著的《营造法式》是对宋以前汉唐建筑的总结。

通过对河南传统建筑大量实例的调研、测绘和文献资料整理，我们感到仅仅通过实证和文献分析的方法对地域建筑实例进行分类和描述是一种只见树木，不见森林的方法，相应的如果把地域建筑看作是个别的、不相关的，这种研究方法和态度是没有价值的。传统的按部门分类的专题研究方法，较难从整体上把握地域建筑这一复杂系统，只有采用宏观与微观相结合的研究方法，才能更好地从整体上对这一问题进行把握，从而对河南地区这一特殊地域内，地域文化的形成和特点、河南传统建筑六大分区、各分区自然与社会条件、建筑单体与群体、传统建筑营建与技术、传统建筑装饰

与细部、分区建筑特征和总体特征发现等地域建筑问题的关联，揭示出这种变化的内在规律，并依此，对河南现代建筑文化的传承与实践进行总结，提出传承原则和策略，对创作方法与手法进行理论分析。

这里宏观即是指采用文化发生学和文化生态学的方法对文化创造活动的渊源及发展脉络和内在规律进行把握；微观即是对不同时期、不同类型的具体建筑进行考察，靠大量的实证材料，集古代文献、考古发现、民俗资料和现状调研分析为一体，不做凭空臆断，以期得出客观、科学的结论。

二、研究框架分析

依据本书中的研究目标、方法和思路，结合各章节的结构，确定本研究的框架（图1-4-3），以更清晰地梳理和展示研究的路径和逻辑关系。

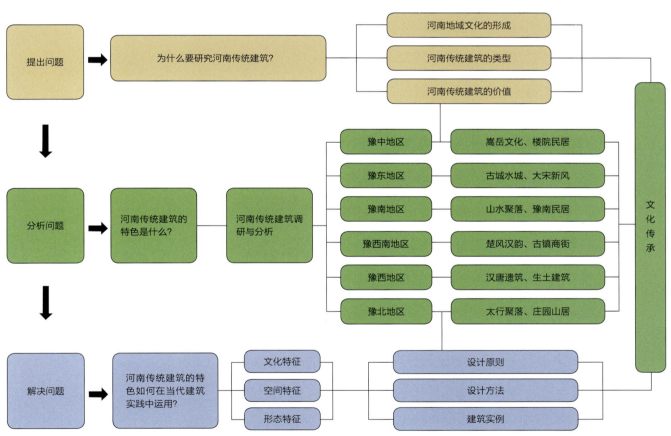

图1-4-3　河南省传统建筑解析与传承研究框架分析

上篇：河南传统建筑特征形成与解析

第二章　豫中地区传统建筑及其特征

　　豫中地区地处河南省腹地，是中原文化的核心区和中华文明早期发源地之一，历史悠久、文化厚重。世界文化遗产"天地之中"历史建筑群就处在以郑州嵩山为中心的区域内。古城古镇、宗教建筑、传统民居、人文景观等独具特色，传统建筑有着广泛的影响力和文化价值。地区内楼院民居、窑房院民居、窑院民居、庄园民居等传统民居类型丰富，传统民居施工技艺整体较高，保存质量好，尤其以庄园民居代表了中原传统民居的最高水准，突出了豫中传统民居较高的价值。

第一节　豫中地区地理与人文条件

一、区域范围

以行政区划进行具体界定，豫中地区包含河南省省会郑州市和平顶山市、许昌市、漯河市等地级市。大致介于东经112°14′~114°16′、北纬33°08′~34°58′之间，整体位于黄河以南区域。区域面积22941平方公里，常住人口约2120.45万人（图2-1-1）。

二、自然环境

（一）地形地貌

豫中地区地处河南腹地，北濒黄河，处于西部黄土高原地区向东部华北平原的过渡地带，地势西高东低。西部地形受到伏牛山脉（秦岭山脉东段）的影响，由南向北呈岗状相间的波状起伏形态，主要分布有嵩山、尧山等伏牛山脉山体。东部广泛分布着由黄河冲积形成的冲积平原。水文环境上豫中地区整体分属黄河流域和淮河流域，地区内分布有伊洛河、泗水河、沙河、澧河、颍河、汝河、双洎河、清泥河等众多河流。这一区域古为"九州通衢"之地，是古今重要的交通枢纽。

（二）气候特征

豫中地区整体属于温带大陆性季风气候。春夏秋冬四季分明，冬季漫长而干冷，雨雪稀少；春季干燥少雨多春旱，冷暖多变大风多；夏季比较炎热，降水高度集中；秋季气候凉爽，时间短促。年平均降水量大约为700毫米。

三、人文历史

早在先秦时期，尤其是黄帝至商代，这里就是中国主流文化区，其中心城市是新郑、禹州、郑州和许昌。新郑在上古称"有熊"，轩辕黄帝在此建都。豫中地区还有着10万~8万年前的许昌灵井文化遗址、8000年前的裴里岗文化和贾湖文化遗址、5000年前的黄帝文化、3600年前的商都文化、2700年前的郑韩文化及嵩岳文化。嵩山地区自新石器时代开始，一直是中国史前文化交流的十字要冲，高度发达的史前文化和独特的交流格局，使得嵩岳地区诞生了中国最早的国家文明。《史记·封禅书》载："昔三代之居，皆在河洛之间，故以嵩高为岳。"司马迁的这一记述，得到了中国现代考古学成果的证实。

豫中地区是河洛文化的中心区域，其中许昌的三国文化、漯河的许慎文化和平顶山的应国文化都是豫中地域文化的重要组成。

第二节　豫中地区传统建筑群体与单体

一、宗教文化与建筑群体

豫中地区是儒、释、道汇聚发展的地区，与其相关的宗教建筑是中国建筑史上的重要标志性建筑。

图2-1-1　豫中地区区划示意图（来源：桂平飞 绘制）

（一）佛教建筑

豫中地区佛寺和佛塔众多，其中的登封法王寺（图2-2-1）是我国最早的佛教寺院之一，仅比白马寺晚3年。河南四大名寺有两座在豫中地区，即被尊为禅宗祖庭的少林寺和汝州风穴寺（图2-2-2）。嵩岳寺塔（图2-2-3）、法王寺塔（图2-2-4）、净藏禅师塔（图2-2-5）、少林寺塔林（图2-2-6）和风穴寺塔林（图2-2-7）都是佛塔建筑的代表。巩义的青龙山慈云寺（图2-2-8），据碑文载，建于汉永平七年（公元64年）是中国民间最早的佛寺之一。

少林寺位于登封城西北13公里处的太室山西麓，面对少室山，背依五乳峰，向以禅宗和武术名扬天下。始建于北魏太和二十年（公元496年），孝文帝元宏为安顿印度僧人跋陀落迹传教敕建。据《魏书·释老志》载："有西域沙门跋陀，有业道，深为高祖所敬仰。诏于少室山阴立少林寺。"少林寺建筑群包括常驻院、塔林和初祖庵等。

少林寺常住院中轴线建筑共分七进，其中的千佛殿又名毗卢阁，面阔七间，长28米，进深3架12.5米，高20米，总面积350平方米，为大式硬山建筑，始建于明代万历十六年（1588年），中经明崇祯三年和清乾隆四十年（1775年）

图2-2-1　登封法王寺

图2-2-2　汝州风穴寺

图2-2-3　嵩岳寺塔

图2-2-4　法王寺塔

图2-2-5　净藏禅师塔

图2-2-6 少林寺塔林

图2-2-7 风穴寺塔林

图2-2-8 巩义青龙山慈云寺

重修。殿内有明代绘制的"五百罗汉朝毗卢"大型彩色壁画，砖铺地面上的48个陷坑，是少林僧人练武时脚步遗迹，被称为少林拳站桩坑。

少林寺初祖庵大殿创建于北宋宣和七年（1125年），深广各三间，是河南现存最古老的砖木结构建筑。《营造法式》由郑州人李诫编著刊行于公元1100年，故而初祖庵大殿成为《营造法式》刊行后现存最早、地域关系最直接的一处宋代建筑实例。大殿虽经过多次修缮，梁架结构、斗栱比例和细部做法、圆栌斗和讹角栌斗的搭配使用、真昂的使用等，都反映了始建结构特征，可与宋《营造法式》的记载相印证（图2-2-9）。

汝州风穴寺始建于北魏，建筑布局依山就势、因地制宜、高低错落，达到了与自然融合、步移景异的效果，反映了山地佛教建筑灵活的设计策略。现存唐代至清代建筑百余间，其中的中佛殿坐落在1米高的砖砌台基上，面阔三间、进深三间，为单檐歇山式的金代建筑，造型古朴精美。寺内钟

少林寺山门

少林寺千佛殿

少林寺初祖庵

图2-2-9 登封少林寺

楼始建于北宋宣和七年（1125年），楼内悬挂重达800公斤铜钟，是汝州八景之一的"风穴钟声"。从碑文记载可知，在宋代因钟建楼，后楼弃而钟存，明代再修楼悬钟如初，在一些斗栱结构上，还保存着宋代建筑的风格。

（二）道教建筑

1. 登封中岳庙

中岳庙是五岳中现存最大的古建筑群，位于太室山南麓，南距太室阙600米，庙内有汉代古翁仲、宋代铁人、北魏石碑以及数百棵古柏。现存建筑格局至少可以上溯到金代，由太室阙和中岳庙构成的礼制建筑群，是古代祠庙建筑群空间处理的优秀范例，是古代山岳崇拜的实物见证。主要建筑是明代崇祯十四年（1614年）大火之后重修而成，清代以来，顺治十年（1653年）、康熙二年（1614年）和乾隆年间（1736~1795年）渐次重修火毁建筑。与重建时间相对应的是，雍正十二年（1734年）清工部颁行的《工程做法》一书，该书以明确官式建筑做法和用工用料标准，向来被匠家奉为定式，是建筑史学界公认的研究清代建筑的"语法课本"。而具有浓厚"官式"风格的中岳庙木结构建筑能够真实而生动地反映《工程做法》颁行前后的建筑设计、建造工艺的演变，是豫中建筑中体现"官式"做法的重要实例（图2-2-10）。

2. 许昌天宝宫

天宝宫位于许昌县艾庄村北，创建于南宋理宗嘉熙四年（1240年），后多次修葺，现保留七进院落，沿中轴线依次有山门、拜亭、岳王殿、关圣殿、玉皇殿、雷祖殿、吕祖殿等，均为明、清建筑。吕祖殿是天宝宫中时代最早、规模最大的一座建筑，面阔十一间、进深五间，单檐歇山顶。檐下置七踩重昂斗栱，大殿正面有11根浮雕黄龙云纹石柱，四角悬凤铎，殿内为5架梁，有金柱32根，整体而壮观，为典型明代建筑（图2-2-11）。

3. 上街重阳观

上街重阳观位于郑州市上街区峡窝镇观沟村西部，修建于明代，现存建筑分三处沿山坡分散布置，是河南民间道教建筑的典型代表（图2-2-12）。

三清殿（图2-2-13）是重阳观的主要建筑，大殿面阔三间，进深一间，单檐歇山顶，券拱式无梁殿建筑。灰筒板瓦覆盖，整体为砖石结构，内砖外石。为防潮湿，四周墙体底部均用石块砌筑，高约60厘米。前后檐下为砖雕檐椽和飞椽，椽下为一斗两升式砖雕斗栱。前檐明间开拱券式门，门上方为砖雕门罩，雕刻有宝相花、莲花等。门洞两侧各有一悬空的垂花柱。两次间正中靠底部位置各开一圆窗。屋檐正脊上饰砖雕盘龙纹样，两侧置龙吻，垂脊上雕刻花草纹样，上置仙人。

图2-2-10 中岳庙竣极殿

图2-2-11 许昌天宝宫（来源：张文豪 摄）

图2-2-12 上街重阳观（来源：王晓丰 摄）

图2-2-14 广生殿（来源：王晓丰 摄）

图2-2-13 三清殿（来源：王晓丰 摄）

观内保存有石碑两通，一通为明万历四十二年（1614年）的《重修重阳观记》，一通为清乾隆四十八年（1783年）道教金辉派传人李时成一支世系表。

重阳观三清殿东侧沿沟而上，在其东北方较为开阔的台地上分布有广生殿和道士房。广生殿（图2-2-14）为一处依托黄土台地营建的靠崖窑洞，依托台地的方位形成了坐南朝北的建筑朝向。窑脸砌筑与三清殿造型风格相近，从其背后的土台地向外伸出有形似歇山顶、采用筒瓦屋面的披水挑檐，以防止坡顶雨水对窑脸的冲刷，形成庙宇神殿的威仪感。披水挑檐的屋面下更是设置了富有层次的九层封檐，内含两层砖椽与一层斗栱造型的砖瓦雕，砖瓦雕斗栱之间的九处栱眼壁上除了位于正门上部的三个栱眼壁雕刻为麒麟凤凰外，其余六个位于正门左右两端的栱眼壁由右向左按顺序雕刻了完整的十二生肖图案。红石为基、青砖做边柱的砖石组合窑脸墙面结构简单而稳定，造型敦实。

重阳观是一座典型的道教建筑风格的古建筑，道教建筑在中国古建筑文化中占有极其重要的位置，是我国传统文化的重要组成部分，当今社会，道教建筑强调的与自然相结合的传统文化理念也已被当代建筑所认同。所以，重阳观对研究我国道教文化在中原地区的传播、发展有着重要的价值。

（三）儒教建筑

1. 嵩阳书院

嵩阳书院（图2-2-15）位于太室山峻极峰下，坐北朝南。书院前身为建于北魏太和八年（公元484年）的嵩阳寺，五代后唐时期改为书院。嵩阳书院保存了传统书院的建筑布局，沿中轴线布置五进院落，中轴线上由南向北依次为大门、先贤殿、讲堂、道统祠和藏书楼，具有河南地方建筑风格。

院内古柏参天、泮池粼粼，是一处环境宜人的文化圣地。作为宋代四大书院之首，范仲淹、司马光、程颐、程颢、朱熹等先贤大儒曾主持这里的讲学。嵩阳书院对儒学的发展起到过重要作用，对研究古代书院建筑、教育制度和儒家文化具有不可替代的标本意义。

图2-2-15 嵩阳书院（来源：郑东军 摄）

二、西风渐进与庄园民居

豫中地区的庄园式民居主要分布在巩义地区，主要有康百万庄园、刘镇华庄园、张祜庄园、泰茂庄园、程家大院、牛凤山庄园等十余处。庄园民居是传统民居建筑中的独特类型，它是综合了居住、生产、教育、防御等多种功能的家族群聚居住模式，成为一种自给自足的自然经济单位，主要由豪绅、富贾建造。庄园式民居虽然建筑形制保持着当地的传统样式，但实际上较普通民居有许多的扩大与变形。其空间布局的复杂多变及单体建筑的丰富多彩，都大大超出了一般传统民居应有的规格，代表了豫中传统民居在建筑技术及艺术方面所能达到的最高水平（图2-2-17）。

2. 文庙建筑

孔庙，亦称文庙，是中国富有政治意义的礼制建筑，作为儒学文化的象征和载体，是具有中国独特风格的传统建筑群，曾广泛分布于县级以上行政区域，成为一座城市的文化标志。郏县文庙（图2-2-16）始建于五代后周显德元年（公元954年），金泰和六年（1206年）重建，现大殿为清乾隆五十四年（1789年）修，2018年进行过修缮。文庙坐北朝南，占地约9000平方米。整体布局由中、东、西三路组成，是地方文庙中规制较高的一组建筑群。主体建筑大成殿面阔五间、进深三间，歇山式琉璃瓦顶建筑，檐下置斗栱，额枋、斗栱均有雕刻，前檐四根檐柱，通体透雕盘龙，柱头雕虎首，柱础六面浮雕。其木雕、彩绘堪称古代艺术之精品，具有浓郁的中原地区特征。其他还有郑州文庙、叶县文庙、汝州文庙等，都是豫中传统建筑的代表。

（一）庄园空间布局

《管子·乘马》曰："凡立国都，非于大山之下，必于广川之上。高毋近旱，而水足用；下毋近水，而沟防之。"背山面水是中国古代都城、传统聚落乃至民居最理想的选址环境，因此，豫中地区的庄园式民居多选择位于洪水线上却又邻近溪水的丘陵地区。

1. 阶梯式分层布置的院落功能

由于庄园民居多依山就势而建，其用地范围内往往有较大的高差。为了有效利用地形，庄园基本上呈层层向上的阶梯状（图2-2-18），康百万庄园住宅区寨墙顶部距地面高差可达10米以上。

图2-2-16 郏县文庙（来源：郑东军 摄）

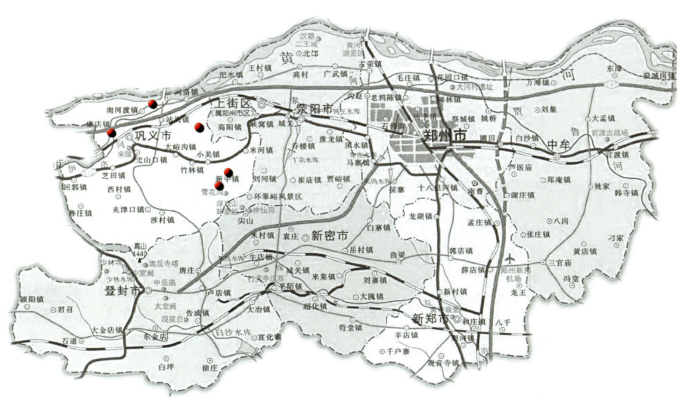

图2-2-17 豫中地区庄园民居分布图（来源：刘攀 绘制）

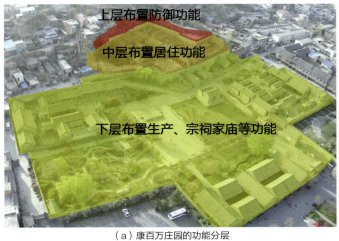

（a）康百万庄园的功能分层

（b）泰茂庄园的分层布局

图2-2-18 庄园民居的阶梯式分层布置实例（来源：王晓丰 拍摄并绘制）

其功能分布一般为最上层的瞭望岗哨及巡视通道，中层的住宅区，下层的生产劳作区及附属建筑，包括庄园所属的田地、手工作坊、家祠庙宇等。住宅区一般又分为靠崖窑和传统四合院两部分，靠崖窑洞可为一层或多层，泰茂庄园的窑洞与房屋一起上下共六层建筑。这样分层布置，不仅分区明确不易交叉，还可以体现出庄园的建设过程。

2. 多变的空间形态

不同于平原地区沿纵向与横向对院落进行组合的布局方式，庄园式民居需要根据所选地形，灵活组合院落形式，空间形态因而较标准的合院民居更丰富多彩（表2-2-1）。空间的明暗、开阖及纵横导向都在不断地变化，形成强烈的对比效果。

3. 严密的防御体系

河南位处中原，历史上战乱频繁。当地的豪绅富贾建宅必然修筑严密的防御体系，以保护家人及财产安全。豫中庄园式民居的防御体系一般包括内外三个层次：外围屏障——院落巷道——内部藏匿空间。

豫中庄园民居的院落空间　　　　　　表2-2-1

康百万庄园

刘镇华庄园

张祜庄园

牛凤山庄园

外围的屏障对庄园的领域性进行了实体界定，且相较于普通民居，在尺度和比例上有一定程度的夸张。这种适当的"夸张"使庄园看起来坚不可摧，主要包括：高山河流等天然屏障、人工筑造的寨墙寨门、墙上雉堞及用于预警与攻击的敌楼等。背靠山体，前环河流，庄园占据有利地形，居高临下，视野开阔，大大降低了防御的压力，同时增强防御的效果。外敌入侵时，仅凭地势险要是不够的，还要人工修筑完备的防御设施以保万全。寨墙寨门、雉堞、敌楼这些军事防御节点，相互补充，互成犄角，共同成为保护庄园抵御外敌的中坚力量（图2-2-19）。

庄园内部的院落空间往往复杂多变，各组庭院用院门分隔，既可相互独立又可相互通达。每个院落都可以是一道防御关卡，曲折狭长的巷道空间也可以成为有利的防御节点，从而延缓敌人的进攻速度，为疏散人员物资争取时间。

豫中地区的窑洞民居空间延展性强，庄园往往在窑洞中修建隐秘的藏匿空间或是逃生通道，以备不时之需。庄园式民居吸取我国古代建筑的军事防御思想，结合特殊的地域文化，创造出一套多层次全方位的防御系统，为家族的生存发展提供了坚实的基础。

（二）单体建筑构成

豫中庄园民居中的建筑单体主要包括窑洞和砖木瓦房。富庶人家为了彰显其财富地位，常把住宅建造得较普通民居更严整华丽，同时由于民国时期西方建筑文化的影响，部分庄园在传统的建筑形式中融入了西方的建筑元素。

1. 传统窑洞

豫中庄园式民居中的窑洞形式与当地的靠崖窑洞基本一致（图2-2-20），但在用材、装饰及结构等方面均比普通民居要好很多。康百万庄园窑脸以石块为墙基，青砖砌筑墙体厚达1米，内部空间颇高，用木棚板分为两到三层，前后分隔使用雕刻精美的木隔扇。泰茂庄园与牛凤山庄园建于半山

寨墙

打更房　　　　　　　　敌楼

寨墙与大门关卡

图2-2-19　豫中庄园式民居的防御体系（来源：刘攀 摄）

康百万庄园

泰茂庄园

牛凤山庄园

刘镇华庄园

图2-2-20　庄园民居中窑洞实例（来源：刘攀 摄）

腰处，均以当地盛产的石材为主要的建筑材料，坚固耐久。特别是牛凤山庄园使用了红砂岩石材砌筑，远远望去，像一座红色的城堡。

2. 传统砖木瓦房

庄园内的砖木瓦房以豫中地区常见的传统楼房建筑为主（图2-2-21）。康百万庄园的建造时间最早，其房屋形式最为典型，也最精美。即便如此，康百万庄园的建筑风格也比标准的北京四合院要朴实简洁。住宅区中仅"花辉重楼"院一进院的过厅、厢房与其他院落的耳房使用隔扇门及槛窗，其余房屋均开板门牖窗，墙面以青砖砌筑。

（三）中西结合的建筑形式

刘镇华庄园与张祐庄园建造年代较晚，其建筑形式中加入了西方建筑元素。主要表现在券廊的使用、欧式装饰元素的融入、新型建筑材料的应用及独立式建筑的建造。

刘镇华庄园是民国时期活跃于军政两界的刘镇华、刘茂恩两兄弟的祖宅。庄园集中建设于民国年间，中西合璧，充分体现了中西文化交融的时代特色（图2-2-22）。现存宅院主要由上院、中院、下院三部分组成。其中上院的两层窑洞与中院西侧院的厢房均饰以西式拱券柱廊。券顶及柱头用砖砌简化的西式线脚，与其余的传统装饰样式既形成对比又浑然一体。下院中建有一座西式楼房，当地人称其为"仿重庆大厦"。该楼为砖木水泥结构，青砖砌墙，小青瓦覆顶，西式的平面布局及门窗形式。内部墙面贴的瓷片及水泥是德国进口的新型材料。

张祐庄园集中建设于清末民初时期，其建筑在当地传统风格的基础上，引入了南方设计元素及西方装饰元素。现存张祐居住院落中的南侧两院，是张祐聘请上海设计师设计的。院中由三栋两层歇山"绣楼"作为两院的厢房，设置外廊，并辅以花格窗和木栏杆，颇有南方建筑的风韵，是南方设计与北方匠作的结合。正房为三层窑洞，全为砖砌明券，每层6孔，共18孔。一二层设有前廊，三层窑洞前为露天平台。较为特别的是该院一层窑门采用当地小砖券门的传统样式，左右开窗。二三层所开的大门窗是民国后的样式。所有

康百万庄园　　　　　　　　　　　　　　　泰茂庄园　　　　　　张祐庄园

图2-2-21　庄园式民居中砖木瓦房举例（来源：刘攀 摄）

图2-2-22　刘镇华庄园中西结合的建筑形式（来源：刘攀 摄）

图2-2-23 张祜庄园中西结合的建筑形式（来源：刘攀 摄）

窑门外都有西式的壁柱和拱券做装饰，拱顶用青砖拼成拱心石的模样。壁柱有圆有方，砖砌内心，白灰饰面。三层壁柱的柱头造型各异，有类似科林斯式、花瓶式、宫灯式等多种样式（图2-2-23）。

三、商业文化与传统建筑

（一）公共建筑

豫中地区新密、叶县、禹州、郏县、汝州等老县城中还保留着历史街区，其中有多种类型的公共建筑，尤以新密和叶县的县衙建筑保存较为完好。

新密县衙是中原地区历史悠久、规模较大、布局严整的古代行政办公建筑群，始建于隋代（公元616年），距今已有1400多年历史。现存县衙建于明洪武三年（1370年），总占地面积约2.2万平方米，建筑规模宏大，沿总长度220米的中轴线设有鼓楼、照壁、大门、仪门、戒石坊、大堂、二堂、三堂和大仙楼。整个县衙有五进院落，功能合理、布局严谨。县衙内设置的衙神庙、土地庙为古代官员祭祀场所，大仙楼是知县封存大印的地方，寅宾馆为县衙接待官员的地方。监狱一直到2003年才停止使用，修复时保留了20世纪50年代建设的岗楼（图2-2-24）。

（二）商业古街

豫中地区目前风貌保存比较完整的老街有禹州神垕镇老街、登封大金店老街和郏县冢头镇老街等。

以钧瓷闻名于世的神垕古镇原是沿肖河两岸的邓禹寨、怡园寨、天宝寨、望嵩寨和威远寨5个古寨组合而成的，俗称"七里长街"，保存着清末以前的老街约4公里，风貌依存，沿老街多为前店后厂格局的民居建筑和店铺，主要民居有郗家院、白家院、温家院、霍家院等，老街上的伯灵翁庙（瓷圣庙）最为独特（图2-2-25）。

大金店镇位于登封市西南的山区丘陵地带，背依少室山，面临颍水，自古以来为交通、商业、军事重镇。大金店旧称负黍聚，其历史最早可以追溯到大禹治水期间，曾名西华、金店，南宋时金人入主中原，改金店为大金店。老街上的南岳庙建于南宋时期宋、金对峙期间，金国以"位配南岳"彰显统一天下的野心（图2-2-26）。

（三）会馆建筑

豫中地区因区位原因，历史上是南北通商的必经之地，万里茶路和多条古商道过境其中，商业的兴旺，使本地区保存了一些会馆建筑。郏县山陕会馆位于老县城西关大街西北隅，始建于清康熙三十二年（1693年），由山西、陕西两省20名商人结社捐资建造。由庙院、后院、东院三部分组合而成，现存中殿（关公殿）、后殿（春秋楼）、堂楼和戏楼（即北侧门楼）等砖木结构建筑，戏楼两侧为钟楼、鼓楼。会馆布局严整，木、石、砖雕刻精细，富有地方特色。

禹州怀帮会馆是清代同治年间怀庆府所属各县在禹州进

图2-2-24 新密县县衙平面图（来源：王晓丰 摄）

图2-2-25 神垕古镇（来源：郑东军 摄）

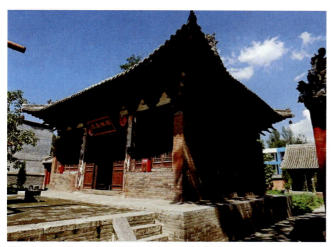

图2-2-26 登封大金店南岳庙（来源：郑东军 摄）

图2-2-28 十三帮会馆（来源：张文豪 摄）

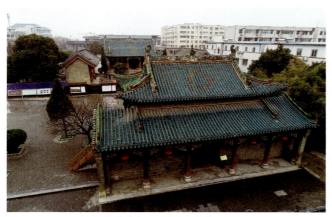

图2-2-27 禹州市博物馆（来源：张文豪 摄）

行中药贸易的巨商富贾们集资兴建的庙堂，位于今禹州市西北隅，与山西会馆、十三帮会馆呈品字形分布，占地约20亩，由影壁、山门戏楼、左右廊房、拜台、大殿组成。建成于清同治十三年（1874年）。怀帮会馆布局规整，巍峨壮观，素有"十三帮一大片，不如怀帮一个殿"之美誉，现已改为禹州市博物馆（图2-2-27）。

禹州十三帮会馆位于老城西北隅，文卫路西。十三帮会馆始建于乾隆二十七年（1762年）年，关帝殿始建于同治十年（1871年），药王殿、戏楼创建于光绪二十年（1894年）。由当时禹州药商药行帮、药棚帮、甘草帮、获苓帮、党参帮、宁波帮、江西帮、祁州帮、陕西帮、四川帮、怀庆帮、汉帮、老河口帮等十三个药帮集银共建，占地30余亩，建筑面积2000多平方米。整个建筑分庙院、中配院、会议所三部分（图2-2-28）。

第三节　豫中地区传统民居营建技术

一、民居类型

豫中地区位于黄土高原向华北平原过渡的地带，包含山地、丘陵、平原、黄土台塬等多种地形地貌，众多河流等水文条件，多样的生产生活类型与悠久的历史文化，形成了多样的豫中地区传统民居建筑类型。首先房屋、窑洞通过最直接的组合形成"合院式民居"和"窑洞式民居"，而后瓦房、窑洞通过一定较为复杂的组合形成"窑房院式民居"、"庄园式民居"组合的复杂程度高，且脱离了单一的居住功能，是豫中民居中的特殊形式（图2-3-1）。

（一）平原地区楼院式民居

在汉代许慎的《说文解字》中，"楼"即"重屋也"，就是多层房屋的意思。现代汉语中对楼的解释为"两层或两层以上的房屋"。因此，楼院式民居是由多层楼式单体围合

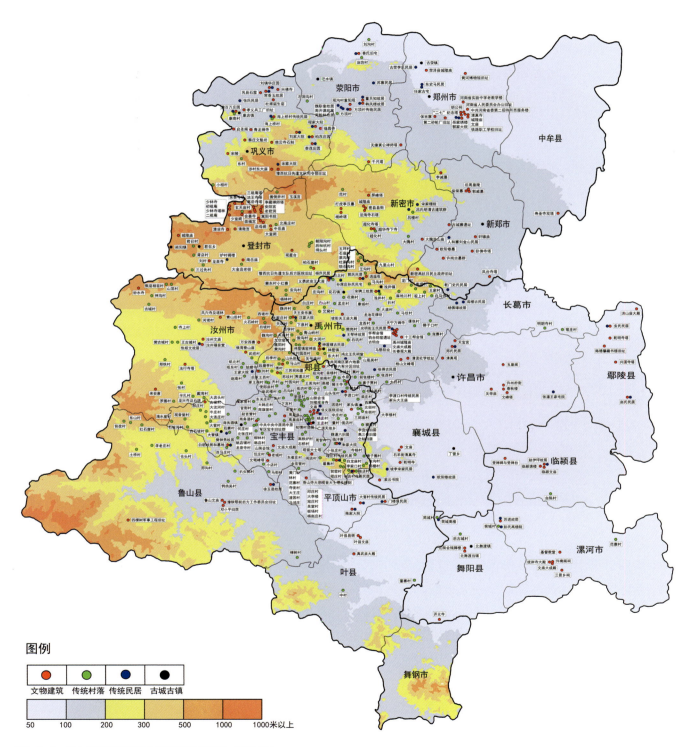

图2-3-1 豫中地区传统建筑分布示意图（来源：王露 绘）

或与普通单层房屋围合，形成院落空间的民居形式。

从已出土的陶楼明器可以看出（图2-3-2），汉代由于农民起义的影响，地主富豪多构筑坞壁望楼以御敌。楼屋在当时是很流行的一种建筑。隋唐之后，受到制度的限制，住宅中的楼阁建筑逐渐减少。明清时期政府对居住用房等级的规定愈加详尽，除亲王府制以外，将官员及庶民分为五个等级，其中"庶民庐舍，不过三间五架"，且都城中的民居不可高于宫殿建筑。清代人口猛增，居住用地日益紧张。豫中地区民居虽然大多遵守三间五架的等级制度，却将正房建为两层甚至三到四层，或者利用低梁高瓜柱的特殊结构，在外形为单层的房屋中创造两层的使用空间，从而形成了豫中地区普遍存在的楼院式民居形式。

1. 院落空间布局

豫中民居多分布于较为平缓的浅山丘陵地区与平原地区。当地最为普遍的民居形式为楼院式民居。同时由于各地区可使用的土地面积、地形、建造习俗及经济实力等因素的影响，豫中楼院式民居在形式布局保有相似性的前提下，还存有各自的差异性。

（1）院落疏密有致

左满常先生在《河南民居》一书中根据正房露脸宽度把河南民居的院落划分为四种（图2-3-3）。豫中楼院式民居的院落布局中，院落布局的宽窄多与营建环境有着直接关系。浅山丘陵、平原地区民居受到营建环境的限制较小，楼院民居多呈现"宽型"的院落格局（图2-3-4）。豫中地区西侧山区沟壑内村落用地条件紧张，楼院民居多以"窄型"为主（图2-3-5）。民间有"山不压窗"的说法，因此"宽型"楼院式民居中的厢房前檐墙会退让出正房次间窗户外侧，以避忌讳。

相比北方民居体系中的其他地区，豫中楼院式民居仍是建筑密度较大的类型。特别是西部低山丘陵地区，厢房多做夹层或两层，且一般不做退让，后墙与正房山墙平齐，院落空间显得非常狭小窄长。但即便如此，院落组合也并非一味追求高密度，而是疏密有致，其最为典型的布局形式是"前客厅后楼院"式，例如荥阳市油坊村的秦家大院（图2-3-6），其第一进院为标准的四合院式，内部围合出南北长9

图2-3-2 豫中地区出土的陶楼

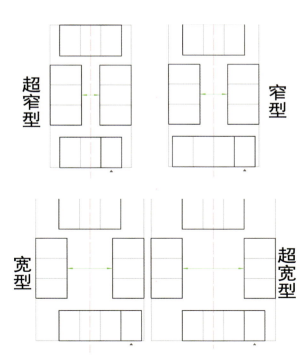

图2-3-3 豫中楼院式民居院落宽窄划分

图2-3-4 豫中宽型院落实例

图2-3-5 豫中窄型院落实例（来源：王晓丰、刘攀 摄）

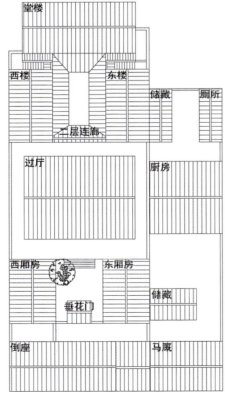

图2-3-6 秦家大院复原平面图

图2-3-7 秦家大院鸟瞰图（来源：王晓丰 摄）

米、东西宽5米的庭院，东、西厢房与正房均为带前檐廊的单层硬山建筑。二进院由三座三层楼房围合而成，且在一层加有一圈外廊，形成封闭、高大、充满压迫感的空间氛围（图2-3-7）。

（2）院落组合形式

豫中地区的楼院式民居组合形式主要有两种（图2-3-8）。

一种是在倒座屋门对面两厢房之间设置二门，使进入大门后的过渡空间成为一进院。过厅、厢房与二门组成的三合院为二进院，二门可设屏门，也可为简单的随墙门。过厅后间隔一个过道的距离重复设置与二进院格局相同的三合院，从而形成一座完整的三进楼院式民居，或者纵横布置多个形成大规模的家族聚居式宅院。另一种布局的二门设于过厅之后或者两侧，使一进院是由倒座、两厢房及过厅围合成的四合院，二进院为之前所说的三进院。这种布局二门位置隐蔽，院落层次感不如前者丰富。这两种布局虽然仅仅是二门位置的差别，但反映出的却是以两种基本单元进行组合的院落形式。另外郑州楼院式民居每个院落单元都有各自的门，独立性强，纵横条理清晰。近代时期，旧时地主富商的大中型住宅按院落被分割给不同的家庭，形成很多三合院的民居实例，例如郑州市孙庄孙钦昂故居就是由多个基本的四合院单元组合成的大宅（图2-3-9）。五路宅院之间都留有巷道，各院落均朝道路开随墙门以方便进出。从过厅进入后院的传统流线组织方式被后人打破，显示出时代发展对家族聚居模式的影响。

2. 单体建筑构成

（1）平面形式

豫中民居最为常见的是一明两暗的三开间平面形式，这是中国传统民居的基本型。早在魏晋和隋朝时期，河南就有非常明确的三开间的民居形象，之后更是成为百姓宅舍的法定形制。这种单体建筑不仅为平民提供适宜的使用面积，恰当规模的梁架结构，还有利于组群的空间组合，具有普遍的适用性。三开间的单体建筑平面形式还有前檐廊式和前后廊式。前檐廊式平面是在三间五架的主架前加一步架，形成外檐廊，常用于大、中型院落的一进院厢房或后院正房。前后廊式平面是在主架前后各加一步架，后廊围合在室内，两柱中间设太师壁遮挡后门或者通向二层的楼梯。这种平面形式在民居中多用作厅堂，其前后进深最大可达10米左右，与开间尺寸相近，民间又称这种形式为"方三丈"。除此之外新郑市人和寨刘金山宅中还出现了一种"虎抱头"式的特殊平面形式，其明间门口处凹进去约一步架的深度，形成一处小门厅，西北回族民居多采用此种形式（图2-3-10）。

除了常见的三开间平面外，豫中地区的传统民居中还有一些特殊的平面形式，例如五开间的平面及间数为偶数的平面形式（图2-3-11）。为了巧妙应对封建制度的限制，豫中民居中的五开间平面大多不是正统的官式类型，而是明三暗五或五间两所的形式。在豫中地区西部的低山丘陵地带，平整的居住用地有限，当地民居的厢房会根据需要做成狭长的单坡厦子房。由于其进深很小，多以两间为单元进行分隔。因此当地民居的厢房常为两间、四间及六间，不同于

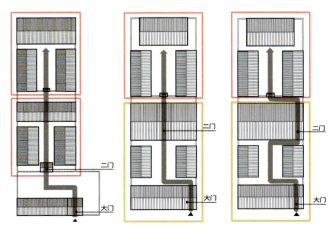

图2-3-8 豫中楼院民居院落组合形式

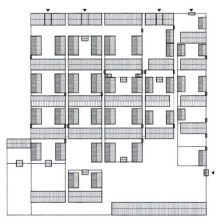

图2-3-9 孙钦昂故居复原图

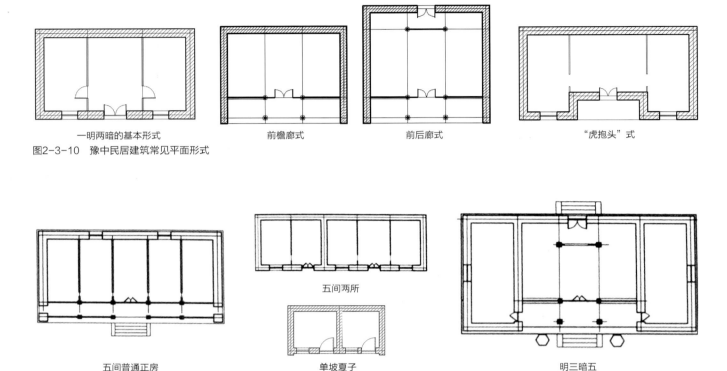

| 一明两暗的基本形式 | 前檐廊式 | 前后廊式 | "虎抱头"式 |

图2-3-10 豫中民居建筑常见平面形式

| 五间普通正房 | 五间两所 / 单坡夏子 | 明三暗五 |

图2-3-11 豫中民居建筑五开间及厦子的平面形式

普遍应用的奇数间形式，显示出民居建筑单体平面的灵活多变。

（2）立面构成

"屋有三分"是对中国传统建筑立面形态的概括，但是民居建筑的台基大都比较简单，在整体立面构图中并不突出。屋顶和屋身成为民居建筑立面构成中最重要的组成部分。由于受到封建制度的约束，豫中楼院式民居的屋顶以硬山顶为主。虽然其局部构造做法多样，但总体的视觉效果差别不大。因此，豫中地区的传统民居立面构成中最异彩纷呈的是屋身部分，它不仅在高度上不拘一格（图2-3-12），还在材料上因地制宜，更在门窗洞口的形式上丰富多样。

豫中地区的楼院式民居建筑最低为一层，最高可达地上五层，其建筑高度的不同自然产生了丰富的立面形式。明间开板门，两侧开木格或砖砌的方窗是当地最为普通的单层建筑的立面形式。层高稍高的会在板门上加与门同宽的亮窗。两层的民居建筑则会在二层开二到三扇槅窗，大多门窗洞口的位置会上下对应，但也有的地区民居营建过程中随意性较大，二层窗洞位置比较自由。新郑等地还有在二层窗洞两侧各开两个一组鸽子洞的建造风俗，是为小鸟筑巢而预留的孔洞，反映出人与自然和谐共生的美好愿景。三到四层的楼式民居建筑一般兼有防御的性质，外立面开窗较少，封闭性很强，是传统碉楼的生活化变形。为了加固墙体防止砖墙外扩，较高的楼房一般会在中部加设腰檐，既起到稳定结构的作用，又丰富了立面层次。部分楼式民居建筑从侧面或正面建直通二层的室外楼梯。

豫中地区的山地、丘陵、河流众多。人们秉承用最少的物质条件解决居住问题的宗旨，因地制宜，在建房时往往选用当地易于获得的建筑材料，同时考虑到建筑的坚固以及美观的需求，合理地对这些材料进行组合，从而形成多样的墙面形式，例如里生外熟砌法多用的空斗砖墙、砖包边坯填心的砖坯混合墙、砖石坯混用的三材混合墙（图2-3-13）。

门窗是豫中民居单体房屋立面的焦点所在，是立面构

图2-3-12 豫中楼院式民居建筑立面实例（来源：王晓丰、刘攀 摄）

里生外熟的空斗砖墙　　　　　　　　　砖包边坯填心　　　　　　　　　　　　　　砖、石、土混合墙体

图2-3-13　不同材质的墙体（来源：刘攀 摄）

成中的点睛之笔。豫中楼院式民居中的房门以板门为主，又有少数客厅用隔扇门。窗则以牖窗为主，其大小及形式会根据各地建造习俗、所在位置及审美趣味的不同而改变。一层房门两侧的窗以方形及拱形为主，尺寸相对较大。新郑地区有用圆窗的习惯，省去了木过梁的使用。上层平面的窗可以三个一组与一层门窗位置对应，也可以两个一组插于一层门窗间的空隙中，其形式丰富多样，不拘一格，除方形与拱形外还有六角窗、八角形、圆形等形式。巩义地区楼屋二层常用来储藏物品，为方便搬运，二层正中的窗尺寸较大，且多做隔扇，可使用绳索将物品从外部直接拉上二层。山窗尺寸最小，形式多与上层窗类似，但装饰相对简单。豫中地区的窗中，尺寸较小的并不加窗棂，直接用木板平开；尺寸较大的多为木窗棂，心屉图案简洁；另外还有一些砖窗，窗框与窗棂全部用砖砌筑，形式古朴且坚固；在郏县还有使用本地红石雕刻形成窗棂的形式，体现了民居建筑本土材料营建的特色。工匠们会根据需要在这些基本的门窗形式上增加丰富多彩的图案装饰，再进行组合，最终形成立面形式的多样化（图2-3-14）。

（二）黄土丘陵地区窑洞式民居

窑洞的居住原形是远古穴居，《易·系辞下》说："上古穴居而野处。"《礼记·礼运》说："昔者先王未有宫室，冬则居营窟，夏则居橧巢。"这种独特的居住原形，伴随着人类文明和社会的发展，从天然穴居演变为人工穴居、半穴居、横向穴居，最终形成窑洞建筑。窑洞民居始终能够满足人类的居住生活要求，从而沿用至今，目前仍广泛应用在华北及西北黄土塬坝地区。黄河中游的黄土高原一直延伸至豫中地区西部，在西北部的邙山头下出现高原与平原两种地质构造突变的奇异现象，黄土层厚度自西部的50米左右递减至郑州市区的20米。豫中地区的窑洞民居就分布在西部的黄土丘陵地带，主要有靠崖窑、地坑窑、锢窑三种类型（图2-3-15）。

1. 靠崖窑

靠崖窑是在天然土壁上向内开挖的券顶式横洞。根据其出现位置的不同，又可分为靠山窑和沿沟窑洞。靠山窑是依山靠崖而建，故窑前视野开阔，例如巩义泰茂庄园的部分窑洞（图2-3-16）。沿沟窑洞依靠冲沟两侧的土崖壁。豫中地区西部位于黄土高原边缘地带，沟壑纵横，产生了许多的沿沟窑洞。当地大部分靠崖窑洞按传统的建造习俗，以三孔一组"一"字排列在崖壁上。但根据崖面的宽窄及曲折情况，可自由增减窑洞数目，也可形成两面挖窑的曲尺形与三面挖窑的"凹"字形。此外根据住户的需求和崖前空地的大小，可以直接用土墙围成小院，或在院内布置房屋组成窑房院。在土层较厚的崖壁上，为了增加使用面积，有时会增加窑洞的高度，再在窑壁上支梁棚板，在尽端设木楼梯，形成两层窑洞。部分上下布置两到三层半重叠的台梯式窑洞，并在室外两侧布置楼梯（图2-3-17）。

图2-3-14 豫中楼院式民居建筑门窗实例（来源：刘攀 摄）

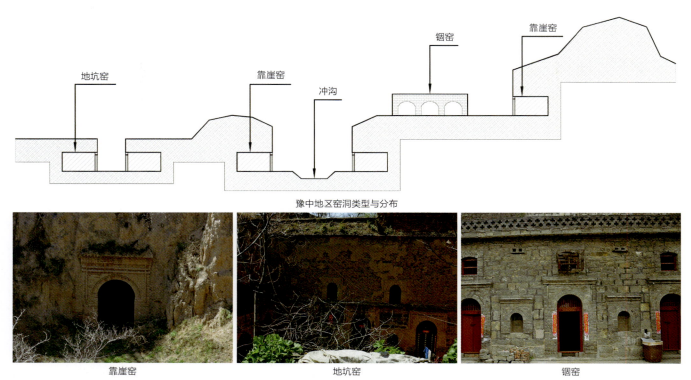

图2-3-15 豫中地区主要窑洞形式与分布特征（来源：王晓丰 拍摄并绘制）

豫中地区靠崖窑洞的单体平面一般为外窄内宽的倒梯形，口小底大寓意"聚财"。传统做法是每深一丈加宽两寸，但具体操作时并不拘泥于小尺寸的精准，仅作为一项建造风俗沿袭至今。单孔窑洞的高、宽约八尺（2.56米）到一丈（3.2米），深约两丈（6.6米）到四丈（13.3米）之间。也有地区窑洞分作八五窑、九五窑、一丈窑，即窑洞高与宽都是八尺五寸、九尺五寸或一丈。但挖窑技术简单，大多是百姓自己动手，因而尺寸比较自由，特别是高度上也可作二到三层。各家各户会根据具体的功能需要挖相应大小的窑洞，并在需要的位置挖壁龛（拐窑）或高宽各2米左右的炕窑（图2-3-18）。除了作为单窑使用，窑洞内的空间还有前厅后卧式、串联式及母子窑三种组合形式（图2-3-19）。这些多样的布局形式，都是人们不断地丰富、扩大窑洞空间的过程中创造的。

窑门是窑脸上最重要组成部分，对窑门的处理不仅能够显示该户的经济实力，还是表现地域特色的重要部分。不同

图2-3-16 巩义泰茂庄园航拍（来源：王晓丰 摄）

"一"字排列的靠崖窑

"凹"字形的窑洞

多层窑洞

图2-3-17 豫中靠崖窑洞的实例（来源：王晓丰 摄）

图2-3-18 壁龛及炕窑实例（来源：王晓丰 摄）

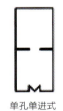
单孔单进式

单孔串联式

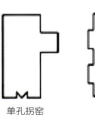
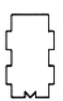
单孔拐窑

多孔并联式

图2-3-19 窑洞平面形式示意图（来源：王晓丰 绘）

于延安式窑门的做法，豫中地区的窑门多仅为宽1米左右、高2.2米左右的传统式窑门（图2-3-20）。这种窑门做法对室内的采光通风有很大影响，新中国成立后当地逐渐开始使用西北地区的窑门做法。对于窑脸的处理，最为简单的莫过于只平整土墙表面，开设门窗。较为富裕的人家多在门券上方砌窄小的贴柱披檐，并有简繁不等的砖雕图案或匾额题字，如"为善最乐"、"人杰地灵"、"福寿康宁"、"万福攸同"等。窑洞正面土壁上还会砌有条砖或石材的护崖墙，俗称贴脸。豫中地区的靠崖窑洞有砖窑脸、石窑脸、砖石混合窑脸等多种形式（图2-3-21）。墙顶作菱角封檐，并挑出部分

切薄的条石，上部砌带十字花的女墙。除此之外当地窑脸上还常挖有砖券的壁龛，一般宽约0.5米，高约0.7米，深约0.4米，其功能是供奉神佛或是用于放置物品，其位置一般在窑门两侧，或是崖壁正中用以供奉祖先。若是正对道路则供奉土地，以遮挡煞气。

2. 地坑窑

地坑窑是农民巧妙利用黄土直立边坡稳定屹立的特性，向下挖深坑，创造四面人工土崖，然后向各土崖面的纵深挖掘窑洞而形成的民居形式。有人又把地坑院称为地下四合

陕西风格窑门　　　　　　　　　　　　　　　　　　　豫中本地风格窑门

图2-3-20　豫中窑门样式实例（来源：王晓丰 摄）

砖窑脸　　　　　　　　　　　砖石混合窑脸　　　　　　　　　　石窑脸

图2-3-21　豫中窑脸的形式（来源：王晓丰 摄）

院，这是由于其布局同样遵循北方合院式民居的基本原则，例如其方形或长方形的院落，以三为模数的组合方式及以北窑为上的布局形式。挖地坑窑的土方量较大，为减少工作量，人们会采取一些节约土方的措施，例如正面窑洞的两个边窑仅露出门洞，以减少院落的宽度，同时还可以使室内地坪低于院落的地坪，以降低院落的深度。地坑窑有斜坡进出和平进平出两种形式。为了进出方便、并节约土地，豫中地区的地坑窑多成群建造，用过洞将几个窑院串联起来。各户为方便上下，还会在院中砌窄小的楼梯。地坑窑的单孔窑洞平面尺寸与上述靠崖窑近似，为尽可能减少土方量，窑洞的大小会根据功能不同而差别巨大，例如巩义西村镇东村李安居宅，用于停放农用工具的窑洞深约13米，而用作厕所的窑洞仅2米深（图2-3-22）。

地坑窑院的四个窑脸同靠崖窑类似，但经济实力有限的人家会选择性地装饰窑脸，仅对主窑脸做砖石护崖墙，其余三面均为简单的平整土墙面。窑洞内通风不畅且潮湿，不宜于储藏，东村地坑窑窑脸上还常挖有许多大小不一的券洞，既增加使用空间又利于储物（图2-3-23）。

3. 锢窑

锢窑是在平地上用砖石、土坯发券建造的窑洞民居。券顶上多数敷以土层做成平顶，自窑外设阶梯上下，顶部可用作晾晒粮食的平台。豫中地区的锢窑主要分布在黄土覆盖薄或土质差的地区及邙山浅山丘陵地区（图2-3-24）。其形式根据所处位置的不同而有所差别，于地面似房屋，靠山如靠崖窑。内部横向发一个券或纵向发三个连续券，充分利用当地砖石材料。

（三）黄土丘陵地区窑房院式民居

窑房院式民居是黄土丘陵地区窑洞与瓦房组合的民居形式。居民灵活利用地形，靠崖挖窑洞，崖前空地建瓦房（图2-3-25）。单纯的窑洞式民居受自然条件的制约，往往无法满足人们的居住需求，且窑洞虽然有冬暖夏凉的优点，同时也有采光条件差及易潮湿的缺点。故当地人多建窑房院，冬夏住窑洞，春秋潮湿季节住瓦房，以扬长避短，增加使用空间，形成理想的居住场所。

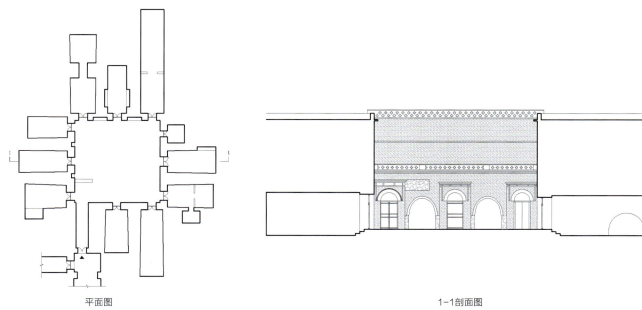

平面图　　　　　　　　　　　　　　　　　　　1-1剖面图

图2-3-22　巩义西村镇东村李安居宅测绘（来源：刘攀 绘制）

图2-3-23　豫中地坑院窑脸设置储物券洞的实例（来源：王晓丰 摄）

图2-3-24　豫中锢窑实例——新密刘寨镇刘家门村民居（来源：王晓丰 摄）

图2-3-25　豫中窑房院的典型实例（来源：王晓丰 摄）

1. 院落空间布局

在豫中地区的传统民居类型中，窑房院是与地形结合最为紧密的一种。由于丘陵地区用地相对紧张，营建者并不会过分拘泥中轴对称、北侧为上等传统建造原则，而是更为灵活、紧凑地布置院落空间。根据所处地形的不同，窑房院常用的布局形式有两种。一种是前房后窑式，即把传统四合院的正房换成单层或多层的靠崖窑（图2-3-26）。根据地形，窑洞可以是一字排列，也可以利用山坳，三面挖窑洞，形成"窝斗院"，例如巩义七里铺村张宅（图2-3-27）。较为富裕的人家可以选择崖前空间较大的用地环境，把窑洞作为最后一进院的正房，从而建造多进院落的大宅。另一种是崖壁呈较大的曲尺形或"凹"字形，房屋嵌进山坳形成院落。这种布局形式除两厢之间的主院外，厢房与两侧靠崖窑之间还留有窄院或是过道，形成较为丰富的院落空间，例如巩义北瑶湾养老院（图2-3-28），其院落大致呈方形，两面靠崖挖窑，南侧建门楼倒座，中间建两厢房，形成三路并列一进窄院，西路为左侧窑洞前院，东路最窄，作为杂用。

2. 单体建筑构成

窑房院式民居主要分布在黄土丘陵地区，其窑洞形式与靠崖窑一致，其房屋建筑根据用地大小，可以做双坡宽房或单坡厦子房。由于当地石材及生土资源丰富，建房多用砖、石、土三材混合砌筑的墙体。门窗洞口用砖包边，下层以石材为主，上部则用土坯砖砌筑。与门楼相对的厢房山墙上并不砌筑坐山影壁，而是挖小龛供奉民间信仰。可见山地丘陵地区，人们的生活与自然的联系较平原地区更加紧密，对自然也更加的敬畏。

二、结构与构造

豫中民居的结构体系可分为承重结构、屋面构造、围护结构及地基与基础几个部分。

豫中传统民居的承重结构自古以木构架为主，但由于木材的日渐匮乏，完全的木构架承重体系在普通民居中很少使用，仅有一些豪门大户还保持这种结构形式。随着砖瓦技术的日益成熟，墙体承重逐渐成为民居常用的承重方式。豫中现存传统民居的承重结构类型主要有木构架与墙体混合承重体系与墙体承重体系两种。而在这近似的两种承重体系的基础上，当地的民居仍发展出多样的结构形式。

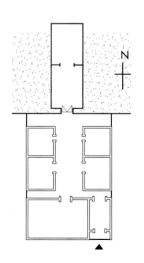

图2-3-26　常见窑房院格局
（来源：毛鑫轶 绘制）

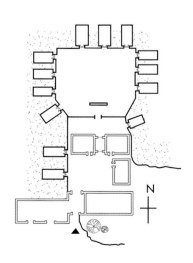

图2-3-27　窝斗院格局示意图
（来源：毛鑫轶 绘制）

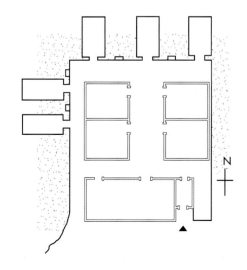

图2-3-28　巩义北瑶湾养老院示意图
（来源：毛鑫轶 绘制）

（一）平原地区梁架结构

1. 抬梁式构架

抬梁式构架又称叠涩式，是将整个进深长度的大梁放置在前后檐柱柱头或前后檐墙上，大梁上皮在前后各收进一步架的位置设置两根瓜柱，瓜柱顶端放置稍短的二梁，如此类推，而将不同长度的几根梁木叠置起来，各梁端部上置檩条，最后在最高的梁上设置脊瓜柱，顶置脊檩，从而形成一榀三角形木构架。在纵向上，各榀屋架由檩条、檩条下的枋木及垫板、檐柱柱头上的额枋连接起来，共同构成稳定的整体屋架。郑州平原地区的传统民居所使用的抬梁式构架分常用型与变异型两种。

（1）常用抬梁式构架

五檩抬梁式构架是当地梁架的基本型，受官式建筑影响的同时掺杂着诸多地方手法（图2-3-29）。抬梁式构架各构件均用榫卯连接，但终究是散置的，理论上讲稳定性会稍有欠缺。为加固梁架的稳定性，官式做法一般在檩条下添置垫板及枋子，形成"工"字形的檩垫枋三件。而当地梁架脊檩下的随檩枋紧贴檩条下皮，省去了垫板。金檩下的随檩枋则照官式构造做法，与金檩拉开一段距离上贴三架梁下皮，但中间并不设垫板。另外，为了提高脊瓜柱的稳定性，脊瓜柱多由两件弓形叉手支撑。叉手作为承托脊檩的构件主要通用于汉唐，晚唐五代改用蜀柱（瓜柱）承檩后，叉手成为托在两侧加强稳定性的构件。明清官式建筑中已不用叉手，但民间做法依然保留下来。除此之外，在檩条与梁搭接处固定铰梁扒子，或在瓜柱下部添加角背及驼峰，也是增强梁架稳定性的做法（图2-3-30）。但角背与驼峰常饰以雕花彩绘，融入了更多的装饰作用。最为典型的是郑州东史马村任家大院，其过厅的梁架结构中均用雕花驼峰承托梁檩，师古性极强。为节约木材，豫中传统民居往往以墙代替木柱承

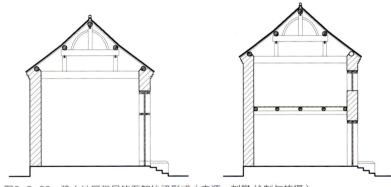

图2-3-29 豫中地区常见的五架抬梁形式（来源：刘攀 绘制与拍摄）

豫中民居建筑中的铰梁扒子　　　　　豫中民居建筑中的正房角背　　　　　郑州高新区任家大院过厅梁架

图2-3-30 豫中民居建筑中增强梁架稳定性的做法（来源：刘攀 绘制与拍摄）

重，把传统的木构架承重体系简化到只余梁架。大梁架在前后檐墙上，豫中地区东部平原地区多用砖把梁头封在墙内，西部丘陵地区则露在外墙面上，以保证梁架结构的通风。

六檩前檐廊式构架，房屋的前坡长后坡短，前檐比后檐长，常用于较小的正房或厢房。其后侧由檐墙承托梁架，前下金檩可由金柱或前檐墙两种方式承接（图2-3-31）。

七檩前出后包式构架，主要用于大、中型院落的厅堂，同上述六檩前檐廊式构架一样，有两种形式，但多用前者（图2-3-32）。

普通七檩抬梁式构架主要用于大、中型院落的正房，其横梁一般用料宽大，瓜柱矮小，梁架密集（图2-3-33）。

三檩单坡式构架常见于豫中地区西部的厢房，俗称"厦子"，以两步架进深为主，也有三步架进深的情况（图2-3-34）。

四檩两坡式厦子房的构架形式，其后檐墙承托后金檩，脊檩两侧仍用叉手加固构架稳定性。此为豫中地区西部地区进深稍大的厦子房的梁架形式（图2-3-35）。

（2）变异型抬梁式构架

就抬梁式构架而言，郑州市区及中牟地区受开封影响，梁架形式较为规范，而新郑范围内的梁架变异性较大，常见的有两种变异型抬梁式构架。

1）底梁高瓜柱

底梁高瓜柱是当地人为了增加住宅的可利用空间，在五架抬梁式基础上，大幅增加金瓜柱高度的做法（图2-3-36）。五架梁插在前后檐墙的中部，在其上棚板，从而形成夹层作为储藏空间。新郑地区的金瓜柱高度可达2米左右。这种房屋在外观上仍是普通的单层建筑，但内部却是两层的使用空间。充分显示了当地百姓为满足需求而灵活运用传统形制的聪明才智。

2）变异七檩抬梁式构架

从花庄村花武松宅的梁架结构图（图2-3-37）可以看出大柁为七架梁，架于前后檐墙中。前后下金檩却并未搁置在常见的五架梁上，而是由抱头梁和瓜柱支撑，抱头梁起联系两侧瓜柱的作用。此种变异梁架节省了一根直径较大的二

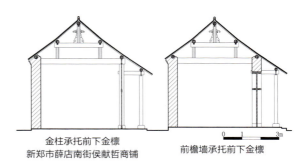

金柱承托前下金檩　　　　　前檐墙承托前下金檩
新郑市薛店南街侯献哲商铺

图2-3-31　豫中民居六檩前檐廊式构架

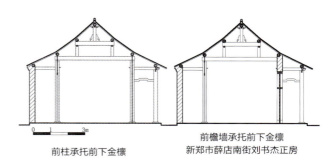

前柱承托前下金檩　　　　　前檐墙承托前下金檩
　　　　　　　　　　　　　新郑市薛店南街刘书杰正房

图2-3-32　豫中民居七檩前出后包式构架

新郑市薛店南街
刘爱国正房梁架

图2-3-33　七檩抬梁式构架

巩义市北山口镇刘觉民宅厢房梁架　　登封市君召乡张松河宅厢房梁架

图2-3-34　三檩单坡式厦子房构架（来源：刘攀　绘制与拍摄）

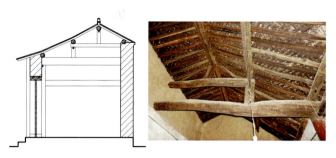

图2-3-35 四檩两坡式厦子房构架（来源：刘攀 绘制与拍摄）

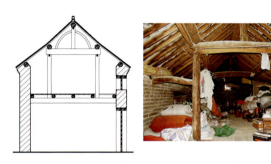

图2-3-36 底梁高瓜柱（来源：刘攀 绘制与拍摄）

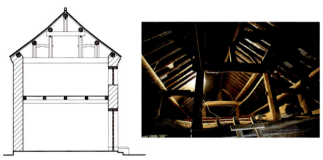

图2-3-37 变异的七檩抬梁式构架（来源：刘攀 绘制与拍摄）

柁，是当地人节约木料的做法。在项城袁世凯行宫二门过厅的梁架中有相同的做法，左满常先生在《河南民居》一书中认为这是古民居中的孤例。但在新郑民居中却并非如此。从花武松宅的梁架中，抱头梁已经带有简单的装饰色彩，可见这种变异的梁架结构在豫中地区已经运用的较为纯熟。

2. 叉手式构架

叉手式构架是在前后檐墙上直接架设"人"字形叉手木，叉手上架檩，檩上再搭椽条铺苫背，叉手木两端以横梁相连，以解决水平推力。此种梁架结构简单，各构架基本不受弯力，只受压力或者拉力，大大减小了大梁的尺寸。当地有俗语称"叉手支住墙，麻秆能当梁"。该形式主要出现于近现代的民居建筑中，是受经济及木材短缺等因素影响而产生的，且存有古代遗风。豫中地区的叉手式构架主要有三种形式。

最简洁的叉手式构架（图2-3-38），其"人"字形叉手木可为斜直或有一定曲度的自然材。叉手木与檩条的搭接是在叉手木需要搁置檩条的地方挖出凹槽或钉一块楔形木块与叉手木形成夹角，以固定檩条。中牟县狼城岗辛店村程宅的叉手斜度较大，与大梁一起形成一个三角形的阁楼，简洁有效地利用了梁架空间。阁楼形式带有西方建筑中尖拱券元素的空间特征。阁楼前后的半截矮墙上留有狙击孔，可见其功能为御敌之用。

新密地区出现的五檩叉手式构架（图2-3-39），其前后金檩处各增加一根小叉手木，与两侧斜木榫卯交接，形成大小三对叉手承接檩条。此种梁架形式较上述简洁型更为稳定。

木构的桁架结构（图2-3-40），其三角形框架的构造形式与叉手式相同，故将其归类为叉手式构架中。木桁架上弦受压，下弦受拉，腹杆平衡荷载所产生的剪力。此种梁架出现于当地近现代时期进深较大的建筑中。登封市卢店镇老

图2-3-38 最简洁的叉手式构架（来源：刘攀 摄）

图2-3-39 五檩叉手式构架（来源：刘攀 摄）

图2-3-41 荥阳老城一厂房使用的木桁架（来源：刘攀 摄）

图2-3-40 木构的桁架结构（来源：刘攀 摄）

街上一商铺所用梁架结构与木桁架非常近似，其杆件仍用传统的榫卯连接，斜腹杆插入中柱，郑州市南乾元街75号主楼中所用梁架结构也为此种类型。荥阳老城一厂房使用了类似现代钢架结构的木桁架（图2-3-41），其杆件交接处用铁条穿接固定。

（二）黄土丘陵地区的拱券与混合结构

豫中黄土丘陵地区的拱券结构最早产生于在原生土中挖筑券洞形成的窑洞民居，之后为增加居住空间，发展为可在平地起券的锢窑。除此之外，荥阳、新密等地还发展出下层发券上层砖墙承托梁架的混合结构。但总体来说，当地使用的拱券形式均为筒券式，不如西方形式多样，结构复杂，发券材料主要有土坯、砖或石材三种。

1. 拱券结构

单纯以拱券结构体系承重的民居形式主要是窑洞，按照施工方法的不同，可以分为明券和暗券两种做法。暗券费工费时但造价低廉，且以"土工活儿"为主，技术要求较低，各家各户可自己动手。明券锢窑省工省时但造价偏高，需要较多材料及聘请工匠。在实际施工中，还有一半挖土、一半填土的半明半暗券，与接口窑类似。

（1）暗券窑洞

一般情况下，挖窑需要窑匠在崖面上画好窑券的轮廓，主人家按挖出的券形向内挖窑。而豫中地区是先挖出窑门的形状，向内挖1米左右，再向四周扩展至需要的窑券宽度。在开挖过程中，要根据土壁的干湿情况决定是否继续开挖。若土体过于潮湿，强度很低，容易发生崩塌，则需要适当的晾晒。一般每挖至2~3米后，会将洞晾晒半年左右，使洞壁新土风干坚硬。这种工序的重复往往要历经两到三次，直到窑洞尺寸接近预定规模，因此一孔窑洞从开工到建成大致需要两年。

（2）明券窑洞

明券锢窑所用拱券形式可为单个横向拱或多个并列的纵向拱。建造程序是：首先砌窑腿，两窑腿之间不能过宽，一般相距一丈以内。其次是定券做照牌，窑匠用"圆尺"在后墙崖壁上画出券形。券形分"全圆券"和"扇面券"两种。第三步是支模子券窑顶，模子是将木板、木柱搭成窑顶的形状架在窑腿上，使砖的外沿接近券形轮廓，相当于现代建筑施工用的模板。合好的券用稀砂浆灌缝。第四步是封顶，用石块垒至券高的1/2处，压住券脚，石头上覆土，压实填平。最后一步是修整，包括粉刷窑洞内壁，修筑窑脸，安装门窗。

2. 混合结构

豫中地区的荥阳、新密地区留有许多类似碉楼的多层楼式单体。此类民居单体中有些类似古代的高台建筑，基础高于地面1～2米，内部用夯土填实，外部用砖墙围护，并与上层墙面融为一体，需在房门外建楼梯方能进入一层室内。其中有一些楼式单体充分利用下层空间，一层多采用单向横拱发券来创造可利用空间，上层仍为墙体承托木梁架的传统形式。荥阳王村镇赵村周宅正房（图2-3-42），该房屋上下共四层，一层为砖券，由外部砖砌楼梯下方的券门进入室内，二层从外部楼梯直接进入，三、四层通过内部木梯上下，上面三层均为木构楼板。这样下层顶棚发券成拱，上层铺平成楼地面，充分利用了拱券所形成的建筑空间。

（三）屋顶类型与构造

豫中传统民居虽然在房屋间架、斗栱的使用等方面多有逾制之举，但在屋顶形式上却一直严格遵守等级制度。并且至今保留着明清官式建筑已经消失的正脊曲线，这是豫中传统民居因循古制的又一处例证。

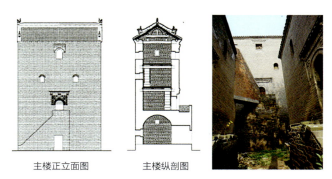

图2-3-42 豫中混合结构的实例——荥阳市王村镇赵村周宅正房
（来源：刘攀 摄）

正式的建筑屋顶有重檐庑殿、重檐歇山、单檐庑殿、单檐歇山、卷棚歇山、尖山式悬山、卷棚悬山、尖山式硬山、卷棚硬山9种等级依次降低的形式，而小式建筑只能用后4种。豫中地区的传统民居大多为硬山式屋顶，少量庄园民居中采用了等级更高的悬山屋顶或歇山屋顶，一些防御性建筑新中国成立后的附属房屋则采用了平屋顶的形式。

1. 坡屋顶

豫中传统民居中的坡屋顶主要有双坡尖山式硬山顶、卷棚硬山顶及单坡硬山顶三种形式，庄园建筑中采用有悬山屋顶或歇山屋顶（图2-3-43）。

（1）双坡尖山式硬山顶

双坡尖山式硬山顶是当地最常见的屋顶形式，其檩条搭在山墙上不悬挑出墙外，山墙用砖封檐。

（2）卷棚硬山顶

卷棚是屋顶不带正脊的圆山做法，其等级比尖山下降半等，形式较活泼美观，一般用于厢房或园林建筑中。豫中地区仅巩义范围内有卷棚硬山顶的做法，且其形式不十分明显，仅在山尖处做小范围的弧线。

（3）单坡硬山顶

单坡硬山顶是豫中地区西部低山丘陵地区用地紧张建造的，当地称为"厦子"。其有两种基本形式：一种是仍有独立正脊，脊后留有一小段坡，正脊与后檐做法与双坡顶无异。另一种是后墙借助于其他墙体，屋顶贴于墙上。有时相邻的两间厢房彼此紧靠，一家做脊另一家紧接其后檐建房，虽非同时建造却宛若一栋建筑。

（4）卷棚歇山与卷棚悬山顶

豫中传统民居中也有像张祜庄园这样因为设计师来自南方而使屋顶采用了带有南方园林特色的卷棚歇山顶和卷棚悬赏顶的情况。这种特殊情况的出现丰富了豫中传统民居的形式，同时也是文化交融的例证。

2. 平屋顶

平屋顶通常用镂空的十字花女墙，屋面排水多为有组织

| 豫中双坡尖山式硬山顶实例 | 豫中卷棚硬山顶实例 |

| 豫中单坡硬山顶实例 | 豫中庄园中的卷棚歇山 | 豫中庄园中的卷棚悬山顶 |

图2-3-43 豫中民居建筑中的坡屋顶类型与实例（来源：王晓丰 摄）

排水，即在灰背做出高差，且越大越好，檐头女墙下预留沟眼，在沟眼与附近的灰背之间做高差，将屋面雨水引导至檐口铺设的小瓦出水道。

3. 屋面构造

豫中传统坡屋顶民居全为布瓦屋面（颜色呈深灰色的黏土瓦），区别于琉璃屋面时，常被称为黑活屋面，包括筒瓦屋面、合瓦屋面、干槎瓦屋面等。筒瓦屋面主要用于宫殿、庙宇、王府等大式建筑，小式建筑不得使用3号以上的筒瓦。因此豫中范围内极少有筒瓦屋面，仅有个别家庙祠堂的正房使用。合瓦屋面和干槎瓦屋面则应用较多（图2-3-44）。

（1）干搓瓦屋面

干搓瓦屋面是豫中传统民居应用最为普遍的屋面形式。这种屋面只用仰瓦相互错缝搭接放置，以上下瓦压四留六至压七留三为准则，不能有松动的瓦。其用料省，自重轻，只要木架不变形，泥背不塌陷，就不易漏雨。

（2）合瓦屋面

合瓦屋面在北方地区又叫作阴阳瓦，在南方地区则称为蝴蝶瓦。合瓦屋面的特点是，盖瓦也使用板瓦，底、盖瓦按一反一正，即"一阴一阳"排列。合瓦屋面主要见于小式建筑，在民居中多用于正房或倒座门楼。

（3）筒瓦屋面

筒瓦屋面使用较少，底瓦采用板瓦，盖瓦采用筒瓦。这种屋面形式规格最高，在豫中地区仅出现在部分传统民居的门楼、家庙宗祠的正房和一些庄园民居中。

（4）屋面构造层次

豫中传统民居屋面的构造层次自下而上依次为木基层（椽子）、苫背垫层、苫背层、黏合泥层、瓦面层。

干搓瓦屋面　　　　　　　　　　合瓦屋面　　　　　　　　　　简瓦屋面

图2-3-44　豫中民居的屋面类型与实例（来源：王晓丰 绘制与拍摄）

望砖垫层　　　　　　望瓦垫层

图2-3-45　望砖、望瓦垫层（来源：王晓丰 摄）

交叉铺设的竹笆垫层　　横向铺设的竹笆垫层

图2-3-46　竹笆垫层（来源：王晓丰 摄）

椽子直接承受屋顶荷载，当地有圆椽与方椽两种形式。圆椽截面直径约在10厘米左右，较为粗大，也有地区使用简单处理的自然材呈不规则圆柱形。方椽尺寸约在6～8厘米左右，一般比较规整，有的还在门楼出檐的椽头雕刻图案。

苦背垫层的作用是承托苦泥，当地有两种做法：一种是用望砖或望瓦，此类做法会在屋檐处铺设望板，以防止上部的望砖、望瓦下滑。铺设望砖较为平整，室内效果优于望瓦。富裕人家还会用刻有寿字的望砖组成十字花，或者在望砖表面绘制八卦图等图案（图2-3-45）。另一种是铺条笆、苇箔等廉价材料做苦背垫层。这种做法曾在《营造法式》上有明确的规定："凡瓦下铺衬柴栈为上，板栈次之。如用竹笆苇箔：若殿阁七间以上，用竹笆一重，苇箔五重；五间以下，用竹笆一重，苇箔四重；厅堂等五间以上，用竹笆一重，苇箔三重。"可见在宋代这种形式曾广泛应用，但从豫中现存民居中可以看出，这种做法逐渐被望砖、望瓦取代。按纹理可以将其分为两个等级：交叉铺设的是用苇子或细木条编织的笆，等级较高，可用于正房；横向铺设的是用高粱秆、麻秆、苇子等编织的箔，等级较低，多用于厢房倒座（图2-3-46）。

苦背层的传统材料以麦秸泥为主，其主要的功能在于保温隔热，且是改变屋顶水流方向的主要措施，同时能使屋面曲线更加柔和自然。黏合泥层以黄土、石灰为主要材料，可另加少量煤灰调成近似砖瓦的深灰色，打一垄泥铺一垄瓦。瓦面层就是可见的屋面表层，豫中地区主要有干搓瓦屋面与合瓦屋面两种。

4. 屋脊类型与构造

豫中传统民居的屋脊形式多样，各地区繁简不一，正脊与垂脊都主要有实脊、花瓦脊两种类型。

（1）实脊

实脊是由当沟、瓦条、陡板及扣脊瓦叠砌出的屋脊形式，当沟上一般加有一层形似叶子的云瓦，是将生瓦雕刻成形后烧制而成。陡板两看面常雕有花卉文字作为装饰，巩义地区多为高浮雕，花朵枝叶硕大，非常华丽。登封西白坪村梁富临宅门楼正脊雕有9个仙人，其神态姿势各异，活灵活现。大金店镇王凤娥宅正房正脊陡板用透雕，整条脊并不是重复的图案，形态自由又别致（图2-3-47）。

（2）花瓦脊

花瓦脊是在陡板的位置用筒瓦、板瓦摆放成各种镂空花纹图案的屋脊形式，又称为"透风脊"。这种屋脊在豫中地区非常普遍，特别是东部平原地区。其形式活泼多变，且有效减轻了屋脊的重量，于结构及降低造价都十分有利。根据形式可以分为单一式、分段式及分层式（图2-3-48）。单一式有轱辘钱、斜十字花、短银锭等多种图案形式。分段式是为了区分正房与厢房的屋脊形式，而对正房屋脊中部进行特殊处理。一般在中部两侧各加一块陡板，将正脊分为三段，中段另做图案或分两层叠砌，陡板上有时还刻有"吉星高照"等吉祥文字。分层式主要出现在新密地区，是将整个正脊分为上下两层，上层用瓦摆砌镂空图案，下层用陡板填实或陡板与瓦交替出现。

（3）屋脊构造

屋顶正脊保留至今的屋脊曲线是豫中传统民居的特点之一。中国传统民居屋脊曲线是在脊檩两端垫单层或多层升头木形成的，明清官式建筑屋脊曲线消失后，民间用增加两端陡板下条砖厚度的方法产生曲线。豫中地区的屋脊曲线是通过增加两端当沟部分的厚度实现的。

当地垂脊的构造做法有铃铛排山脊与披水排山脊两种。铃铛排山脊是排山部分由沟头瓦作分水垄，滴子瓦作淌水槽，二者相互并联排列而成，又可称为"排山沟滴"。这是最为讲究的一种排山脊做法，具有很强的装饰性。披水排山脊一般是用披水砖代替铃铛瓦，作为凸出山墙的淌水砖檐，其脊身仍用瓦条、混砖、扣盖筒瓦组成。但豫中地区的披水排山脊仅用普通的盖板作披水砖，且还有在稍垄外侧再加一垄仰瓦或合瓦的做法。据当地工匠所说，外侧加合瓦的做法叫作绲边，外侧加仰瓦的做法叫作单边（图2-3-49）。

登封市西白坪村梁富临宅门楼正脊

巩义市东侯村董宅门楼正脊

巩义市七里铺周宅倒座正脊

图2-3-47　豫中传统民居中的实脊纹饰（来源：刘攀 摄）

图2-3-48 豫中传统民居中的花瓦脊样式

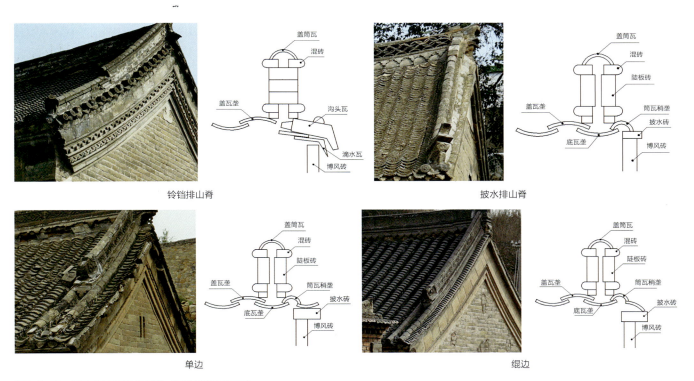

图2-3-49 垂脊构造做法（来源：刘攀 绘制与拍摄）

5. 屋顶檐部处理与封山

硬山顶屋面与墙体交接主要包括前后檐部处理及两侧山墙封檐。豫中传统民居中，檐部有出檐与封檐两种做法，山墙封檐的做法也灵活多变。

（1）屋顶出檐

豫中地区西部低山丘陵地区多用生土墙，为保护墙面不受雨水冲刷多做出檐形式，即檐椽、飞椽外露，被称为"露檐出"或"老檐出"。椽子为圆形或方形，端口及小连檐木暴露在外，无封檐木遮挡。此种做法还有利于保持梁架结构的通风，防止木材潮湿糟朽。

（2）屋顶封檐

砖封檐的做法多种多样，根据房屋主人的经济实力及房屋的等级繁简不一，有很强的装饰性。相对于露檐出，砖封檐提高了房屋的防火性能。豫中地区常见的砖檐样式有菱角檐、抽屉檐、冰盘檐三种。菱角檐是中间一层用斜角砖外挑，状如菱角的砖檐形式。抽屉檐是中间层用条砖或半宽砖按间隔空隙砌筑，形如抽屉的砖檐形式。冰盘檐应用最为广泛，形式也最丰富，是砖檐中比较讲究的做法。直檐、半混、枭和盖板可以组成最简单的冰盘檐。除此之外，当地常用一层或两层砖椽子增加砖檐的装饰效果，并用冰盘檐的层数区分房屋等级。新中国成立后中牟新郑地区还出现了一种当地人称为"跑马檐"的冰盘檐形式，其上层仍为普通的冰盘檐，但在直檐下增加了两层直檐，其中一层较宽且雕有花卉、动物或文字。豫中地区西部山区还有一种最为简洁的封檐形式，其只有一层用薄石板砌成的直檐，且外挑尺寸要大于普通的砖檐。当地也有将菱角檐的上层盖板换成石板外挑的形式（图2-3-50）。

（3）屋顶封山

豫中传统民居的山墙封檐有方砖博缝与散装博缝两种形式（图2-3-51）。方砖博缝非常精细，是仿照悬山顶博风板的形式，用若干层方砖与条砖经加工修磨或局部雕刻，逐层拔檐精砌而成。方砖博缝一般做三到五封，最多可达七封。博缝可用方砖或条砖，下部拔檐中常砌带花纹的花扒砖。博缝头的样式繁多，最华丽的是雕刻精美的龙头图案，其余的还有团花、阴阳鱼、卷纹等（图2-3-52）。散装博缝是条砖用带刀灰砌法，按十字缝形式分层砌筑，多为二到三层，且不做博缝头。登封市区附近还有做砖瓦檐的例子。中牟辛庄村程宅山墙的散装博缝做到了七层，有两条不同纹路的花扒砖。

五封抽屉檐

四封菱角檐

七封冰盘檐带双层方砖檐

新郑市霹雳店村秦留意宅"跑马檐"

新密市范村施宅石板挑檐

图2-3-50 豫中传统民居常用的封檐形式（来源：刘攀 摄）

| 方砖博缝 | 散装博缝 | 木博缝板 | 砖瓦檐 |

图2-3-51 山墙封檐形式

| 缠枝纹 | 正面龙头 | 荷花 | 带雕花方砖博缝 |

| 半团花 | 向日葵团花 | 阴阳鱼 | 卷纹 |

图2-3-52 博缝头纹样（来源：王晓丰 摄）

（四）墙体的因材施用

墙体在豫中传统民居中不仅是重要的承重结构，更是最主要的围护结构，它不仅要具备防卫、保温、隔热等基本的功能要求，还要考虑到经济性的问题。就地取材节省造价就成为当地民居筑墙的原则之一。因此各地工匠因材施用，花样百出，形成了多种多样的外墙形式。墙体材料分类主要包括：砖墙、生土墙、石墙及混合墙四种。

1. 普遍适用的砖墙

砖相对来说制作过程复杂，成本较高，但用砖砌筑的墙体平整美观且防水耐磨，从房屋用砖量的多少可以看出该户的经济实力。豫中地区为达到美观、实用与经济的多重目的，常仅在房屋可见的主立面使用整砖墙，其余侧面则使用混合墙。此外，墙体也还有"里生外熟"与"填馅儿"两种特殊的做法（图2-3-53）。"里生外熟"是墙体内外分两层，外侧用砖砌筑，内侧为土坯砖，这种墙外侧的砖墙常做空斗墙。"填馅儿"砖墙则是墙体分三层，对外的两边用砖砌筑，中间填充碎砖、料姜石或土坯。所用砖的尺寸也大致可以判断该民居的建造时间，两者基本呈反比的关系。豫中传统民居清代烧制的砖的尺寸约为300×140×70（毫米），各地用砖来源不同尺寸略有出入，再晚一些用砖的尺寸约270×120×60（毫米），到20世纪50年代前后所用青砖的尺寸已经近似现代使用的240×115×53（毫米）的标准砖尺寸。

图2-3-53 "里生外熟"与"填馅儿"的特殊做法（来源：刘攀 摄）

2. 砖墙砌筑方法

砖墙有干摆、丝缝、淌白、糙砖墙、碎砖墙等多种砌筑类型，豫中传统民居主要使用的是糙砖墙。凡砌筑未经砍磨加工的整砖墙都属于糙砖墙。按砌砖的手法可分为带刀缝和灰砌糙砖两种做法。

（1）带刀缝

带刀缝做法是小式建筑中不太讲究的墙体做法中最常见的一种类型。由于这种做法的灰缝较小，故多用于清水墙。带刀缝做法与淌白墙做法近似，是先在砖上用瓦刀抹好灰条，即抹上"带刀灰"，然后灌浆。但其所用砖料不经砍磨，一般为开条砖或四丁砖，且灰缝较大，一般为5～8毫米，砌筑完毕后用瓦刀或溜子划出凹缝。

（2）灰砌糙砖

灰砌糙砖的特点是不打灰条，而是满铺灰浆砌筑，灰缝8～10毫米，所用砖料规格不限，如为清水砖墙做法，灰缝要用小麻刀灰打点勾缝，颜色可为深月白色或白色，勾缝采用传统做法。灰砌糙砖墙常用于建筑的基础部分、墙体的背里部分或不太讲究的大式院墙。

3. 砖墙砌筑形式

砖的摆置方式有卧砖、陡砖、鏊砖、丁砖等多种（图2-3-54）。其中以卧砖墙最为常见，砖缝形式最多，有十字缝、三顺一丁、一顺一丁、五顺一丁、落落丁和多层一丁等（图2-3-55）。豫中传统民居最常用的是十字缝与多层一丁的结合形式（图2-3-56）。十字缝又称"单砖法"，即每层都按一顺砖进行摆砌，砖全部以长身面露明（转角处除外），省砖且墙面灰缝少。多层一丁是指砌几层顺砖，再砌一层丁砖的做法。豫中各地区砌筑层数不一，一般为五层、七层、九层，多的可达十几层，也有一些使用鏊砖代替丁砖的做法。丁砖或鏊砖沿垂直于墙体的方向砌筑，用以增强墙体的拉结性，其作用类似现代建筑中的圈梁。故许多民

卧砖　　　　　　　　陡砖

鏊砖

丁砖

图2-3-54 砖的摆置方式示意图

十字缝　　　一顺一丁　　　三顺一丁　　　落落丁　　　多层一丁

图2-3-55 卧砖墙的砖缝形式

| 五层一整砖墙 | 梅花丁砖墙 | 空斗砖墙 | 九层一丁砖墙 |

图2-3-56 豫中砖墙砌筑形式实例（来源：刘攀 摄）

居下碱部分或门窗洞口附近，丁砖较为密集。另外，当地还有少数使用一顺一丁的砌筑形式。一顺一丁又称为"梅花丁"，是明代建筑常用的手法，其拉结性好，但比较费砖。

4. 生态性生土墙

土作为一种建筑材料虽然不防潮防水，但其随处可取，成本低廉，构筑方便且保温隔热性能良好的诸多优点使生土墙广泛应用于民居建筑中。除了土窑洞这种仅经过挖掘自然形成的墙面外，生土墙主要包括夯土墙与土坯墙两种类型。

（1）夯土墙

夯土墙的施工方法是用模具夹持在墙两边，中间填土夯实。模具由两长一短三块木板拼接而成，高一尺（33厘米），宽约50厘米，长约五尺五寸（1.83米）。一副版具可沿墙移动夯打，上下版之间需错缝。一版土墙夯好之后，需用扇板拍平墙体，并进行适当的修整（图2-3-57）。夯土墙的门窗洞口是待土墙完全夯好后挖出来的，其上的过梁则需要预先埋好。由于夯土墙是一版一版逐步夯筑而成，其墙面会留下层层的横向纹理，成为区别夯土墙与土坯墙的重要特征（图2-3-58）。

（2）土坯墙

土坯墙是用生土砖砌筑的墙。土坯的制作方法是将黏土掺水闷一段时间，待其不干不湿时，反复和匀后填入模子，经捣实成型后，去掉模子晒干即成。为增加土坯墙的抗剪抗弯性能，一般在土坯内加筋，如稻草、竹筋、麦秸等。土坯

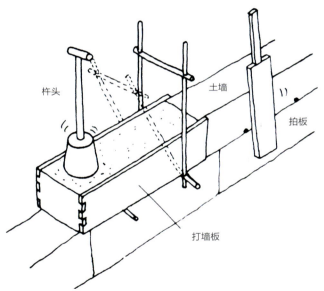

图2-3-57 夯土墙修筑示意图

图2-3-58 夯土墙与土坯墙的纹理特征实例（来源：刘攀 摄）

砖的尺寸比普通的青砖大，大致为一尺二寸（40厘米）×一尺（33厘米）×三寸（10厘米），各户使用模子不同尺寸也各不相同。砌筑时，豫中地区的土坯墙多使用三层一瞪的砌筑形式。为使墙体平整并防止雨水冲刷，土坯墙多在墙体表面抹灰，这种灰是由剪碎的麻绳麦秸、白灰或煤灰、黄土与水以一定比例混合而成，颜色呈土黄色、白色或者蓝黑色（图2-3-59）。

在豫中地区的传统民居中，土坯墙的使用频率要高于夯土墙。这是由于土坯墙的制作方法简单易于操作，各户可自己动手而不必聘请工匠，但是它不如夯土墙坚固耐久。另外豫中地区西部多用生土墙的地区，一般房屋出檐较远，显示出建筑形式与材料的紧密联系。

（3）石墙

山区民居常用石墙，可就地取材。石材可用毛石、卵石、条石、石板等。郑州、禹州、汝州等西部低山丘陵地区多用毛石、卵石及条石砌筑基础、下碱及墙身，其色调多为单一的深红色，郑州市二七区侯寨镇附近也有白色及浅黄褐色（图2-3-60）。完全用石材砌筑的民居形式在豫中地区主要分布在嵩山山脉周边的基岩丘陵地区，其余大多利用石材抗碱的性能与砖及生土砌筑混合墙。

毛石墙是规格大小不等的石块，利用垫托、咬砌、搭插等技术砌筑而成。砌第一层时先挑选比较方正的石块放在拐角处，然后在两端角石之间拴卧线，按线放置大小近似的石块。第一层石块应平面朝下，石块下面不铺灰，在较大的石缝中填1/2灰，后塞进小石块，并敲实。砌第二层石块时应注意与第一层尽量错缝，并挑选能与第一层相契合的石块干砌，石块如有不稳，应在外侧垫小石片，使其稳固。之后逐层向上砌筑，最后一层应找平砌。毛石墙砌筑时应注意尽量大头朝下，即所谓的"有样没样尖朝上"。这样可使每层的"茬口"增多，而茬口越多，下一层就越好砌。最后在石墙外侧打点勾缝，灌浆，使整个外墙看起来较为平整光滑。

靠近河流的村落多用卵石砌墙，其砌筑方法与毛石墙基

三屋一瞪的土坯砖墙

蓝黑色土坯抹面

土黄色土坯抹面

图2-3-59　土坯墙实例（来源：刘攀 摄）

图2-3-60　豫中地区石墙实例（来源：刘攀 摄）

本相同，卵石的规格要尽量统一，一般将较大的卵石摆在下部，较小的摆在上部。条石墙是比较高级的石墙，其石料要事先加工成规格料，再分层砌筑。石料的表面可根据不同的要求加工成多种形式，如砸花锤、打道、剁斧或磨光等。砌筑时可以铺灰，也可以干砌灌浆。

5. 多材并用的混合墙

混合墙是由砖、生土与石材混合搭配砌筑的墙体，其可两两搭配，也可三材并用，充分发挥各材料的优势，形成经济适用又形式各异的外墙形式。

（1）砖坯结合墙

砖坯结合墙是豫中地区使用较为广泛的一种形式，主要有三种形式。除了上面提到的"里生外熟"及"填馅儿"这两种做法外，还有一种"砖包边，坯填心"的混合形式。其下碱、墙角等重要部位用砖砌，剩余的用土坯填充。这种做法用砖较少，造价低，多分布于新密、登封、巩义、郏县、禹州等地（图2-3-61）。另两种是比较隐蔽的结合方式，在防止雨水冲刷及保持外墙面平整美观方面具有优势，多分布于东部平原地区的农村住宅。

（2）砖石结合墙

砖石结合墙按照墙体中砖、石用量的多少可以分为：以砖墙为主和以石墙为主两种形式。前者是利用石材耐碱性的特点砌筑墙基及下碱，墙体上身用砖砌筑的结合方式。为了稳固墙体，还会在上身规则布置以青石或红石为材料、长短不一的拔石，并在房屋转角处重点加固（图2-3-62）。后者是在山墙与前后檐墙都用石材砌筑，仅在门窗四周及其上部用砖砌筑（图2-3-63）。这也是普通家庭节省砖料、降低造价的做法。登封市君召乡有一种砖石山墙非常精致（图

图2-3-61　砖坯结合墙实例（来源：刘攀 摄）

图2-3-62　带有拔石的砖石结合墙（来源：刘攀 摄）

图2-3-63　以石材为主的砖石结合墙（来源：刘攀 摄）

图2-3-64 装饰性较强的砖石结合山墙（来源：王晓丰 摄）

2-3-64），其墙身下半部主要用红石砌筑，外侧石缝抹灰。红石顶部找平砌，后退一段距离用黄褐色毛石干摆砌筑凸字形墙面，且在石块中间用瓦片做花瓣装饰墙面，其石砌部分形状类似五花山墙。整面墙纹理丰富，层次多样，装饰性极强，却又经济实用，显示出当地百姓对美的追求。其他地区也有类似的山墙形式，但仅用一种石材砌筑，且并不加装饰，整体的墙面效果远不如君召乡。新密范村、慎窑等地还有一种在墙身做方池子砌筑红石的做法（图2-3-65）。"池子"是在古建筑墙面或石活构件中，在四周作成矩形边框的装饰，其交角为直角者称为"方池子"，交角为两条弧线者，取其形似海棠花而称之为"海棠池"。当地的方池子仅用砖砌一层砖圈，池子心砌红石。每面墙上一般有多个方池子从上到下层层排列，为避免形式单一，工匠可调节池子大小，按一定的规律交错组合。

（3）砖坯石结合墙

砖坯石结合墙多分布于黄土丘陵地区，一般石材砌于下部门洞间的空隙中，土坯填充上部，中间砌砖找平并分隔上下，门窗洞口四周用砖包边。此种做法用砖量可多可少，最少的仅在石墙顶部砌一层砖找平，稍多的可做三层、五层不等（图2-3-66）。新密范村、慎窑等地也有后檐墙下部做红石填心的方砖池子，上部砌土坯砖的混合墙形式（图2-3-67）。许多用砖量很少的三材混合墙坍塌后，石砌的下碱自然变为台基，稍加处理变可用来作为菜园，显示出用自然材砌筑墙体的生态性（图2-3-68）。

三、地方材料与细部装饰

总体来讲，豫中地区传统民居建筑的装饰较为简单和节制，并不会过多地堆砌装饰元素，但胜在简繁有度、对比强烈，整体朴素而又不单调，在注重合理性的同时仍保持了一定的观赏性。装饰的题材东西地区稍有不同，东部以花草、灵兽图案为主，而西部地区除了花草、锦纹图案外，还增加了文字、人物故事的内容。"图必有意，意必吉祥"是民居装饰纹样的宗旨。人们在自家房屋有限的装饰图案中，表达自己真诚的祈求、美好的愿景及善良的祝福。豫中传统民居的装饰手法主要有雕刻、彩画、灰塑三种。

图2-3-65 带"池子"的砖石结合墙实例（来源：王晓丰 摄）

图2-3-66 砖坯石结合墙实例（来源：刘攀 摄）

图2-3-67 带"池子"砖坯石结合墙（来源：刘攀 摄）

图2-3-68 砖坯石结合墙的生态性（来源：刘攀 摄）

（一）雕刻

雕刻是豫中传统民居应用最普遍的装饰手法，按材料分主要包括砖雕、木雕及石雕。

1. 砖雕

砖雕即是在青砖上进行雕刻加工的工艺技术，是豫中传统民居最为主要的装饰手段。砖相较于木材耐侵蚀，相较于石材易雕琢，故更实用应用更广泛。当地砖雕主要出现在门窗周边、墀头及照壁等部位。在豫中民居较为封闭的外立面上，主要的门窗上部常用砖雕仿造简化的垂花门形式（图2-3-69）。

图2-3-69 豫中民居建筑门窗部位的砖雕图案（来源：王晓丰 摄）

新郑地区拱形屋门与其上部方形门框之间的三角形区域，形成固定的砖雕图案。用绳捆扎两束类似缠枝纹的卷草枝叶，中部装饰半多团花，团花多为向日葵图案。绳纹取谐音"生"，缠枝卷草循环往复，向日葵取其"多子"之意，整个图案寓意万代绵长生生不息。巩义地区的门楣砖雕多文字题刻，如"福寿康宁"、"家道安乐"、"万福攸同"等。

墀头部位是砖雕装饰的重点，特别是作为主入口的门楼墀头。硬山墙的墀头分为三个部分：下碱、墙身和盘头。豫中地区东部传统民居檐墙封檐并无墀头，但为了装饰仍保留盘头向外出挑至屋檐的戗檐部分，其弧度很小且多在正中饰以团花或是文字，俗称"烧心子"。戗檐上部悬挂的雕花片砖俗称"挂面"，多雕刻绳纹及花卉图案。巩义、登封地区房屋多不封檐且出檐较远，戗檐线条简明且浑厚硕大，下部常用砖砌几层收分。戗檐下的"烧座子"是盘头砖雕最为密集的部分，其形制较为固定，以须弥座式为主，但雕刻图案简繁不一，且题材丰富多样。豫中最为常见的是花卉灵兽与福禄寿喜的文字图案，雕刻手法多为浅浮雕。新郑庙后安安家门楼内侧还有以建房时间作为盘头雕刻内容的。巩义、登封、平顶山地区除了上述题材，还有许多以人物故事为雕刻主题的，雕刻手法也有浅浮雕、高浮雕两种。新密地区的盘头相对来说最为简洁，仅以基本的形体示人，并不雕刻纹饰，整体凸显叠涩线条的简单明快（图2-3-70）。

2. 木雕

中原地区的木材资源经过数千年的开发利用，至清代已经日趋稀少。因此豫中地区的木雕装饰相对较少，仅能在一些大户人家及庙宇中看到，主要出现在门楼或正房的檐下构件、门窗隔扇及室内的家具隔断。木雕最集中最精致的宅院莫过于康百万庄园（图2-3-71）。庄园内的木雕主要集中于檐下的斗栱、雀替及花罩等部位，坐斗前伸的斗耳常依形雕刻成龙头形状，两侧平伸的斗耳及柱头两侧的雀替多为透雕的花卉灵兽。位于檐枋中间的驼峰多呈团状，采用多层镂空雕刻，其装饰作用要大于结构作用。"克慎厥猷"院屏门檐枋中央的三狮舞绳滚绣球驼峰，图案别致，木雕绳网几可乱真，足见工匠技法精湛。庄园中檐柱与金柱之间的穿插枋亦加以雕饰，室内的花罩隔断及家具更是细腻复杂。普通民居则仅在门楼檐部或过厅隔扇门上做木雕饰，且手法简单，只做平雕或浅浮雕（图2-3-72）。

3. 石雕

石材质地坚硬，既耐磨又耐蚀，常用于贴近地面易被磨损的部位，如柱础、台阶踏步、门枕石等。将其露明部分进行雕琢加工，便可大大增加构件的装饰性从而成为石雕艺术品。豫中范围内西部低山丘陵区多石材，故石雕用量及工艺水平都高于石材资源匮乏的东部平原地区（图2-3-73）。

门枕石是承托木门及其门框的石质构件，豫中传统民居中的门枕石有两种。一种是普通屋门使用的四四方方的小型门枕石，另一种是大门、二门使用的大型门枕石，其外侧基座上常坐抱鼓石或石狮子。门枕石可简可繁，最为简单的仅用一小块素面方石垫于门下，烦琐复杂的有像康百万住宅区中院二门前的三层门枕石。其底层须弥座包袱皮上浅浮雕雕刻凤凰牡丹图案；中层须弥座束腰拉长，上刻尊师敬老的人物故事图案，形如宫灯；顶层趴着一只卧狮，闲适慵懒。

柱础也是石雕艺术重点刻画的对象。柱础有覆盆、覆斗、圆鼓与台座四种基本形式，几相叠加后可演变为上下叠涩中有束腰的须弥座式样。普通民居中的柱础形式多为简单的圆鼓形式，豫中地区西部的巩义与登封则常用须弥座式，富裕人家的柱础形式更是多样且雕刻图案复杂。

郏县冢头明清建筑群的装饰题材主要来自民间文化，多为花草纹样、动物纹样、人物纹样、文字纹样等吉祥寓意的图案。一般应用于结构构件的美化、门窗细部及室内家具等。工匠们对这些承重构件进行简单的雕刻，使其达到功能与艺术的统一。

此外，红石的使用是平顶山地区，尤其是郏县传统民居的一大特色。红石不仅是结构构件，也是成为装饰的主体，给灰暗的砖墙增添一份亮色，改变了北方民居院落内部色彩的灰暗感觉。如图所示，红石雕刻多分布在柱础、门窗等处。

图2-3-70 豫中地区墀头部位的装饰实例（来源：王晓丰 摄）

图2-3-71　康百万庄园中精美的木雕装饰

图2-3-72　豫中传统民居中常见木雕装饰

（二）彩画

油漆彩绘历史悠久，是中国传统建筑中的重要装饰形式，但由于封建等级制度的严格约束，彩画在普通民居中几乎难以看见。

豫中地区现存比较有代表性的地方彩画在登封城隍庙，其做法是在斗栱、梁檩、额枋等主体框架部位，刷一层灰底色，用黑白两色双勾法绘出不同图案。额枋多绘连续卷云纹；大斗的耳、腰部分绘卷云纹，斗底绘仰莲等花瓣；梁栿两侧绘行龙云气，底面绘单鳞状纹饰；檐柱与金柱油漆朱红色。另有一种规格较高的彩画，使用红、蓝色和少量刷金（或贴金），绘出行龙和类似官式建筑彩画箍头和藻头中的图像；也有类似南方苏式彩画内容的花鸟、虫鱼、山水、人物和文房四宝等，但在图案的规划布局、内容和设色等方面与官式彩画和苏式彩画明显不同。

除了部分家庙宗祠、旧时官员的府宅等建筑外，豫中民居中的彩画多为封建社会结束后才出现的，多出现在门楼木雕、梁架装饰构件、门窗等部位（图2-3-74）。

图2-3-73 豫中地区石雕实例

图2-3-74 豫中民居中的油漆彩绘（来源：王晓丰 摄）

图2-3-75 豫中地区的山花（来源：王晓丰 摄）

（三）灰塑

灰塑原是南方民居中常用的手法，但豫中传统民居的砖雕艺术中包含有塑的成分，其做法是在白灰中加入麻刀，工匠用瓦刀在未烧制之前对坯料塑形，烧制后再简单雕镂。一些脊饰构件就是用这种做法制成，陡板砖坯上粘接灰塑花朵烧制而成带有装饰的实脊构件。康氏祠堂二门立面上的装饰图案也是灰塑的做法。除此之外，豫中地区还有在山尖用大面积的灰塑图案装饰山墙的习惯（图2-3-75）。这些图案一般左右对称，寓意丰富，有倒置的"瓶升三戟"、铜钱、寿字、蜻蜓、卷草等纹饰，舒展大气。有的地区不讲究图案，仅在山尖抹出白色的三角形。灰塑山花的做法多是在白灰中加入麻刀直接在青砖山墙上抹出图案，做法简单却经久耐用。康百万庄园中还有一种用石灰、砂子、蚌壳调制涂抹的做法，此种做法质地细腻，做工更为考究。

第四节 豫中地区传统建筑特色与价值

一、嵩岳建筑

嵩岳建筑就是指河南的世界文化遗产之一的登封"天地之中"历史建筑群，这个建筑群以豫中地区的中岳嵩山为景观和文化依托，集中分布在太室山、少室山周边40余平方公里的区域内，真实地保留了中国历代礼制、宗教、科学和教育等各种类型的代表作品，在历史上成为这些建筑类型的初创制度和形式典范，并凝聚着东方一个具有深远、广泛影响的文化传统的核心理念、信仰、科技和建筑艺术，综合体现了一种东方文化的悠久历史和突出成就，具有突出的普遍价值。

尤其是其中的礼制建筑和佛教建筑，随着山岳祭祀礼制与佛教在中国和亚洲的传播，不仅影响了这些地区的礼制和宗教建筑的规格制度，而且影响到了地区的文化传统。"天地之中"历史建筑群具有多样性和集中性的特点，反映了中岳嵩山地区在文明起源和文化融合中的核心角色，2010年

8月1日，在联合国教科文组织世界遗产委员会第34届大会上，登封"天地之中"历史建筑群被列入世界遗产名录，包括太室阙、启母阙、嵩岳寺塔、少林寺建筑群（常住院、初祖庵、塔林）、会善寺、嵩阳书院、观星台等8处11项历史建筑及其壁画、碑刻。（图2-4-1）

二、古都文化

豫中地区因区位和历史原因，从夏商到北宋是古代都城的集中区之一，形成了豫中古都群，其范围在今登封、新郑、新密、荥阳、巩义、郑州、许昌区域内，从夏、商（早商）、

太室阙

启母阙

少室阙

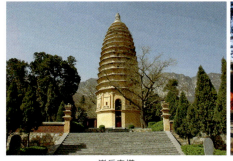
嵩岳寺塔

少林寺建筑群

会善寺

嵩阳书院

观星台

图2-4-1 嵩岳建筑群的重要历史建筑（来源：王晓丰、张文豪 摄）

管、郑、韩等多次为都，历时达千年之久。《左传·庄公二十八年》有曰："凡邑，有宗庙先君之主曰都。"即凡是有宗庙的城才能称为都城。

而中国目前发现最早的版筑夯城——西山古城，5300~4800年前即在郑州诞生，标志着中国城市建设的起步。西山古城是圆形城制的滥觞，体现了从仰韶文化早中期的环壕聚落到龙山时期方形城制的过渡形态。新密古城寨是保存最好的史前古城，是一座标准的方城，城内发现的大型廊庑式宫殿基址不仅与城墙方向一致，而且开二里头文化大型宫殿建筑之先河。郑州商城始建于公元前1600年前，是商王朝开国之亳都，是迄今发现的第一座有一定规划布局的都城，其他还有登封王城岗遗址、郑韩都城等（图2-4-2）。

三、楼院民居

楼院民居是豫中地区最典型的民居形式。中原文化历经千年的融合，逐渐固化了传统思想中的伦理观念。豫中楼院民居能够在建筑组合的层面上充分表现出尊卑、长幼、男女、内外的区别，最能满足对建筑伦理的要求，因此楼院民居自然成为所处中原文化腹地的豫中地区民居的主要类型。豫中地区地理区位优越、地理环境多样、人口密度大等条件使豫中楼院具有建筑密集、房屋高大、建筑类型丰富、技艺体系完整、现存民居沿革长、名宅众多等特点。

（一）体系完整、类型丰富

豫中地区现存有大量保存完好的传统民居建筑质量高、类型全，集中体现在：

（1）村落层面：村落格局完整，现存大量的寨墙、寨门、老街、庙宇、戏楼等传统村落元素，可以较为完整地展示原有村落的整体格局；

西山古城

新密古城寨

郑州商城

图2-4-2 豫中地区的古都遗址

(2)院落层面：现存大量保存完整的传统民居院落，这些院落门楼、倒座、厢房、正房、窑洞等风貌完整，展现了院落和建筑单体之间的空间格局；

(3)单体建筑层面：大量单体民居建筑保存完整，屋架、屋面、墙体和柱础、台基等原状保存，包括清代的木雕、斗栱、砖雕等装饰构件，展示了豫中地区的营造技艺（图2-4-3）。

（二）历史沿革、文化属性

豫中民居起源早，沿革时间长，与河洛文化的发展密切相关，体现在三个主要方面：

（1）民居沿革

豫中位于黄河中下游，处于我国第二阶梯向第三阶梯的过渡地带，位置始终，气候温暖宜人，是早期人类理想的栖息地，从新石器时期开始了居住文化的发展历程。新郑

图2-4-3　豫中传统建筑体系完整（来源：王晓丰 摄）

市裴李岗村发现的文化遗产中有几处穴居房基，从这些遗址的发掘情况来看，人们的居住形式开始由天然洞穴转向半穴居。仰韶文化遗址中的郑州大河村遗址是人类由半穴居向地面建筑发展的例证，标志着由单一空间向多空间组合发展的新阶段，奠定了中国北方传统民居建筑的基本形制。龙山文化时期人们生活资料有了节余，从而出现了城址。登封王城岗遗址及其他城址的发掘，说明当时夯土技术已经得到推广应用。

原始社会后期私有制产生，开始了阶级分化，形成奴隶制社会，产生了国家。此时的传统建筑也有了新的发展，出现了宫殿。郑州商城遗址中发现版筑墙体，说明版主技术已经开始应用于房屋建筑。一般民居以地面建筑为主，但仍保存了一部分半穴居居住形式。周代之前无砖瓦，居住建筑仍处于"茅茨土阶"的阶段，但已经形成排列整齐的承重木柱，为后来的木构架体系奠定基础。周朝虽有筒瓦、板瓦出现，但大量的普通民居仍是葺屋（图2-4-4）。

（2）选址中的传统环境观

民居营建的第一步便是选址，在古人看来，选址是建房的关键，选址的好坏会直接影响到居住者的生活、命运，而且还关系到后代子孙的昌盛和家业兴衰。传统环境观念对豫中民居的营建影响极大，豫中民居极其注重与周边山川河流等诸多自然要素的相互关系，注重趋利避害，注重人与自然的关系。豫中传统聚落近水、居高、向阳等特点均由传统风水理论直接影响。最常见的"背山面水"、"坐北朝南"的选址与布局其实都与传统环境观有着直接关系（图2-4-5）。

仰韶遗址

郑州商城遗址

郑州商城遗址

图2-4-4　豫中传统建筑历史沿革

图2-4-5 豫中传统建筑的环境观

（3）营建礼仪

首先是动工要择吉日，选择黄道吉日开工就是带有开工大吉的美好寓意，以及对今后生活平安、顺利的美好期望，因此备受重视。最为隆重的是房屋上主梁和窑洞"合龙头"的时候，巩义地区上主梁的时候通常会为主梁系上红布条，同样，窑洞"合龙头"的时候也会用红布、五彩线系在合龙头的石头上，过程中还会燃放爆竹，仪式感极强（图2-4-6）。

（三）合院布置、适应自然

豫中地区位于豫西山区向豫东平原的过渡地带，大部分地区是以多层楼式单体为主的楼院式民居。院落的基本组合形式是河南地区分布最为广泛的四合院和三合院。这些院落大多轴线明显，正房坐中，倒座相对，两侧厢房对称分布（图2-4-7）。

（四）房屋高大

豫中地区交通便利，也是兵家必争之地，历史上战乱频繁，经济实力和安全需求，使在平原地区多建楼院民居，院落入口在河南传统民居的整个宅院的修建中占有特别重要的地位，是设计和装饰的重点，多为高门楼形式，即门楼高度高于倒座。宅门一般按照传统风水理念"辨正方位"后，设于宅院的四隅方位，从而形成"坎宅巽门"、"离宅乾门"、"震宅坤门"、"兑宅艮门"等。

在荥阳、郏县、禹州等地多见二层、三层和四层建筑的楼院民居，河南层数最高的传统民居建筑位于叶县龚店乡常李村，系明朝举人李士林所建。现存两进院落，楼屋坐东向西，共3间5层，高18.44米。整个建筑为砖、石、木结构，每层的西、北、南侧均有看门。该楼在村中鹤立鸡群、登楼远眺可见十里。据说李家媳妇登上此楼可眺望到娘家，故称"望娘楼"（图2-4-8）。

图2-4-6 豫中传统营建礼仪：择吉、上梁、放炮

图2-4-7 豫中适应自然的合院布局（来源：王晓丰 摄）

图2-4-8 豫中楼院民居中的高大房屋（来源：王晓丰 摄）

第三章　豫东地区传统建筑及其特征

　　豫东地区地处河南东部广阔的黄河冲积平原，历史文化厚重。开封、商丘均为国家历史文化名城，商丘曾经是商朝的早期都城之一，开封更是中国八大古都之一，以北宋建筑文化为特色，归德府和开封城墙是河南保存最好、最完整的古城墙，其历史街区、古建筑和传统民居遗存数量多、价值高，是城市发展中重要的文化遗产。周口淮阳是伏羲故都，鹿邑是老子故里，有"华夏先驱、九州圣迹"的美誉，老子、墨子、庄子、惠子等古代圣贤名人均诞生在豫东地区。

　　由于豫东地区地处黄河中下游平原，黄河的水患影响着豫东地区的聚落和建筑的选址。以城摞城闻名的开封古城和睢县、柘城、淮阳等城市都因历史变迁而留有城湖和水系，是豫东水城的代表，成为豫东城镇聚落形态的一大特色。

第一节 豫东地区自然与社会条件

豫东地区，区位优越，交通便利，包括开封市、商丘市、周口市3座地级市以及永城市、兰考县、鹿邑县在内的省直管县（市）。豫东地区相对于河南的其他区域有独特的自然环境与社会文化环境，历史上因黄河多次改道和水患频繁，形成了豫东地区城镇独特的水城形态（图3-1-1）。

一、自然条件

（一）地理气候条件对豫东传统建筑的影响

豫东地区与河南省其他区域相比整体地势低且平坦，属黄河冲积平原，面积广阔，土地肥沃，全区总面积28929平方公里，其中平原面积占全区总面积的99%以上。有丰富黄土资源，为传统建筑的重要材料——黏土砖的生产提供

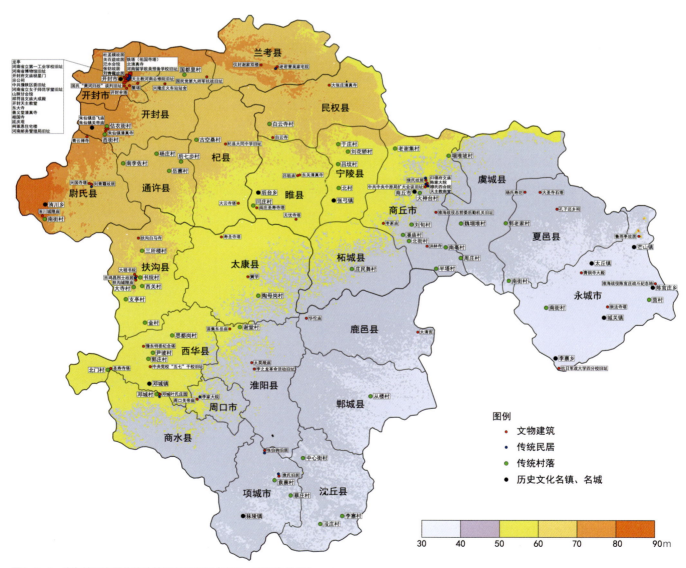

图3-1-1　豫东地区主要传统建筑分布示意图（来源：马睿晗 绘制）

便利。

豫东地区属于暖温带大陆性季风气候，半湿润半干旱。冬冷夏热，冬天多西北风或东北风，建筑组群布局中多坐北朝南。

全国建筑热工分区界限从该区南侧的周口地区穿过，大部属寒冷地区，因此该区域对建筑保温要求较高。

豫东地区汛期雨量丰沛、径流集中，年际变化较大，且往往集中在几次大的暴雨洪水，特别是秋伏大汛，易引起洪涝灾害，影响了该区域传统建筑的屋面形式，多采用双坡屋面，利于排除屋面雨水。

（二）黄河水患对豫东传统建筑的影响

豫东地区绝大部分属淮河流域，仅北部临近黄河的少部分区域属于黄河流域。豫东北部紧邻黄河大堤，黄河在该区域内为地上悬河，全靠堤防约束，每逢伏秋大汛，如防守不力，轻则漫溢决口，重则河流改道。

据统计，从公元前602年起至1938年的2540年间，黄河下游决口泛滥达1590余次，较大的改道有26次，平均三年两决口，百年一改道。另外，黄河在历史屡屡被作为战争的棋子，决黄河水成为战争的手段。自公元前281年秦军决黄河攻魏至1938年抗战期间决黄河阻止日本侵略军西进，黄河被人为决口达10次之多。黄河的决口泛滥和改道给豫东地区的老百姓带来数不清的灾难，同时对该区域的建筑活动也带来巨大的影响。

（三）黄河水患对豫东传统城镇城防体系的影响

由郭城、外城、内城等构成的完整的中国传统城市防御体系主要作用是战争时有效的防御功能，然而在豫东地区这一城市防御体系更大的作用是防洪水之患。

开封城就是通过城、郭、沟、池阻挡与疏导水患的绝佳实例。

开封的郭城又叫防洪大堤或护城大堤，始建于元代延祐六年（1319年），建成于明景泰二年（1451年），周长40公里，堤宽六丈，高两丈余。当年，堤上五里一亭，派有专人看守，堤两侧则广植树木，以防止堤土流失。护城堤的高大雄伟及其功能与作用，以至于人们已经忘记它的郭城性质。它的体量是我国任何一座古城的郭城不可比的。

据文献记载，开封城被水多次围困，而洪水进入城内次数并不多，可见开封城墙防洪的作用。

黄河水患在开封城建史留下诸多印迹。开封古城俗称"卧牛城"，与防洪水有关，牛五行属土，土克水，以"卧牛城"名称呼开封城是当地百姓对城市防水患的美好希望，另外开封城北部的开宝寺琉璃塔又叫"铁塔"，城北不远处铁牛村的镇河"铁犀"均与水患有关，五行中铁生水，铁为水之母，子不犯母也。

开封郭城与城墙内外遍植高大树木，在抵御风沙方面也起着很大的作用。

开封古城在防水患的另一措施是特别重视疏导的作用。开封古城内宋时有四大运河，即金水河（亦名天源河）、五丈河（亦名广济河）、汴河、蔡河（亦名惠民河），政府规定每年都要按时对河道进行疏通，以保证这些河流在黄河洪水或降水水患来临时帮助排洪，缓和水患对城市的威胁。

总之，豫东地区传统建筑是受到当地自然地理环境因素影响的结果，这些因素包括地形、地貌、气候、气象、水系、地质等条件。

二、社会条件

社会文化因素是人类建筑区别于动物巢穴的根本，建筑不仅要满足人们物质上的要求，更是满足人精神上的要求的产物。因此，政治、文化、宗教、生活习惯等，都密切影响着建筑技术和艺术，文化的取向在某些时候可以决定人们对待建筑的态度。

社会文化环境在以下几个方面决定着豫东地区传统建筑：

（一）社会文化环境对豫东传统建筑选址的影响

古代"风水"是择地选址的依据。它强调以"地理五决"择地定位，以获得良好的地势、地貌、地力、地利的基地条件，确定利于采光、通风、日照的"方位"和"朝向"，择近水之地以利生产、生活、交通与造景；强调天造地设的环境本质，强调居住环境要"藏风聚气"、"负阴抱阳"，以达到居住与自然生态的平衡。所有这些都是豫东村落、宅院以及阴宅选址"风脉"优劣的关键因素。

（二）社会文化环境对传统建筑空间布局的作用

以"礼"为中心的儒家思想，要维护贵贱、尊卑、长幼、亲疏有别的理想社会秩序，且人人都要遵守符合其身份和地位的行为规范。建筑正是这一理想社会秩序的重要载体，从形象、布局等方面帮助确定这样社会秩序，要充分体现尊卑、长幼、男女、内外的区别。因此，传统建筑在统治者的安排下，"礼"的意识融入传统建筑的方方面面，从王城到宅院，从内容到布局。

传统建筑四合院中的主体建筑"堂"、两厢、倒座以及辅助建筑"廊"都是尊卑有序布局的结果。四合院的建筑布局与空间组合是对"礼"制的形象化表述。决定房间大小与位置的主要依据不是使用的需要，而是使用者的身份在群体中的地位，以家长为核心，其他人按照与家长的远近亲疏赋予不同的活动空间，反映出在建筑布局中礼制观念高于实际生活的特点。

传统文化所提倡的"孝"、"忠"，要求人们居家要孝，为国要忠。在建筑方面提倡聚族而居的大家庭生活方式，为尊卑、长幼提供"孝"的空间条件；严格限定建筑的规格、等级以达到社会等级分明，为国尽"忠"，这些传统建筑的发展大都是以礼制思想制度为基础的。

（三）社会文化环境对传统建筑构架与装饰的影响

传统建筑结构和构造与它的平面布局一样，同样是按照严密的组织层次建立的，并受到其所处地域文化特点的影响而产生不同的特色，表现出自己的个性。

北方官式建筑的结构方式以抬梁式为主，历代建筑制度对于抬梁式房屋的大小、构件长短都有一系列的规定。按照当事人的爵位、品级、有官与无官等身份而制定不同的建筑等级，不同的建筑等级有其相应的屋顶形式、开间、斗栱、装饰，否则就是违法行为。

早在春秋战国的《考工记》就有匠人职司城市规划和宫室、宗庙、道路、沟洫的严格的等级规定。北宋将作监李诫奉旨修编《营造法式》，把建筑的等级制度推到一个前所未有的高度。清《工程做法》对建筑的各种做法规定的更为细致，装修、石作、瓦作等做法，各种用料与做工都有具体而详细的解释。这种等级制度对建筑型制的要求，在官式建筑中表现较为突出，但在民间建筑也可以达到制度要求的形制来显示其尊贵与富贵。

建筑等级严格而不可逾越，要表现自己富有的要求时，往往通过建筑局部的雕镂刻画来满足。集木雕、石雕、砖雕为一身的商人会馆在这一点上表现尤为突出。砖雕多集中在照壁上、建筑屋檐部；石雕集中在照壁心、抱鼓石、石香案、柱础等处；木雕多集中在檐檩、斗栱、和随梁枋处，有些建筑的大木构件为了追求雕刻的效果，几乎忽略建筑力学的要求。如开封山陕甘会馆就是豫东地区木雕、石雕与砖雕技艺的典型代表。

（四）社会经济条件对豫东传统建筑的影响

河南自古以来是中国的农业大省，豫东地区更是河南的重要产粮区。以农业为主的经济结构决定着该地区的经济地理环境，由这种经济结构孕育的农业文化与农业文明是一种亲情、和谐、中庸的伦理文化，它从容淡定但有些保守。

豫东平原地区交通便利，历史上水路和陆路运输便利，近代以来南北与东西方向的铁路与公路密集交汇，密切了与全国的经济联系，经济活动的增强对该地区传统村落的分布、村落的内部组织形式以及村落中传统建筑的形制都有深刻的影响。

早在秦汉时期，豫东就有由洛阳经荥阳至陈留，沿战国时魏国开凿的鸿沟南下，以抵长江入太湖地区的路线。大梁（今河南开封）、睢阳（今商丘县南）等，正是这一时期这一交通干线上涌现的经济都会；东汉时修治了从荥阳至徐州彭城入泗水的汴渠（今开封境内），取代鸿沟成为豫东地区南北水运的干线；隋代沟通了黄、淮、海、江、钱塘五大流域，形成以开封为枢纽的"人"字形大运河；宋代又以开封为中心开凿了蔡河、五丈河、金水河等，与汴河合称为漕运四河。

尤其是汴河（又名汴渠、通济渠）是我国古国沟通黄河与淮河的主要运河，是南北交通的动脉干线，唐至北宋的都城供给都依这条运河运输江南的粮食和贡品，"漕引江湖，利尽江南，半天下财富并山泽之百货，悉由此路而进"。汴州（开封）、宋州（今商丘）、雍州（今杞县）、永城等当时一些重要的商业聚落都会都是沿这些水道分布的。

豫东又是多种原料的产地及南方手工业品、生活用品的销售市场，只要有安定的社会政治环境，商业活动就会迅速发展。

商业活动带来物质与文化的交流，对传统建筑型制的影响最为显著的方面表现在商业会馆。商业会馆建筑表现出地域传统建筑与商人家乡地方特色的双重属性。商业会馆建筑在豫东地区府州县或市镇都有兴建，其中，开封山陕甘会馆为全国现存八十余座会馆类建筑中的杰出代表。

总之，一个地域的经济结构及经济活动的情况是该地域聚落选址与建筑建造等许多方面的基础条件。

第二节　豫东地区古城镇与乡村聚落

一、豫东古城镇空间格局

豫东平原地区属黄河中下游，受黄河长期水患泛滥影响较大，每一部城镇地方建设史，就是一部古代城镇应对黄河洪涝灾害的城镇变迁史，区域内的每一座城镇在历史上都有被黄河洪水冲决、淹没或被迫迁移的记载，有的城市为避水患竟三迁其址，有的被洪水淹没泥沙堆积达6～7米之深。因而，黄河在下游的泛滥淤积对城镇社会生活的改变、对人类文明进程的影响都是不言而喻的。

豫东地区古城镇在历史时期绝大多数都是地方的府州县城，具有较强的政治色彩。它们产生、发展的诱因并不是建立在地方经济自然需求基础上的聚集，而是根据政治管辖、军事防卫等方面的需要而建立起来的地方行政中心。

城市空间的构成要素及其空间区位特征决定着古城空间的基本格局。由于明清以后的城墙营建已广泛采用砖石包砌方式，其防御能力和经受风雨侵蚀的能力比以前夯土版筑的城垣大为提高，因此，豫东平原现存的古城大多都是明代修筑、清代拓展修补的遗存。因而，保存至今的多数古城镇体现了明清时期地方城市空间结构特征。地貌平展，少受地形限制，古城形态呈规则类型，显示出中国传统城市空间结构上的基本特征——城郭方正、街区井然、轴线清晰、礼制建筑居中等独具特色的基本特征（图3-2-1）。

1. 古城多数呈方形或接近方形，一般四面开设城门，后期在城门外形成以商业贸易为主导的沿街关厢区。形成城外关厢、城厢并立的总体平面形态特征。

2. 古城内部道路多为正南北向和东西向相交的棋盘网格状，南北或东西主干道直通城门，形成城内交通骨架。古城内部空间布局整体感强，多数城市建置建筑都具有明显的轴线对位关系，轴线主要依托贯穿或接近城市中心的南北主街展开。

3. 城市的中心多形成十字或丁字街口，并作为衙署、钟鼓楼、市楼或学官等政府统治中心建筑和标志性建筑的布局场所。城市中心区以外的其他地方，沿街主要布置寺观庙宇、商肆店铺、大户府宅等，而平民百姓多位于街道背面的街坊小巷之中。

4. 城内为防雨涝积聚，古城地势常垫土形成中间高四周低的微起伏地势，中间高处称隅首，城内四角偏僻洼处开辟城内坑塘，以利封闭古城的自然排涝御洪。

5. 为防御黄河洪水隐患，多数在城墙外围一定范围内堆土设置圆形的护城堤（又称城郭），在城堤与城墙之间形成城湖，由城墙、城湖和城堤共同构成"三位一体"的洪水防御体系（图3-2-2），以商丘归德府古城最为典型（图

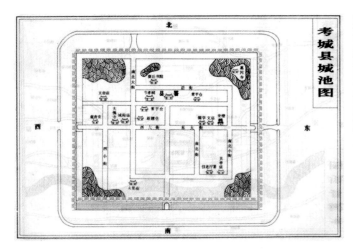
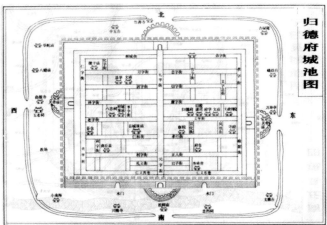
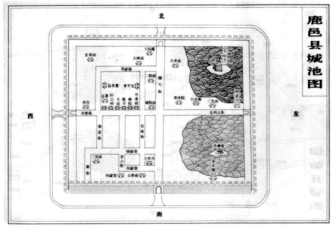
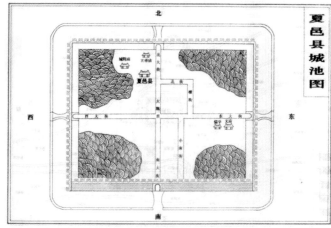

图3-2-1 豫东古城平面（来源：《归德府志》）

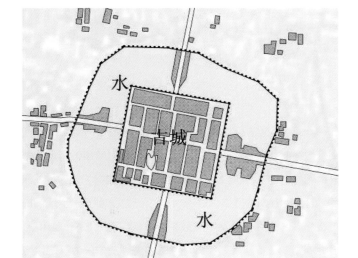

图3-2-2 豫东古城洪水防御体系

3-2-3、图3-2-4）。

二、豫东乡村聚落及其变迁

乡村聚落是古代人类生存条件中的重要组成部分，聚落选址最为重要的两个条件是自然环境因素和聚居精神信仰，两者既是自然环境的反映，也是人类文化差异的表现。前者包括土地、水源、地理、气候等因素，后者包括选址中的风水观念、宗族信仰、村落俗神崇拜等因素。位于黄河中下游的豫东地区的乡村聚落由于经常遭受黄河水患侵袭，选址上为避水患具有择高而居特征，在空间形态还具有较强的防御功能。从豫东平原乡村聚落的构成要素、形制结构及民风民

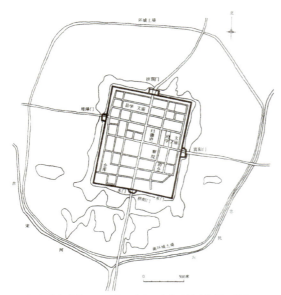
明朝归德府（来源：潘谷西《中国古代建筑史》第四卷）

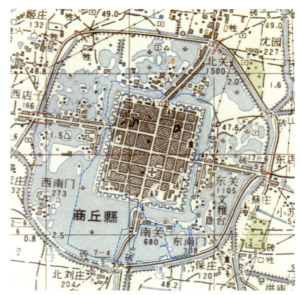
20世纪60年代商丘归德府古城（来源：商丘古城管理委员会）

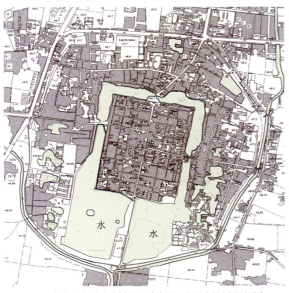
2007年商丘归德府古城平面（来源：商丘市规划设计院）

2008年商丘归德府古城卫星图片（来源：商丘古城管理委员会）

图3-2-3　商丘归德府古城空间形态演变对比

俗上看，许多村落都具有对外防御、围合，对内封闭、内聚的形态特征，最为典型的为平原村寨聚落。

（一）豫东聚落防御空间

豫东平原聚落的防御意识，从文化生态的角度看，与原始时期积淀的潜意识着密切相关。从现实生存的角度看，自然地理环境和特殊的历史背景强化了这种潜在意识。首先历史上中原地区战乱频繁，农民起义不断，土匪倭寇横行，周边少数民族入侵成为该地区民众强化防御意识的内在原因。其次，长期的黄河水患特殊环境造就了古代先民的防御智慧，对外为避水患对内为除内涝，形成了寨河、寨墙及内部坑塘的防御特色。因此，安全防御成为平原家族聚落布局的重要特征。乡村

图3-2-4　商丘归德府古城全景（来源：《商丘史话》）

民众为保持日常生活的稳定安宁，每个村寨依据所处的地理位置和特殊地形，修筑由寨河、寨墙所包围的村落被称为村寨或堡寨。村寨只留有四门与外界相通，门上设有机关，寨外有寨河，寨门处设有吊桥，有专人把守，使堡寨壁垒森严，易守难攻，可谓"一夫当关，万夫莫开"。这种村落防御体系的形成和布局是以防御为目的的乡村民众生活的防御空间，它将平原型村寨的防御意识发挥到了极致。

（二）豫东平原村寨聚落

村寨是一种由官府倡导、民间响应，带有军事防御色彩的聚落类型。中原地区地势空旷无自然屏障可依，为防倭寇盗匪侵扰，保护本村村民财产安全和生活太平，常常选择在地势相对较高处"打寨"而居。"打寨"即民间打墙筑寨的意思，其形式以聚落所处的地形和规模大小而各异。横筑厚厚寨墙，中开设寨门。规模小的多以木栅围之，规模大的则以黄土夯打而成，所以，建寨俗称"打寨"。还有的地方将寨墙称为"寨圩子"，圩子外面又有深丈余、宽数丈的水沟，俗称其为"寨海子"。这种集"寨墙"或"寨圩子"、"寨海子"、"门楼"于共同构成了村寨聚落的基本模式。

与城市建设一样处处渗透着对外防御的思想，形成对外防御，对内封闭的居住村落。村寨由寨墙、寨门、寨河将村寨界分内外，寨墙高约10米、宽约3米，远处看去十分坚固厚实。寨墙上开设一至四寨门不等，寨内各种设施齐全，建筑一般包括三类，一是民房院落，占据绝大多数面积；二是公共设施，主要是老井和坑塘，满足村内居民生活用水和雨季排除村内洪涝之用；三是神庙祠堂建筑，是村民在兵荒马乱年代的心灵寄托，根据各地习俗不同，主要有关帝庙、土地庙和村属名门望族的祠堂。平时村民生活在寨内，外出种田时由寨门及寨河上的启闭的吊桥出行，整个村寨生活秩序井然，空间格局完整，上千口村民居住在这样一个特定空间限定的村寨里，居民能从这种村落格局中获得心理上的安全感和领域归属感，在相距不远的村寨之间突遇盗匪围攻时彼此还能相互照应。与其他类型村落相比，具有独特的民俗文化特征，形成了人工营建的独特村寨类型。特别是在清咸丰年间捻军四起，社会动荡，清政府强令四乡巨室大族修寨筑堡，对抗捻军。从文献资料和考古发现资料来看，聚落筑城有阻挡水淹、防止野兽侵扰和抗击敌对势力侵犯等多方面的目的。随着时间的推移，尤其在新中国成立后，社会安定村民安居，村寨的御敌防卫功能日渐减弱，寨墙逐渐被拆平，寨河日渐填没，但在一部分村落的名称中仍然保留着一些寨字，如李家寨、赤眉寨等遗俗。

一般而言，在豫东平原地区由于周边地势平坦，较少受到自然地理要素的制约，多数村落布局规则整齐，受古代"井田制"的潜在影响，村落造型和民宅奠基均按照"十"字为中轴，以"井"字间隔布局，相互依托，宅界相连，整个村子以共同的街道为限，从"十"字中街道两边排列，户与户相连，屋与屋相接，呈现出寻求平衡、协调和统一，与均质化的地域环境相一致。豫东平原村落类型中，大部分都是自然蔓延型，堡寨村落并不占据主体，只有在村落中具有一定经济实力、有社会地位的大家族居住或村子中有撑管门面的人出头组织，才能动员大家齐心共筑村寨，并保护村寨的安全。

（三）豫东聚落择高而居

豫东平原属华北黄淮海平原的一部分。自古就有众多的丘陵、高岗、河流和湖泊。宋元以来，在黄河历次改道决口南泛、淮河支流冲积及各种自然和人类活动的综合影响下，才形成了现在大区地形平坦，小区地形起伏的平原地貌。由于自古多洪涝、多雨水的自然灾害原因（图3-2-5），豫东

图3-2-5 受黄河水患影响的豫东传统民居、室内地坪低于室外

平原历史上就有择高而居的传统习俗，形成了府县城镇、村寨聚落在选址时有意建在高处以避水害。历次文物普查和考古发掘，都发现新石器时代的古文化遗址均坐落在古河道两岸的丘岗台地之上，如龙山文化时期的平粮台遗址，坐落在高出地面3~5米的台地上。这种具高而居的生存方式是华北平原地区先人生存的地物特征，可概括为"丘居"、"筑台"和"坑塘"等文化现象。

1. "丘居"文化

"丘居"也称"居丘"即早期人们选择平原上的小丘陵作为最理想居住地的生存方式，《说文》释丘曰："土之高也，非人所为也，人居在丘南，故从北"。"非人所为也"，即为自然地势。这就向人们揭示了远古时期先民们为防水患而选择丘岗、高台而居，并居住在高坡之南，向阳之处。这就形成了中华民族的房屋建筑坐北向南、冬暖夏凉的历史渊源。

城市地名是人类对某个地理实体所赋予的语言、文字符号。古代地名来源和居住习惯总是受到地理环境影响的，如商丘地名源于商始于族，后加所居自然地形之丘，而为丘商或商丘，后来丘发展成为聚居之地。成为我国早期著名都城之一。其地名的形成正是反映了地名形成这一基本规律。

通过分析，可以认识到"丘"与聚落和城市起源的文化意义，概括为[①]：

这些古丘地多分布在渭河下游及济水之间的黄河下游地段的华北平原上；

远古人类多住在丘地上，反映人们抵御洪水的方式和当时人们对自然环境的依赖性；

由于黄河的泛滥、改道，许多古丘地被淤埋地下，成为历史地名。研究绝迹的古地名的分布规律，可以勾画出古代社会的本来面貌，成为研究古代社会历史的依据；

古丘之地不仅是人类聚居之重要地域，而且是大多古国都、州、府、郡、县的治所所在地，这些古文化遗址与古文

---

① 郑东军. 释"丘"——中国传统聚落文化解读[J]. 南方建筑，2006（4）7.

明的发祥和大的历史事件紧密相连；

社会因素和历史原因是判定天下名丘的主要依据，而丘地大小之地利因素则相对次要。

2. "筑台"习俗

"高台建筑"是"丘居"观念的延伸和发展。在春秋战国名丘林立的时代，为防洪不断堆筑加高，居丘的现象十分普遍，大多城邑还保持了居丘观念的影响[①]。

据考证不少城邑中的台乃是据丘而造，即利用原有高地筑台而建，筑台有两种含义，一是城址选建在土台高岗上，二是城中的宫殿庙宇建造在高起的土堆上，这正是高台建筑的前身，这种营建思想对于经常遭受洪水侵袭的豫东平原地区有着特殊的生存意义。形成了黄河冲积平原上的高台居住的独特地理景观。由则高阜而居，到高台建筑，其防水作用十分明显。黄河下游号称"悬河"，洪水一旦泄出，则势如破竹，瞬息千里，田园村舍立刻化作汪洋一片。频频的黄河决溢，使沿岸居民形成了一套独特的居住方式，能够以一种简易、有效的自救方法，在洪水中求得生存。在滞洪区为修筑了大量的围村堰和避水台，以备洪灾等特殊时期急需之用，包括许多古城挖河取土垫高城池、垫高宅基地等习俗做法都出自这种文化传统。

3. "坑塘"景观

坑塘在中原地区最初多是低洼处形成的一种自然水坑，后来缺水地区村落因借地势发展成蓄积雨季雨水所挖筑的村落设施，池塘的位置往往位于村落的低洼处或神庙、祠堂的背后，平时村民洗衣建房、牲畜饮水都取自于它，有的池塘也建在庙宇背后，结合庙宇的集聚功能，往往成为村落的公共开放空间，关键时刻还可以当作神庙的预防火患的蓄水池。这些池塘的存在，给干旱、贫瘠的豫东平原村落带来了许多生活的灵动和平旷大地上的乡村园林般的意境，提高了古村落的生存意义，是村民在干旱多洪灾环境中探寻到的简便易行的一种生存策略，其中蕴含着丰富的民众用水、防水思想和文化内涵。可概括为"一塘多用"：一是夏季暴雨季节，便于储水排涝，每逢雨季，各家院子里的雨水流向街道，街道的水汇聚起来流向低洼处的坑塘，如果村内没有一个容纳大量雨水的洼地坑塘使之很快排泄，对于四周寨墙封闭的村寨来说就会形成洪涝灾害的危险，这时的坑塘起到了拦蓄洪水，调蓄雨水，防灾防汛的作用；二是中原地区普遍缺水，一年四季缺水时间长，坑塘把雨水汇集起来，经过沉淀澄清之后，可作为村民洗衣、牲畜饮水的好地方；三是坑塘也是古老村落夏季纳凉聚集的好去处，能够改善当地小气候，涵养地下水源。坑塘常结合村落中的巷道、小径、节点等连续性的交通线路使村落空间层次分明而富于变化，形成起、承、转、合的村落空间韵律。

先人们的"择高而居"文化习俗主要还是对防止洪水灾害的一种本能反应，人们居住在湖泊或河流周围，择高而居，这种"居高傍水"的择地方式，既可以达到取水方便，又可以避免洪水的侵害，是先民们主动适应与充分利用地理环境的一种表现形式。充分反映了人类对周围生存环境变化的适应以及对自然灾害所采取的防护措施。

第三节 传统建筑单体与群体

豫东地区传统建筑单体以"间"构成一个基本单元，通常把两榀梁架之间的空间称为一间。"架"是指屋架上檩条的数目，亦即代表了进深的长度。每一根檩为一架，架数愈多，进深越大。河南传统建筑的间架尺度有地区差别，豫东地区普遍较大，如厅堂或一般正房开间一丈至丈一，主架进深丈五。豫东地区传统建筑的空间以"间"为单元构成单体建筑，以单体建筑围合构成院落，以院落作为建筑空间的基本构成单元，以院成组、以组成路、以路成群，形成不同规格、不同规模的建筑空间。

[①] 萧红颜. 居丘、起坟与筑台 [J]. 建筑师，2006（4）.

一、豫东地区传统建筑单体

豫东地区传统建筑单体的构成形态可以分解为平面构成、剖面构成和立面构成。

（一）豫东地区传统建筑平面

豫东地区传统建筑单体平面以"间"为单位，由间构成单座建筑，而"间"则由相邻两榀梁架构成，因此建筑物的平面轮廓与结构布置都十分简洁明确，人们只需观察柱网布置，就可大体知道建筑室内空间及其上部结构的基本情况。这为设计和施工也带来了方便。由若干"间"沿面阔方向组合成长方形平面的房屋，是传统单体建筑平面的一大特点。这种平面建造便捷，使用方便，是传统建筑平面的主流形式。一座房屋通常有一间、三间、五间甚至多间，一般为奇数间。奇数在中国传统文化里是阳数，有阳刚的属性，可以平衡室内之阴；还有一个重要因素就是奇数可以维持明间居中，两边对称。

根据建筑单体形制的差异，可以细分为不同的类型。按平面形式的不同，豫东地区传统建筑平面主要有以下几种形式（图3-3-1）：

1. "一明两暗"基本形式

"一明两暗"的基本形式，即面阔三间、五檩进深，大多为抬梁式硬山建筑。"明"即客室，有的兼具祭祀功能；"暗"即卧室。根据建筑层数和屋顶形式的不同，可以细分为：单层坡屋顶、两层坡屋顶和两层平屋顶三种形式。单层坡屋顶形式是"一明两暗"中最为常见的基本形式，较常用于正房、厢房和倒座等各个位置；两层坡屋顶形式，室内用木楼梯联系，较常用于正房，也有用于厢房的，围合成楼院形式；两层平屋顶形式，屋顶可上人，用于正房，主要是以防御功能为主。

2. "一明两暗"出前檐廊

"一明两暗"出前檐廊形式，同样是面阔三间、抬梁式硬山建筑。根据建筑层数和出前檐廊形式的不同，可以细分为：单层外出一步廊、单层外出挑檐廊、两层外出一步廊和两层外出披檐廊四种形式。该形式大多用于正房，也有用于厢房的，其中以单层外出一步廊的形式最为常见。

3. "一明两暗"出前后廊

"一明两暗"出前后廊形式，与"一明两暗"出前檐廊形式类似，只是多了一步廊，俗称"前出后抱"。通常为单层，多用于过厅位置，前檐用隔扇，后檐为砖墙，用板门和坎窗。

4. "明三暗五"基本形式

"明三暗五"基本形式，即面阔五间、五檩进深，大多为抬梁式硬山建筑。与"一明两暗"的基本形式类似，根据建筑层高和屋顶形式的不同，同样可以细分为：单层坡屋顶、两层坡屋顶和两层平屋顶三种形式，较常用于正房和厢房。

5. "明三暗五"出前檐廊

"明三暗五"出前檐廊形式，在"明三暗五"基本形式的基础上明间改为出廊的形式或在一层加披檐廊。通常为两层，用于宅院最后一进院的正中，为堂楼，也有单层的，室内会用夹山墙分隔。

6. "明三暗五"出前后廊

"明三暗五"出前后廊形式，在"明三暗五"基本形式的基础上前后出廊，通常前檐或者明次间的三间为隔扇和坎窗，后檐为实体墙，室内用隔扇或者隔墙进行分隔。

豫东地区传统单体建筑以三间为多，三开间单体民居源远流长，早在魏晋和隋朝时期，河南就有非常明确的三开间民居形象，不仅有正房，也有厢房，在社会上成为单体建筑的典型形式，也成为历代典章制度规定的法定形制。从唐代"六品、七品堂三间五架，庶人四架"起，到明代"六品至九品，厅堂三间，七架"，"庶民庐舍不过三间五架"等规定中，也可想到六品以下官员到黎民百姓自然是社会人群的绝大多数，他们的宅舍也自然地占据全部宅舍总量的绝大多数。因此，三开间单体建筑是量大面广的基本形制。侯幼彬先

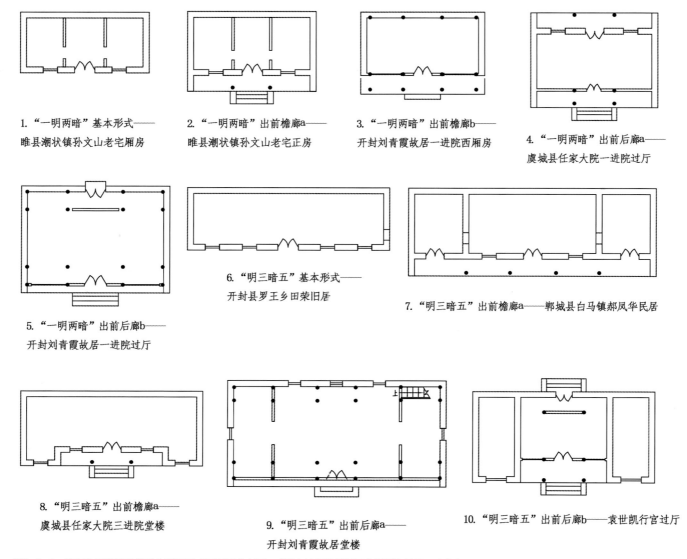

图3-3-1 豫东地区传统建筑单体平面形式示意图（来源：《豫东地区传统民居的类型与特征研究》）

1. "一明两暗"基本形式——睢县潮状镇孙文山老宅厢房
2. "一明两暗"出前檐廊a——睢县潮状镇孙文山老宅正房
3. "一明两暗"出前檐廊b——开封刘青霞故居一进院西厢房
4. "一明两暗"出前后廊a——虞城县任家大院一进院过厅
5. "一明两暗"出前后廊b——开封刘青霞故居一进院过厅
6. "明三暗五"基本形式——开封县罗王乡田荣旧居
7. "明三暗五"出前檐廊a——郸城县白马镇郝凤华民居
8. "明三暗五"出前檐廊a——虞城县任家大院三进院堂楼
9. "明三暗五"出前后廊a——开封刘青霞故居堂楼
10. "明三暗五"出前后廊b——袁世凯行宫过厅

生对这种三开间单体建筑又有精辟总结：（1）提供适宜的实用面积；（2）满足必要的粉饰要求；（3）具有良好的空间组织；（4）获得良好的日照通风；（5）可用规模的梁架结构；（6）有利组群的整体布置等六项长处。在封建社会时期，单体建筑间数和架数都是等级制度控制的具体量化指标，庶民以三间五架为限。但是上有条律，下有对策，豫东地区传统建筑中的厅堂或正房多以明三暗五的形制营建，即为巧妙对策，这也说明了传统建筑单体平面设计的灵活多变性。

豫东地区还存在特意设立耳房增加住房面积的方式，开封民居中有三间一耳的平面布置，在豫东地区的叶氏宅院和任家大院均有实例。

（二）豫东地区传统建筑剖面

单体建筑剖面反映着房屋的高低、进深大小、梁架类型与屋面坡度等几个主要方面。传统建筑当层数一定时，其剖面在很大程度上取决于梁架的架数、出廊的方式和举架高低

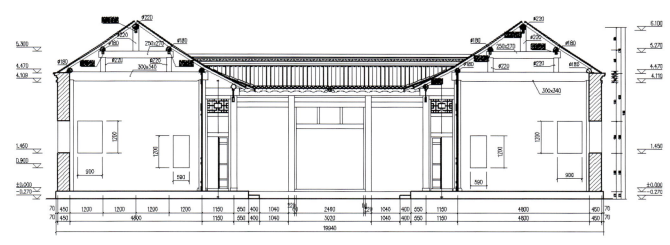

图3-3-2 刘青霞故居东院三进院横剖面图（来源：《豫东风土建筑研究系列之一开封风土建筑与地域文化研究》）

等等。在步距一定的情况下（正房步距一般为4尺，合1.28米），架（檩条）数越多，进深越大，屋顶也越高。豫东地区传统建筑木构架类型主要是抬梁式，单体建筑层数以单层为主，也有部分实例有二层楼房。豪门大户的楼房上层是以储物为主，居住为次。传统建筑的剖面可以说不拘一格，同样是灵活多样（图3-3-2）。

（三）豫东地区传统建筑立面

"屋有三分"是对传统建筑的立面概括，分台基、屋身、屋顶三部分。这是对整座房屋水平层次的划分，与土木结构材料和木结构为主要承重体系相适应，具有丰富多变、美观的形体。传统单体建筑的另一个特点是平面、结构、造型三者的不可分割性，例如在决定一座房屋的进深时，必须同时考虑它的屋架用什么长度的梁和用几根檩条，而在画立面时必须首先确定剖面梁架，否则难以在立面上得出屋顶的高度，所以，传统建筑是没有独立的立面设计的，也就是说建筑物的外观必须和它的平面、结构同时考虑。

豫东地区传统建筑屋身和屋顶是构成立面美的重要部分。传统建筑的屋顶因受封建制度制约，以硬山为主，由于民间构造做法多样、装饰题材丰富、局部造型不拘一格，具有强烈的艺术感染力。传统建筑的屋身也同样富于变化、异彩纷呈，如周口叶氏民居房屋立面高大，如处理不当，则会出现单调、呆板，失去居住建筑强调的亲切宜人之感。他们利用常规的立面构图要素：窗口、门洞、檐口、披檐檐廊等，成功地解决了这一问题。大厅院的倒座立面为清水墙面，高大平直，而设计者把门洞口设为半圆砖拱券，两边方窗洞口对称。上层三个窗洞口中间大而方，两边小而圆的形式。通过这种形状的简单变化与大小的对比，取得了良好效果。二进院的厢房和正房也用上述手法，又加上明间的披檐廊，消除了墙体的高大平直感，尤其是后院的堂楼立面，底层檐廊下八边形窗洞配宽大的窗套，二层的仿木架假檐廊和大小不等、形状不同的窗口映衬，把9米高的墙面装饰得活泼秀丽（图3-3-3）。正是房主和工匠们巧妙利用了上述变

图3-3-3 叶氏民居堂楼正立面（来源：李丽 摄）

化，为处在高楼深院里的人们营造了温馨的居住空间。

二、豫东地区传统建筑群体布局

豫东地区传统建筑以土木为主要材料，单体建筑的体量不宜过分高大，将这些单体建筑通过有机组合，形成院落是传统建筑的普遍现象。用院落把单体建筑组合起来的方式是传统建筑千百年来发展积累的结晶，具有很强的适应性和功能优势。四合院这种住宅建筑传统的布局样式，在豫东地区的使用已经有很久的历史，早在北宋时期已相当广泛。名画《清明上河图》中就有住宅数处，都有门楼房、厢房等，其主要特征便是"前堂（厅）后寝"所构成的四合院。

传统建筑的朝向与我国冷空气流向相适应，避西北寒风，冬纳南来阳光，夏迎东南凉风是宅院选向的优先条件。尤其是一望无垠的豫东大平原，寒流袭来无所遮挡，非常注意宅院坐北朝南，基本是豫东地区传统建筑的主导方位。在有地利条件的地方，还非常注意按传统风水理念进行"辨正方位"、"相形取胜"，另外街道走向也是决定院落朝向的重要因素。

豫东地区传统建筑院落布局根据合院的形态特征与院落的数量，进一步细分主要有以下几种形式：一合院、三合院、四合院、多进合院、多路合院（图3-3-4）。

一合院主要分布在乡村中，由于经济的原因，院落及建筑单体形制比较简单。院落通常由正房、大门以及围墙共同围合而成，有些建有单开间的厨房。院落往往十分宽敞，能满足晾晒粮食、摆放农具等的生活需求，正房大多为"一明两暗"的三开间建筑，形式简单朴素，体现了豫东地区传统建筑注重实用功能的特点。

三合院比一合院多了两侧的厢房，没有倒座房。根据大门位置的不同，有大门位于中轴线和位于侧边两种类型。大门位于侧边时，往往是因为院落前方有建筑，而把大门与厢房紧邻设置。院落的宽窄根据用地大小有所不同，建筑形式也会根据家庭经济条件的不同而有所差异。

四合院是较为常见的院落形式，大门通常与倒座相连，位于倒座中间或者倒座东侧。院落布局形式更加完整，由大门、倒座、两侧厢房和正房组成，有时正房两侧建有耳房，院落通常较为宽敞。院落中建筑的等级、装饰的复杂程度以及使用功能会根据建筑所在的位置有所差异。

多进合院是由三合院或四合院组合而成的大型院落，院落数量根据需求从两进院到四进院不等，豫东地区传统建筑院落以三进合院居多。院落的功能也有用于接待、主人居住、杂役居住等的差别，体现了传统居住文化中内外有别、尊卑有序的特点。

多路合院，通常由两到三路并列的多进合院组成，其中，以主次院并列的院落较多，为一主一次或一主两次的布局形式。这主要是受到传统家族观念的影响，具有血缘关系的人往往聚族而居，相邻的宅院由于主人之间的关系（父子或兄弟）而有主次之分。

豫东地区传统建筑按照当地自然环境和生产活动的需要，庭院大多为开敞式，院落普遍较宽，属于宽型院落，庭院与建筑的高度比上往往有1∶1.5，有的甚至1∶2。以开封刘青霞故居为代表，正房露脸宽度在两间至两间半最为常见。按两厢房檐口之间的尺寸衡量约在6～7米的范围内（图3-3-5）。商丘、周口两地的传统建筑院落宽度又明显增大，正房露脸宽度为三间（图3-3-6），如商丘清初才子侯方域故居，正房开间尺寸很大，庭院显得很宽敞。商丘、周口两地的庭院宽度一般9～11米之间。

形成宽型院落的原因有多种，但是在开封及其以东的广大地区，有民间传说"山不压窗"的讲究。即正房的窗户为眼睛，遮挡了正房窗户，对小孩的眼睛不好，易患眼疾。在此观念影响下，豫东地区厢房的前檐墙一定要退出正房窗户之外的，以避遮眼之讳。这一客观效果就起到了院落宽敞、对正房采光有利的作用。此为其一；其二，河南境内广大的黄淮海平原地区，历史上自然与人为的水患频发，如抗日战争初期蒋介石下令炸开郑州花园口黄河大堤，致使豫皖苏40多个县成为泽国，就是人为的水患。战争历朝历代不断，对这一地区破坏极为严重，地广人稀。明清时期再次开发，这里就成为土地资源相对丰富的地区，人们自然会把宅院建大

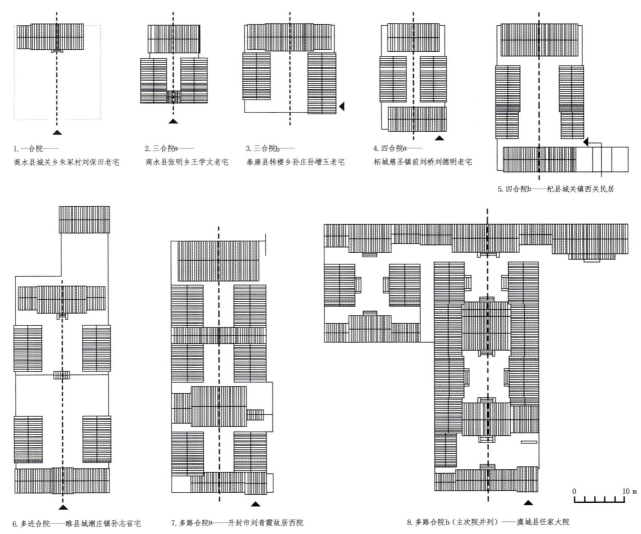

1. 一合院——
商水县城关乡朱冢村刘保田老宅

2. 三合院a——
商水县张明乡王学文老宅

3. 三合院b——
泰康县转楼乡孙庄孙增玉老宅

4. 四合院a——
柘城慈圣镇前刘桥刘德明老宅

5. 四合院b——杞县城关镇西关民居

6. 多进合院——睢县城潮庄镇孙志省宅

7. 多路合院a——开封市刘青霞故居西院

8. 多路合院b（主次院并列）——虞城县任家大院

图3-3-4　豫东地区传统民居合院形式示意图（来源：《豫东地区传统民居的类型与特征研究》）

图3-3-5　开封刘青霞故居正房露脸宽度（来源：于光祖 摄）

图3-3-6　商丘侯方域故居庭院（来源：于光祖 摄）

一些。久而久之，成为一种约定俗成的建筑形制流传下来。

豫东地区传统建筑采用中轴对称的方式，纵向组合就是通过轴线把每一进的院落沿纵向串联起来，这是传统建筑最常用的组合方式，也是组成院落空间的常用手段。以正房所在轴线为主导，纵向组织多个庭院，纵向发展、连续递进，形成一条串联的院落空间。在轴线上，院落空间并不是简单的重复，而是通过庭院空间大小、规格等级的变化，把公开性较强的外院与私密性较强的内院串联起立，庭院空间相互组合穿插成有机整体。这种组合方式有主有次，并通过庭院前后、大小、空间变化，形成有韵律感的空间层次，创造出整体性强、构图完整、组合有序的院落空间。一些大型的四合院院落，常采用纵横向轴线组合的方式。纵、横向组合是指将多个纵轴庭院空间，以并列的方式横向连接在一起，多用于大型宅院。横向组合方式以轴线上的纵向组合庭院为基本单位，称"一路"。通过轴线平行组合或者垂直组合的方式，形成前后有序、左右交融的庭院空间系统。横向组合往往形成不同的层级关系，以中间一路作为最主要的空间序列，是公共性的活动空间，主轴线的院落也是整个庭院的主院落，气势庄严，宽大敞亮；主轴线上围合庭院的单体建筑也是整个宅院建筑规模等级最高的，建筑细节装饰也是最为华丽。

庭院空间横向组合，形成分区明确、联系方便、亲和友情的序列空间，也体现了家族内部等级有序的伦理制度。每个纵横轴线系统也有自己的主院落，并通过各个轴线院落之间的尺度大小、比例关系以及庭院四周围合建筑单体的体量、规格、等级之间的差异形成对比，体现各轴线院落之间的主从关系，形成含蓄舒适的并列式传统庭院空间系统。豫东地区传统建筑平面布局虽然也强调轴线，但并不像北京四合院那样强烈。豫东地区传统建筑不像北京四合院那样通过抄手游廊将建筑联系在一起，而是在正房、厢房面临庭院一侧设檐廊，作为从庭院到室内的过渡空间。

开封刘青霞故居是比较典型的豫东地区传统民居建筑，至今保存尚为完好。整个院落建筑中，主房与配房之间，主院（后院）与中院、前院之间，室内外高程、脊高檐高均有

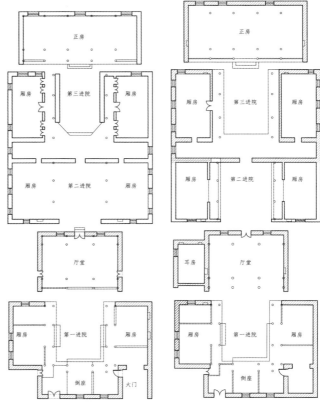

图3-3-7 刘家大院东西院落平面图（来源：李岚洋 绘制）

差别，主房最高，中院次之，前院最低，显示出整个建筑层次分明，错落有序，及主尊配卑的等级观念。在整个建筑平面上另一个特点是，大门以里整个建筑东侧有一纵贯南北的通道，因此，不但一进大门向西进前院，沿中轴线各门直通中院及后院，而且也可以一进大门向东进入南北通道，通过侧门进入中院或后院或者直达后花园。使交通更加方便，布局更为合理（图3-3-7）。

第四节 传统建筑营建与技术

土、木在长期的营造活动中，一直是主要材料，是建筑的根本，这与中国的"土木"成为营建工程的代名词应有直接渊源关系。豫东地区石少黄土多，木材有限。传统建筑材料主要以黄河泥砂作为建筑材料，这些自然因素决定了其结

构形式，豫东地区现存建筑结构形式主要为砖木混合结构，建筑以木材、砖、瓦为主要建筑材料。

一、传统建筑材料

豫东地区地处黄河中下游流域，黄土资源丰厚，该地区传统建筑多遵循就地取材的原则，大多以砖（青砖或土坯砖）、瓦、木为主要材料。

木材：木材一直是豫东地区传统建筑重要的原材料之一。木材竖置有很好的耐压性能，横向有优良的抗挠曲性能，适于房屋结构，易加工又适于各式各样的小木作。远古时代，中原这块土地属亚热带气候，森林茂密，盛产木材，曾有热带动物大象在此繁衍生息，河南简称"豫"与此有关。黄河中下游流域盛产榆树、槐树、柏树、楝树、杨树、泡桐树等等，这些都是民居建筑中常用的优良木材。豫东地区传统建筑中优选地方树种榆木做梁和檩条，槐木、楝木生长缓慢，成材多为檩材。尤其是楝木，因性涩苦而不招虫蛀，更为优良。枣木坚硬，常用作农具。椿木、杨木、桐木易加工常用于小木作。民间建筑以就地取材为主，因而传统建筑中也因地方林木种类而取舍，如周口一带盛产泡桐，袁世凯故居中的柁梁与檩条则以桐木为主。

砖瓦：早在周代，河南就有用瓦的先例。唐宋时期，中国古代建筑体系已相当成熟，砖瓦脊饰等构件品类规格多样，制作方法、使用规则等都在《营造法式》第12和15卷中作为制度明确规定下来。《营造法式》是官式建筑的规范，民间建筑则自由一些。现存豫东地区传统建筑中的砖瓦规格并不统一，尺寸悬殊较大。有的还不成模数，只因砌墙以顺砖为主，不碍使用。条砖主要用于房基与墙体，方砖主要用于铺地，还用于屋顶望砖。

石材：青石因其色泽深灰、灰黑与传统砖瓦颜色基本一致，加之易于开采、抗压性能和耐久性都很好，因而广泛用于建筑的基础、墙身、台基、阶石、路面等等。此外，它还是生产石灰和水泥的主要原料。豫东地区由于石材资源较少，因而石材运用较少，主要用在抱鼓石、柱础和阶条石处。

土坯：土坯在豫东地区传统建筑的墙体中也有应用，土坯的原料为黏土，随地可取，技术含量低，自己动手肯下力气便可制作出墙体砌块，不需或很少花钱。大部分的土坯制作方法是：取土→和泥（比较稀的泥，有的还加入少许碎麦秸以提高土坯强度）→装模→脱模→晾干待用。随地方不同，土坯用料和制作方法也各有不同。

根据经济条件的不同，建筑材料使用的情况有所不同，较突出的表现在墙体材料差异上。按材料的不同，墙体主要有以下几种：青砖墙体、土坯墙体、青砖与土坯墙体、青砖与石材墙体。墙体厚度大多在400至600毫米之间，保温隔热效果较好。

二、传统建筑结构形式

豫东地区传统建筑结构形式按承重结构的不同，主要有三种结构体系：1）梁柱承重的抬梁式木构架体系；2）砖木混合承重的抬梁式木构架体系；3）砖墙承重的抬梁式木构架体系。木构架的诞生源于原始居住建筑，当木材进入短缺时期，俗语云"物以稀为贵"，木材稀少，就必然昂贵。人民要居住而财力又有限，势必想尽各种办法以廉代昂，早期民居中的土承重墙就是鲜明的例证。明清以来，砖在民间的大量应用，推动了民居承重结构的巨大变化。由完全木构架体系，发展到木构架与墙体结合的承重体系，进而又发展到墙体承重体系。豫东地区现存传统建筑的承重结构类型，主要是这三种。

（一）木构架承重体系

中国古代建筑素有"墙倒屋不塌"的特点，这是对完全木构架建筑的恰当描述。这里所说的完全木构架，是指水平与竖向承重构件全用木材。木构架承重体系历史悠久，在民间也有广泛基础。这种结构形式，使得盖房先搭架而后围护或分隔，墙体除承担自重力外，不承担屋顶荷载，所以墙倒屋不塌。豫东地区现存传统建筑绝大多数为清代建造，清代人口急剧增加，房屋随之大量发展，木材也相对贫乏。梁柱承重的木构架体系在传统建筑中已是少量。豪门大户以及官吏家的房屋有的还保持着木构架承重体系，如开封刘青霞故居的部分房屋仍是完全木构架承重体系。豫东地区传统建筑中的木构架中主要使用抬梁式木构架类型。抬梁式木构架是沿房屋进深方向在石柱础上立承重柱，柱顶端架梁，再在梁上皮向中心内退一步架的距离立置两根瓜柱，瓜柱上再横置较短（比下层梁短两步架）的梁。根据需要，可依此法重叠三根乃至四根梁，梁的根数越多，房屋进深越大。最后在顶层梁上立脊瓜柱，构成一榀三角形木构架。在沿房屋面阔方向用枋连接相邻两根立柱（包括瓜柱）的顶端，并在各层梁头和脊瓜柱上搭置纵向檩条。最后在檩条上等距密排椽子，构架全部形成，自然构成的坡屋顶，就成为中国传统建筑外形的主要特征之一。豫东地区的开封相对更接近官式建筑的大木小式，主要使用的木构架有以下几种形式：

五檩四步架进深木构架：五檩四步架进深，三间五架的房屋在传统民居中量最大，硬山屋顶若前后封檐，构架就简化的只剩上面的抬梁部分；

六檩前檐廊式构架：六檩前檐廊式构架所形成的房屋前坡大后坡小，前檐低后檐高。常用于较小的正房。豫东地区的院落较宽，厢房也多用这种构架；

七檩前后廊式构架：七檩前后廊式构架，传统建筑中的主要厅堂是这种构架。只有七架进深，才能接近主要厅堂平面"方三丈"的要求。不过，豫东地区的厅堂几乎都是后封檐，檐墙代替后檐柱承重，即成为七檩前廊简化构架；

在商丘与周口两地范围内构架变异性就大一些，图3-4-1所示的即为变异型抬梁式构架，其中：a是在五檩等距的构架中廊步另加一根檩，变为双步廊，这是商丘穆家四合院的厢房构架实例；b、c、d三种为中间步距大，双步廊步距缩小，如c型中间四步等距均为1.28米，廊宽1.9米，步距0.95米；b为穆家四合院的绣楼构架实例；c为虞城任家大院中院厅堂的构架实例；d为商水叶氏宅院大厅楼构架实例；e为袁世凯行宫过厅；f型是袁世凯故居中堂楼构架实例，大

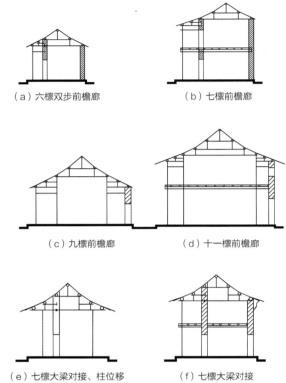

（a）六檩双步前檐廊　　（b）七檩前檐廊

（c）九檩前檐廊　　（d）十一檩前檐廊

（e）七檩大梁对接、柱位移　　（f）七檩大梁对接

图3-4-1　变异型抬梁式构架示意图（来源：李广伟 描绘）

梁由两根直径不等的短木在墙体中对接。以上这些抬梁式构架实例都用承重墙代替了柱子，实际上成为既有变异，又简化的构架，地方手法更多一些。

传统建筑各地有各地约定俗成的规矩和习惯，不那么统一，结构与构造设计随机性也比较强，如周口一带的额枋形状（图3-4-2），即遵循通行的T形式样，又在立枋前脸上贴一块板材，周边打圆角，形成雕刻的额枋形象，地方性更强。

上述各式抬梁式构架，有两个重要参数即屋顶坡度和

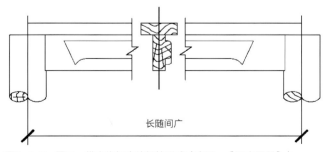

图3-4-2　周口一带木构架中的额枋形式（来源：《河南民居》）

步（檩）距相对统一：屋面坡度通行的标准为"一丈起三尺"，步距一般为0.9~1.5米，其中0.9~1.2米常用于厢房，1.1~1.4米常用于正房，主要厅堂取较大尺寸，较大的厅堂则多为1.2~1.5米。

（二）木架与墙体结合承重体系

这种承重体系是指柱和墙体共同承担屋顶荷载，分三种情况：其一是柱+山墙承重，即山墙部位的山面梁架和柱被山墙取代，一堵山墙承担半间屋顶荷载；其二是柱+山墙+后檐墙共同承载，亦即在其一的基础上后檐墙部位的柱被墙体取代，此种情况所见较多，既用于厅堂，也用于部分前檐廊的厢房；其三，以墙体承重为主，前檐廊檐柱落地，檐柱承担很少的荷载。

（三）墙体承重体系

即房屋无檐廊，前后檐墙直接承托屋架大柁，山墙直接承托檩条，四面墙壁都承重。水平受力构件仍用木材，抬梁式梁架简化为只有抬梁部分。为了进一步节约木材，又发展了人字形梁架。河南地方语称前者为"重梁起架"，后者为"插手梁架"。这种简化了的木构架房屋，在当代北方农村民房中占绝大多数。

在豫东地区使用较多的"一明两暗"和"明三暗五"的基本形式，均为砖墙承重体系，一般为五架抬梁式屋架结构；而"一明两暗"和"明三暗五"出前（后）廊的形式则以砖木混合的承重体系为主，也有使用木构架承重体系的，主梁架多为抬梁式五架梁。如开封尉氏刘青霞故居以砖墙承重的抬梁式木构架结构为主（图3-4-3），墙体直接承檩，

有叉手。仅在披檐廊和门廊用砖木混合承重的抬梁式木构架结构。这种现象在豫东地区较为常见，很大程度上是受当时河南地区木材短缺的影响。

第五节　传统建筑装饰与细部

传统建筑装饰具有鲜明的艺术特征，即建筑及其构件的功能、结构、与艺术的高度统一性。纵观传统建筑各个部位的装饰，它们的产生几乎都与构件本身紧密结合，凡露明的构件都是经过美的加工而后成为装饰件。小的如瓦当、滴水，大的如月梁、梭柱、梁枋头部的菊花头、麻叶头等等。小木作更是经过精心处理，就连格扇门窗棂条看面的形状也要是指甲圆面。这些构件的加工处理都是在保证自身功能原则下进行的，显得贴切自然毫不勉强。

豫东地区传统建筑装饰艺术也极具特色，装饰题材内容丰富多彩，艺术种类繁多，雕刻技艺深湛，具有很高的艺术价值和观赏价值。实现这些装饰的手法主要有雕刻（木雕、石雕、砖雕）、粉刷与彩绘甚至是文字。

一、装饰部位

豫东地区传统建筑装饰部位就院落而言，主要集中在大门（包括照壁）、正房、堂楼等重要的建筑单体上；就建筑单体而言，装饰部位主要集中在屋面（包括屋脊和屋檐）、屋身（包括柱础、门窗洞口、墀头、山墙山尖等）、台基处。

二、装饰题材

豫东地区传统建筑装饰的题材内容更是丰富多彩，文人、官宦人家有道德、礼制、寄情等内容，多数人家主要是以吉祥如意、家庭美满、富贵平安为主题。装饰题材主要可以分为文字纹样、花草纹样、动物纹样、人物纹样以及与

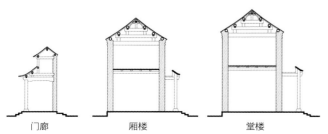

图3-4-3　开封刘青霞故居师古堂结构形式图（来源：桂平飞 描绘）

图3-5-1 开封延庆观玉皇阁屋脊蒙古勇士形象脊饰（来源：王晓丰延庆观布展翻拍）

日常生活相关的器物纹样等。虽然装饰题材较为多样，但大多是寓意福、禄、寿、多子多福等寄托美好生活向往的吉祥纹样。

开封延庆观玉皇阁作为元代建筑，也是河南地区现存唯一一处集汉蒙文化的道教建筑，其上采用的带有元代蒙古族文化的建筑装饰，也成了豫东地区传统建筑装饰题材中的独特实例。（图3-5-1）

三、装饰手法

豫东地区传统民居的装饰手法主要有木雕、砖雕、石雕以及彩画等，其中木雕和砖雕较为常见。彩画通常与木雕共同使用，用以保护木构件，颜色以红、黄、蓝为主，而石雕仅在柱础使用。

（一）木雕

建筑木雕艺术在豫东地区传统建筑中应用广泛，大多用于梁头、驼墩、额枋、雀替、垂柱、梁头斗栱、栱眼等大木构件，以及隔扇、门窗等小木构件中。从现存建筑情况来看，木雕装饰主要用于结构构件的美化加工以及由其演化的纯雕饰部件。结构构件的雕刻系指不影响构件的使用功能，经过美学加工而后成为具有装饰性的构件。这是我们中国传统建筑艺术的主要特征之一，即建筑功能、结构和艺术的统一。额枋作为结构构件，在官式建筑中额枋的装饰仅限于彩画，豫东地方手法建筑中有的额枋成为木雕的表现的重点对象，同时常出现木雕与彩画共同装饰的做法。开封山陕甘会馆的建筑木雕，可称国内建筑木雕的精品，木雕展示的部位主要在额枋、平板枋和雀替上。这些木雕由各种雕刻技法综合运用形成，并结合彩画装饰，其精美程度国内罕见（图3-5-2）。开封延庆观中的传统建筑木雕虽装饰相对简单，但其做法仍带有明显的豫东地方特点（图3-5-3）。周口关帝庙外檐斗栱下昂，夸张以后，利用上边有限的空间另雕出小动物坐于其上，显示出能工巧匠们的奇思妙想，极具观赏价值（图3-5-4）。

（二）砖雕

砖为陶制材料，比石材软易于雕琢，比木材坚硬耐侵蚀，适合在室外使用。砖雕是传统建筑中最为常见的装饰手法，并包含灰塑，主要用于影壁和大门侧面墙壁、门窗洞口及门楣、墀头、檐口以及其他部位。在正脊、垂脊兽和套兽以及有些较为复杂的墀头则采用灰塑以增加立体感。由于豫东地区传统建筑以砖为主要的材料，砖雕装饰是豫东地区传统建筑的主要装饰手法。就豫东地区的砖雕装饰来看，具有明显的砖石仿木的特征，尤其是封檐的装饰，更是明显带有仿照木构架建筑中斗栱、额枋、雀替等构件的特征。如叶氏庄园中的砖雕主要集中于屋脊、封护檐、墀头拔檐以及门楣、窗楣处，具有明显的砖石仿木的特点。

1. 影壁砖雕

豫东地区传统建筑的影壁，尤其是开封山陕甘会馆的巨型砖雕影壁，为河南现存砖雕艺术精品（图3-5-5）。开封山陕甘会馆影壁砖雕构图严谨，题材丰富，刀法细腻，巧夺天工。会馆乃商贾汇聚之地，"算盘一响，黄金万两"的商业追求（图3-5-6），以砖雕的形式表现出来。传统建筑表达主人的意愿，细细品读，耐人寻味。

图3-5-2 开封山陕甘会馆建筑木雕（来源：李丽 摄）

图3-5-3 开封延庆观木雕（来源：王晓丰 摄）

图3-5-4　周口关帝庙斗栱（来源：郑东军 摄）

图3-5-6　开封山陕甘会馆影壁算盘题材砖雕（来源：黄华 摄）

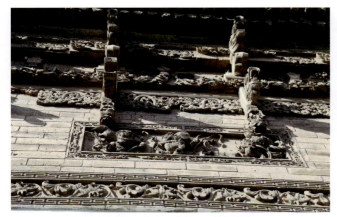

图3-5-5　开封山陕甘会馆影壁砖雕（来源：黄华 摄）

图3-5-7　开封传统建筑墀头砖雕（来源：王晓丰 摄）

2. 墀头砖雕

硬山墙的墀头砖雕遍及全国各地，是砖雕的重点表现部位，也是外檐装饰最强的部位。砖雕主要在戗檐及其上侧面的博风头上。雕刻题材既有常见的福禄寿禧、吉祥如意的内容，也有局部地方流传的民间故事（图3-5-7）。总之，都有深厚的文化内涵。就连博风头部的砖雕，相同的题材，形象差异也非常明显。

3. 门窗及门楣砖雕

门窗及门楣砖雕也是常见的装饰手法，各种建筑类型都有应用。商丘叶氏民居中的门楣砖雕之一，砖雕竹节框内分三层雕刻。上层题材为狮绳不断头，中间是菊花、牡丹，下层是松、鹿和蝴蝶采莲。墀头拔檐砖雕题材丰富，雕工更为精湛（图3-5-8）。

4. 其他部位砖雕

传统建筑中还有用于其他部位的砖雕，如前后檐墙封檐处的砖雕斗栱与栱眼壁，较为普遍。

（三）石雕

石材在以土木为主的传统建筑中一直充当配角作用，但石料作为构件，因其质地坚硬、耐磨又耐蚀，往往被用于房

图3-5-8 叶氏民居门罩砖雕

图3-5-9 穆氏四合院石狮（来源：于光祖 摄）

屋的关键而又显眼的部位。露明部位的石质构件经美学加工处理，即成为装饰性很强的石雕艺术品。传统建筑中的石雕应用主要集中于门枕石和柱础和檐柱，豫东地区传统建筑中石材用量较少，可能与平原地区石材缺少有关，石雕主要用于门枕石和柱础上，大多装饰较为简单。

1. 门枕石雕刻

门枕石是承托木门和门框的石质构件，门枕石的雕刻艺术将作为重点来描述。房门洞口所用的门枕石多为抱鼓石，抱鼓石是门枕石向外的延伸部分加以艺术化处理，成为入口的显著标志。抱鼓石是大中型门枕石的统称，有三种截然不同的形式，一是圆鼓形，二是立方形，三为狮子。圆鼓形门枕石是名副其实的抱鼓石，一般分为上下两部分。上部为圆鼓，系由大圆鼓和两个小圆鼓组成。大鼓呈鼓形，两边有鼓钉、鼓面。小鼓是大鼓下面的荷叶向两侧翻卷而形成的腰鼓部分。立方形抱鼓石又称幞头抱鼓石，属中型门枕石，多用于体量较小的二门，它由幞头和台座两部分组成，总高约65厘米左右，厚约30厘米。幞头上平面一般刻有卧狮或素平。幞头侧面及正面的雕刻由于不受圆形的限制，构图安排更为灵活方便，雕刻题材为吉祥类图案，鹤鹿同春、松竹梅等等。狮子抱鼓石民间称为"狮子门墩儿"。龙、麒麟与狮子都是备受炎黄子孙崇敬和喜爱的吉祥物，唯有狮子是

自然界的动物，也被大量用于建筑装饰。狮子以它彪悍凶猛的形象，勇猛威武之态势，忠实地为人们守护着大门（图3-5-9）。

2. 柱础雕刻

柱础为结构构件，有它的功能作用，也是石雕雕艺术的重点刻画对象（图3-5-10）。

传统建筑中石雕用量以及石雕艺术水平不太平衡，与石材资源的贫富直接关联。石材资源匮乏的豫东黄淮海平原地区应用范围小且艺术性降低，如门枕石则以门墩为主，柱础石形状也多为简单的鼓形。因这些地方无石也无石匠，使用石雕构件靠购买商人的大路货。

图3-5-10 穆氏四合院中的柱础（来源：于光祖 摄）

四、装饰细部

豫东地区传统建筑除了在屋面、屋身、台基等处通过雕刻和彩绘进行装饰以外，还有以下值得注意的装饰细部。

（一）屋顶装饰细部

以开封为中心的河南中东部地区，传统民居建筑垂脊的最下端，即房屋的四角几乎全部使用扭头，成为惯例（图3-5-11）。它是由砖瓦经雕刻叠砌而成，形象比仙人突出。扭头这一名称，各地叫法不尽相同，本书采用"扭头"一名，乃是开封对这一组件的形象称谓。扭头在流行的区域内，形状也略有差异，但总体形象接近。这一组构件也是河南民居檐角的重要特征之一。

（二）门窗装饰细部

商丘穆氏四合院因木隔扇用的很少，额枋简单，粗看不觉得豪华，细看内容不少，比别处民居更加注重细部装饰，如后院的柱础石雕，四种式样，又如后院厢房的龟背锦花窗九宫格布局，中间一格木雕（图3-5-12）为篆书寿字，下有牡丹烘托，另有仙桃陪衬，另八格为八仙木雕，甚为生动；再如前院过厅外檐口下拔檐处的砖雕，18块砖雕全为人物故事，各不相同，厅堂拔檐处也是这样的处理手法，另有雀替雕刻、抱头梁外端头雕刻等等，都很精到。穆家四合院的装饰效果可概括为"粗看不显眼，细看有内容"。

（三）栏杆、挂落

凡楼层形成外廊者必用栏杆。栏杆由扶手、栏杆柱组成框架，长随间广，两端望柱与檐柱连接，中间立柱与楼板也有连接关系。空档部分以棂条花格充填，并与房屋立面其他木装修相协调（图3-5-13）。挂落是安装在房屋外廊檐枋之下的木装修，以取代雀替，纯粹为装饰而设。挂落分为两种，一种是棂条挂落，一种是雕花挂落。棂条挂落易损坏，在豫东地区传统建筑中已难看到完整的形象，只留下垂柱的倒是不少。开封刘青霞故居雕花挂落两端有垂柱与檐柱连接，雕花版心镶嵌其间，并于檐枋下皮有卯槽联系固定。因用于雕花的板材比较厚且材质好，耐蚀性强，寿命也长。同院的棂条挂落无一完整，而重点部位的雕花挂落则大部分完整，两者比较，使用寿命有较大差别（图3-5-14）。

栏杆与挂落这两种木装修，均位于两檐柱间，又都处于人们的视觉集中处，因此，户主们在财力许可的条件下，也尽其审美之能争取更美，以提高建筑物的观赏价值。

图3-5-11　豫东传统建筑屋角的扭头装饰（来源：于光祖 摄）

图3-5-12　穆氏四合院中的窗扇木雕（来源：于光祖 摄）

图3-5-13 商丘穆家大院后堂楼栏杆（来源：于光祖 摄）

图3-5-14 开封刘青霞故居雕花挂落实例（来源：于光祖 摄）

第六节 豫东民居主要特征

豫东地区自古农业发达，文化底蕴厚重，是人类文明重要的发祥地。民居聚落在豫东地区分布广泛却又相对集中，颇有特色。豫东经典的民居聚落有经商的富豪所建，也有地主所建，无论是哪一种其建筑群的空间组合均秩序井然，院落布置都受到传统文化思想的影响，与社会环境、自然环境、传统文化环境相融共生。虽其选址均有"天时、地利、人和"之美，但其格局不尽相同，在建筑群落中表达了中国古代哲学中的传统思想，如开封刘家宅院、开封张坊故居、商水叶氏庄园、项城袁世凯故居、虞城任家大院、商丘穆氏四合院等，都可谓是豫东传统民居聚落的典范（图3-6-1）。

豫东地处中原腹地、黄河中下游平原，历史上河道纵横、水运发达，具备良好的农业和商业发展条件。因其地理位置优越，历来也是兵家必争之地，近代的抗日战争、解放战争对豫东民居造成了很大的破坏。至今还能留存下来的清代传统民居均为或显赫一时，或富甲一方的官商家族和官农家族。虽然这些典型的传统民居因其地理位置、家族背景等各种因素而各有特色，但总体看来豫东传统民居可总结出如下几个主要特征：

1. 主次分明、尊卑有序。豫东地区受传统儒家文化影响较深，大多民居的主院中轴线上的正房体量从前到后依次增大，高度也依次升高；同一条轴线上的房屋，前面的高度低些，后面高一些。左边厢房稍高于右边厢房，以体现左尊右卑的传统理念。正房与厢房、厢房与耳房之间，无论高度还是立面处理都有明显差异。主院与配院的房屋体量也有明显差别。

2. 庭院相对宽敞。民居的院落大小有很多讲究，虽然都处平原地区，但城市和乡镇的宅基地还是有很大区别的，那么为什么豫东传统民居的庭院相对宽敞？民间有这样的解释：正房窗户为眼睛，遮挡了正房窗户，对小孩的眼睛不好，易患眼疾。在此信念作用下，豫东地区厢房的前檐墙是一定要退出正房窗户之外的，以避遮眼之讳。这一客观效果就起到了院落宽敞、对正房采光有利的作用。

3. 结构相对规范。清末的民居建筑开始大量用砖，正处于房屋结构由"墙倒屋不塌"到墙体承重的转化时期。虽然传统民居的营建非常自由，但不管是位于城市中的开封刘家宅院、商丘穆氏四合院还是位于邓城镇的商水叶氏庄园、项城袁世凯故居、虞城任家大院等典型传统民居，豫东地区的传统民居在结构形式上有非常明显的官式特色，规范化程度高。

4. 装饰整体简捷、重点突出。豫东地区战乱、水患较多，人们不愿把大量资金花在带不走的房子上，而这些或显赫一时，或富甲一方的家族在建造自家宅院的时候就出现了一个很有趣的现象。豫东传统民居远观装饰很简捷，甚至很朴素，但进入庭院后，总会在不经意中发现一些非常精美的木雕、砖雕或石雕装饰，内敛中透出一丝奢华大气。

开封刘家宅院

开封张坊故居

项城袁世凯故居

商丘穆氏四合院

图3-6-1 豫东传统民居聚落典型实例（来源：郑东军、王晓丰 摄）

第四章　豫南地区传统建筑及其特征

　　豫南地区地处河南最南部，地处大别山北麓与淮河之间，具有"豫风楚韵"和"楚头吴尾"的文化特征，是河南本地的中原文化与荆楚文化、徽派吴文化在豫南地区交融形成本地独特的豫南地域文化。在山水环境、气候条件、人口迁徙、历史发展的共同影响下，形成了豫南山水文化突出的传统村落和传统民居建筑，如：新县的毛铺村、丁李湾村、王大湾村、西河村以及刘咀村、杨高山村等，在驻马店平原地区也形成许多水圩村落；近代中西文化融合集中的鸡公山别墅群，是国内三大近代山地别墅群；红色文化与名人故居遗存众多，信阳是革命老区，有着众多红色遗址和建筑，这些历史和文化根基，逐步形成了豫南地区传统建筑的特征。

第一节 豫南地区自然与社会条件

一、区域范围

豫南地区包含信阳市和驻马店市所辖范围。地处淮河流域，坐落于大别山和桐柏山两大山脉北麓。

二、自然环境

（一）地形地貌

豫南地区整体地势特征为南部和西部较高，由中山或深低山降到浅低山、丘陵，再降为山前波状平原及低缓平原。大别山脉和桐柏山脉分别位于豫南地区的南部和西部，主脊为豫皖、豫鄂的界岭。山体之间，河流侵蚀形成一系列谷地。山峰平均海拔千米左右，横亘在华北平原与江汉平原之间，山上山下四季常绿。山区以外为丘陵地区及山前波状平原区，位于豫南中部。

豫南地区河网密布，分属于淮河、长江等两大水系，且淮河为豫南地区水系构成的主要部分。淮河水系发源于桐柏山主峰太白山顶西坡的牌坊洞，于信阳王岗乡和高粱店乡交界的大坡岭东北麓进入信阳，其干流穿越信阳的7个县区。豫南地区属淮河中上游，淮河支流多分布在淮河南岸，淮河北岸支流多为坡水河道。由西北向东南汇入淮河，流经平原洼地，河身狭窄。这种地理环境造成豫南信阳山区村镇分布广，聚落面积小而分散，驻马店平原地区相对集中、聚落规模较大的特点。

（二）气候特征

豫南地区位于河南省东南部，全区处于南北亚热带向暖温带过渡气候带内，属于典型的季风气候。冬季温暖，夏季湿热，形成冷暖适中的气候特点，由此也形成了丰富多彩的自然景观。该地区日照充足、雨水丰富，适宜多种温带草类与亚热带林木生长。

三、人文历史

（一）历史沿革

豫南地区历史悠久，是华夏文明发源地之一，诸多姓氏源于此地。早在八千年前，淮河两岸就出现了原始农业，另有仰韶时期、屈家岭期和龙山期等多处遗址。自西周至春秋时期，豫南境内分封有申、息、弦、黄、江、蒋、蓼等诸侯国。如今，仍留有战国时期楚王城遗址、东周时期城阳遗址、番国故城遗址、周朝黄国故城遗址、西周至战国时期的期思故城（期思西周时为蒋国都城）遗址、蔡国故城遗址、周代古息城遗址、白公故城、赖国故城遗址、春秋高店故城遗址等。

（二）人口迁徙

豫南地区自夏代开始，先后迁来黄、息、曾、蒋等中原古老氏族。人口流动使迁入区原有的界域被打破，促成相距甚远的地理空间有了联系，移民将原住地的地理文化信息携带至新的地理空间，并与当地文化相互作用，从而为新融入的地域空间赋予新的内容。人口的迁徙使豫南地域文化更加丰富多彩、交融性更强。

（三）地域文化

豫南地区以农业经济为主。在新石器时代，当时的江淮流域氏族社会可能已有农业生产活动。夏商时期，豫南地区的农业生产得到进一步发展。

由豫南地区村镇名称即可看出，豫南集镇众多，曾经经济繁盛。如今的许多地名都反映出其手工业生产和商业贸易的活动，如：缸窑、油坊、瓦坊、粉坊、茶场、大木厂等地名就表明与豫南当地的手工业生产的密切关系，而如椿树林、栗园、毛竹园、柿子园等地名，则是体现了当地的物产情况。

第二节 豫南地区传统聚落空间与民居建筑

一、因水就势，背山朝冲

豫南地区传统聚落空间模式的形成受自然环境因素影响较大，其传统村镇聚落多体现为"因水就势，背山朝冲"的空间模式。这样的空间模式使村镇聚落与自然环境的空间构图更加完善，形成了符合当地自然环境特点的聚落空间。因地势、农耕、防御等综合原因，用于建筑的基地面积较小，聚落整体布局较为紧凑，建筑院落多为天井式或狭小的合院式落，大户人家拥有几进院落，院落中留有收集雨水的天井。由于信阳地区雨水丰富，民居建筑台基较高且多为坡屋顶，利于排水，雨水由屋顶引入院落的天井的地池或院落中，再经过聚落排水体统流出，汇总到聚落中的水塘或溪流中。

（一）"因水就势"的空间模式特征

水体是传统聚落所凭借生存所必需的资源，豫南地区传统村镇聚落多因据水源布置。处于地势较为平坦地区的聚落，由水源附近的地势较高处根据水源、周边地势对聚落空间进行组织。建筑位于聚落地势较高处，以缓坡向周边河谷、溪流过渡。主要道路或平行于水源或垂直于水源布置。一些河运发展成熟的河道还能为周边聚落提供水路交通上的便利。豫南地区地势南高北低，南部地区山地众多，北部地区则主要为平原地貌。传统社会受经济技术水平所限，传统村镇聚落多结合地势走向布置，对地势少有大规模改造。位于以山地区为主的聚落，顺应等高线布局，依山就势，高低叠置，参差错落。村落聚落在阳坡建设民居，村落内房屋横向之间大都整齐并列，纵向层层抬高，向后延伸。院落中出现高差一般以堂屋、过厅位置以建筑台基抬高的方式处理高差问题。建筑台基前设台阶，利用两级高差之间的平地建厢房，建筑整体布局形成层层叠起之势，院落普遍较小。巷道中的高差问题则使用坡地或台阶的处理方式。因据地势前低

图4-2-1 光山县独山传统聚落空间模式图（来源：《光州志》）

后高的空间模式，有利居民采光，且朝向好，排水系统完整通畅。除主路外，由民居墙间空地留作蹊径（图4-2-1）。

（二）"背山朝冲"的空间模式特征

豫南地区南部多山，传统聚落中的民居选址一般是在山的阳面，也有少数聚落建在山的背阴面。聚落建筑朝向多是背面向山，正面向冲，享受视野开阔自然景观的同时，可避开冬季西北到来的寒风侵袭，又能接受南来阳光。如新县卡房乡刘咀村面河聚居，形成山水田园的生态格局（图4-2-2）。

二、面水聚居，村前水塘

水是豫南地域文化中不可或缺的重要组成部分。自然水体的形式、人工水体的修筑对聚落的空间模式产生重要的影响。无论是自然形式的河流还是人工形式的水塘，聚落中的传统建筑往往于靠近水体处密集成片，面水而布。在水体这一空间元素的影响下，豫南传统聚落形成了"面水聚居，村前水塘"的空间模式。

（一）"面水聚居"的空间模式特征

旱涝等自然灾害的发生对传统村镇聚落的打击往往巨大，故豫南村落往往聚集在河流溪水周围，并且深挖水渠或

图4-2-2　新县卡房乡刘咀村（来源：王晓丰 摄）

水塘，靠天储水。村镇聚落中少则两三个水塘，多则四五个水塘，水塘之间有小径隔开，一方面可方便穿行，另一方面防止水塘水质变化而互相影响。而地势较低的平原地区，河流、壕沟、水塘等也能起到防御、防涝作用。对于以农业为经济主体的村落来说，农业生产和取水是最为主要的活动，因此建筑会围绕晒坝或者人工池塘建造，建筑单体根据村前池塘的方位调整自家门屋的朝向，形成日常生产生活的中心，如新县丁李湾村，是豫南地区村落面水聚居的典型（图4-2-3）。

（二）"村前水塘"的空间模式特征

对于豫南地区水塘的修筑情况，历朝文史资料中多有记

总平面图

面水而居的空间格局

传统民居

图4-2-3 新县丁李湾村（来源：郑东军 摄）

图4-2-4 豫南地区传统聚落的水塘（来源：吕阳 摄）

载。如清乾隆三十五年《光州志·卷二十四·沟洫志》中记载："而淮南熟于水利，官陂官塘，处处有之，民间所自为溪堨水荡，难以数计"。水塘已成为传统村镇聚落中重要的组成部分，融入在本地人们的生活中。传统村镇中的主要水塘常位于聚落的前部，水塘边往往留日常活动的场所并伴有高大的树木出现为水塘周围活动提供庇荫。植物与水塘、建筑一起构成聚落的标志性空间（图4-2-4）。

三、前街后宅，宅院相通

豫南传统村镇聚落的街巷与建筑空间布局中，主要建筑院落往往面街而布。在聚落的防御性需求及家族聚居的居住模式的导向下，往往出现宅院相通的现象，如新县毛铺村的院落格局，每户有独立的门楼，进入门楼在一进院前后设东西门，使各户前檐廊相通，平时各户门关闭，紧急情况时可内部联通，最为疏散和联系通道，综合来看，具有"前街后宅，宅院相通"的特征。

（一）"前街后宅"的空间模式特征

在豫南地区乡镇聚落及部分村落聚落中，院落沿街部分多设店铺，用以售卖，而居住用房和作坊则位于院落后部。在这种空间模式下，道路较为规整有序，多呈规整的十字形。其建筑布局往往较为规整而紧凑，房屋之间排列较为整齐，户与户之间多并列布置，堂屋山墙相靠，朝向则根据道路路网朝向而定，院落多与主要街道垂直布置。

在乡镇聚落中，镇被街所划分，民居沿街而建，多为典型的前街后宅空间模式。沿街位置为商铺，即斗坊、布坊、酒坊、茶馆等，穿过商铺则为居住的空间。民居院落的组织与其所临道路、街巷的方位有关。院落不拘泥于南北朝向，更多的是朝向街道并与巷道平行，以利于形成店铺或者门屋面入口。商业发达的乡镇用地紧张，建筑单体面阔往往较小。院落在布局与空间组织上自由度不大，受到街道以及相邻建筑关系的制约，建筑一般沿院落的纵深方向发展，依用地情况多处理成一至三进院落。

在村落聚落中，以前街后宅作为空间模式布局的村落往往是为周边村落聚落商品交易所形成的市集，其往往以主街来组织村落整体空间或为村落空间的重要组成部分，同居住区分割开来而设在聚落外围的主入口附近。如商城县新店村（图4-2-5）。

（二）"宅院相通"的空间模式特征

豫南地区在信阳部分地区出现了宅院相通的情况，其主要分为两种情况。

一种是出于对外的防御性的要求，在户与户相邻的檐廊

图4-2-5 商城县新店村（来源：郑东军 摄）

图4-2-6 新县卡房乡楼子塆村传统民居院落的复杂组织（来源：郑东军 摄）

部位开设出入口，便于出现战况时聚落内部院落相互通达。

另一种情况则是出现在信阳地区的一些血缘型聚落的宅院中，其院落不仅在纵向上增进发展，也多采用并联及并联穿套的方式组合户与户之间的宅院。院落组织以功能需求及周边环境因素考虑为主，并且，家族的壮大、人丁的兴旺使院落组合变化越来越丰富。一些巷道入口做成门楼形式，对空间的归属做出一定的限定。成片的宅院中出现了一些家族内部半公共的活动和交通空间。一些宅院不仅面向道路开设出入口，同时也向半私密空间的巷道开设出入口。这样的宅院空间组织方式一方面是由于家庭人口增多分家造成，另一方面也是对豫南地区战乱匪患情况的应对方式，例如新县卡房乡楼子塆村传统民居，院落之间便采用了这种较为复杂的组织方式（图4-2-6）。

第三节 中西杂合的鸡公山近代别墅建筑

一、总体布局

（一）建筑选址

鸡公山景区方圆27平方公里，数以百计的建筑分布在万绿丛中和秀峰之间，如同璀璨的明珠缀满山峦（图4-3-1）。按照地理位置，分为南岗区、北岗区、中心区、东岗区和避暑山庄五个群落。不同类型的建筑结合自身功能需要，选址时有以下特点：

1. 商团别墅区

商团别墅是财团成员集体山上避暑议事的场所，人员流

图4-3-1 鸡公山游览示意图（来源：《鸡公山志》）

动性大，而且商团之间需要交流，故建筑物设计时集议事、避暑、游玩、观景于一身，内部多设有较大的空间作为集会场所，选址多在南岗与中心区之间溪旁坡地上，这里主要景点相对集中，便于游玩和财团之间交往。如：（1）三菱别墅。位于松林坡北侧，去南街的小路上，原为典型的日式建筑，二层木结构，底层东西各有一个大门，整个建筑坐北朝南，南面有一较大空地；（2）上（下）拔贡。上拔贡位于通往报晓峰、颐庐公路的交叉路口，单层，石结构，东西各有门。下拔贡位于西岭南端西侧，南岗区与中心区交界处；（3）美龄舞厅。原为英国华昌洋行，位于南岗三岔路口东20米处，共12个开间，外壁1.5米以上均为玻璃，室内宽敞明亮，曾被称为"玻璃房"。

2. 私人别墅区

广泛分布在上述五个群落，每个群落景观各具特色，别墅多按房主职业地位类聚，例如，北岗区是教会腹地，别墅多为牧师所建，此区南北高差55米，各户在西、南两侧均无遮挡，视线广阔，不仅能欣赏到主要景点，距离教堂、学校也最近，因此北岗区房基在早期就全部用尽；北岗区的汉协盛别墅，避暑山庄区的耸青阁与环翠楼，周围环境清幽，景色优美，都是选址极为成功的例子。

3. 公共建筑区

选址大多在中心区和北岗区交界处，地势平缓地段，有利于全山人员集中，又有供上百人活动的户外场地，例如：（1）瑞典学校。坐落在东岗，建于20世纪20年代中期，含地下室四层，主收长江中下游教士、洋商子女就读，校址设在现在的铁路疗养院露天球场处。（2）小教堂。位于北岗宝剑泉南30米处，东侧是坡地广场，溪边滩地上有荷花池和曲桥小亭。（3）邮电局。位于南街广场西山坡人流汇聚之地。（4）美国式大楼（图4-3-2）。位于北岗山坡上，环境较为僻静，原来是教会区美文学校校舍，一层为餐厅，二、三层为宿舍，学校后山坡被改造为平坦的广场，供学生活动。

4. 民居自建区

主要位于鸡公山南、北街一带。20世纪初，随着在

图4-3-2 美国式大楼（来源：王晓丰 摄）

图4-3-3 鸡公山天街（来源：张文豪 摄）

鸡公山置地建屋人群的扩大，为之服务的苦力和商户也随之增多，形成了鸡公山山民队伍，居住在笼子口上沿南北，民居建筑应运而生，久而久之形成了南、北街（图4-3-3）。

（二）外部空间设计

山地建筑外部空间的设计，要创造出满足人的意图和功能的积极空间，必须考虑空间的序列和层次。

1. 序列组织

山地建筑景观空间序列的营造，最大的特征是与空间高差变化紧密联系，有效利用地面高差可以创造高平面、低平面以及中间平面。安排高差就是明确地划定领域的边界，而利用高差可以自由切断或结合几个空间（图4-3-4）。

鸡公山近代建筑群初建时并没有统一规划，但纵观其整体，利用了山地自然环境在形态、明暗、高差上的变化来渲染气氛，以对各空间单元的差异性感受来提高人们的心理兴奋度，形成以自然空间为主的空间序列。

2. 层次复合

（1）外部的→半外部的→内部的。鸡公山近代别墅建筑的显著特征就是采用外廊样式。外廊结合拱券、柱子设在建筑入口或是环绕建筑主体布置，可以减弱建筑的体量感，丰富立面，增强光影效果。

（2）公共的→半公共的→私用的。这里再次以鸡公山北岗区别墅群为例。北岗区别墅多为美国式建筑，设计的简易舒适，与中国人喜爱在门前修筑院落与围栏不同，这里的别墅为观景乘凉筑有敞开式外廊，房四周不加围栏，人来人

图4-3-4　鸡公山近代建筑群的高差利用（来源：王晓丰 摄）

往没有任何障碍。我们可以把别墅附近的庭院看作是连接公路与别墅内部的半公共空间。

（3）嘈杂的→中性的→安静的。在较嘈杂的环境中，可以利用植物和削成斜面的矮墙围出相对安静的一角（图4-3-5）。还可以利用石级小道，作为连接嘈杂空间与安静空间的中性区域。

3. 山地建筑顶界面与底界面

（1）建筑顶界面多层次性

山地地形的高低起伏造成了自由转折、高低起伏的天际线。建筑因山就势而建，为适应基地平面，而使随平面组合变化的屋顶表现为层层叠叠，前后错落，稠密相间。

图4-3-5　利用斜墙创造安静空间

（2）建筑底界面多层次性

建筑底界面的多层次表现为凹凸变化的连续，它源于对山地层次性、立体性地形的适应，在产生无数多变而模糊的空间界面的同时，利用相近色彩、质感的花岗石、青石板大小相间的组合方式而使复杂取得统一。

二、建筑风格

鸡公山近代别墅建筑群整体来说是以西洋式建筑为主导。中国人兴建的别墅吸取西洋建筑的风格特点、施工技术，采用了新结构与新材料，并且融合中国传统建筑文化，形成"杂合式"建筑；而当地西人在仿造西方流行的各种建筑思潮和风格的同时，也创造出适合当地气候的建筑形式，其典型特征为：建筑周边大多设有敞开式拱券外廊，即券廊式建筑，这也是外来建筑样式的一大特征；平面布局严谨，立面造型不拘一格；建筑与园林相结合；建筑细部处理艺术化。

（一）西洋式建筑

1. 哥特式建筑（Gothic Style），如美文学校大楼、小教堂、马歇尔楼、山庄4号等。

2. 折中主义建筑（Eclecticism），没有固定的格式，属一种建筑思潮。鸡公山瑞典大楼建于21世纪初，系瑞华学校校舍，此楼可谓呈各种风格的大杂烩，但楼体确实雄伟壮丽，欢快活泼，可谓是折中式建筑。

3. 罗马式建筑（Romantic），雄伟、庄严、豪华、坚固，湖北督军所建山庄1号，又称萧家大楼，主体具有古罗马建筑风格，料石墙体，3层，外廊是敞开式圆拱，粗犷的塔斯干（Tuscan）古典列柱，显得威严壮观。

4. 德国式建筑（Germany Style），最典型的是南岗礼和洋行所建的南德国楼，3层、石墙、特制红瓦（瓦后部有铅封挂钩，挂于屋面），弯形衔接人字形陡峭屋面，排水畅通，四周采用镀锌铁皮封沿，落水管集中排水，屋顶筑有气窗、烟囱，室内设有壁炉，前后为封闭式外廊，有台阶直通2层，此类建筑在鸡公山还有几幢，尽管外形不完全相同，但结构类似，同属德式建筑。

5. 合掌式建筑，是北欧建筑形式。"合掌式"作为一种建筑风格不曾在书中出现过，也未曾被专家认可，但在鸡公山确属一种特殊的建筑形态，依据外形暂命名。前后墙低矮，坡屋面陡长，这种顶尖、墙矮，形态似双掌拢合，又酷似一个侏儒戴了一顶不相称大尖帽，不怎么协调，颇觉怪诞离奇，北岗揽云射月楼，是此种建筑代表。该房坐落在北岗陡崖边缘，站在盘山公路7.7公里处仰视，如张弓利箭。

（二）杂合式建筑

清末民国初年，既吸收西人的建筑风格、模式，但又摆脱不了封建传统的建筑基调，出现两面性，因此中西合璧式建筑应运而生。

表现得最突出的是颐庐（图4-3-6）。主楼3层，高

图4-3-6 鸡公山颐庐（来源：黄华 摄）

21.15米，长18米，宽21.2米，面积1274平方米，体型方正端庄，采用中轴线对称的平面布局。1～3层为敞开式古罗马圆拱券廊。楼顶部和1～3层周边设置了意大利式庭园花岗石围栏。内部开间布局遵循西方传统，而门口石狮蹲像，又象征着中国封建统治者的威严。颐庐是把东西方的格调融为一体的代表作。

三、文化特色

鸡公山近代别墅群有23个国家的建筑，他们共同参与管理，这在世界近代史上是独特的文化现象。有一些近代建筑可作为中国近代史上特定事件、特定人物的时代背景。它们或与著名的历史事件有关，或与著名的历史人物、党派有关，或者代表了近代史上社会、政治、经济、文化、工业发展的阶段性成果。这些近代建筑具有丰富的文化底蕴和厚重的历史感，可以说是中国近代历史和中外文化交流的重要见证。

鸡公山近代别墅建筑集中反映了特定时期人们对科学与文化的追求，是那一个时期建筑文化的积淀。因而它们具有鲜明的个性，会给人们留下深刻的印象，甚至会成为一个城市的象征，如颐庐、美国式大楼、马歇尔楼等，这些知名建筑已经与鸡公山的名字紧密相连。今天，人们在欣赏鸡公山建筑艺术的同时，可以重新认识、评价这些建筑的文化价值。

第四节 豫南地区传统建筑文化特色

一、山水文化与传统村落

（一）山水文化特点

豫南的山水文化，概括来说，指的是豫南地区人民认识和改造客观自然世界过程中所形成的一种独特的文化形式，其追求人与自然的融合统一。在山水资源对人类生存需求的满足上，豫南大部分聚落对山水资源有着绝对的依赖，傍水而居，依山而建；在早期人类对山水的崇拜意识中，对山水有崇拜意识，把自然山水看作天地的化身，带有宗教色彩；在中国古代的哲学思维之中，古人对山水的认识从宗教层面进入到哲学层面，豫南传统聚落多在山水间，山水文化自然融于豫南文化的审美情趣之中。

（二）山水文化对聚落选址布局影响

山水这一自然条件于古代聚落选址为重要条件，是人民生活来源之所依。聚落选址于山水间，不仅因其能够满足聚落生存的物质要求，也是因为山水文化满足古人的精神需求。山水之间古来便往往成为文人士族寄养情志的理想之地，聚落选址布局亦考虑周边山水景色之美好与否。

《新唐书·地理志》中对于山水与聚落之间的关系有着这样的描述："山水大聚会之所必结为都会，山水中聚会之所必结为市镇，山水小聚会之所必结为村落"。在春秋战国时期，齐国宰相管仲有言"凡立国都，非于大山之下，必于广川之上"，管仲之语意为凡是建国立都，即使不将都城建在大山的脚下，也要建在大河旁边。由此两则古语，可见山水对于聚落选址的重要性。豫南传统村镇聚落的建设亦是同理。豫南地区大多数传统村镇都选在山川之间，其生活对山水的依赖性十分强烈。即使聚落距离河流水系较远，村前也多会挖筑水塘，供日常所需，并且能够面水而居的人家往往也是村镇中的大户人家。

二、豫南地域文化与传统民居

豫南南北交融的地域特征，使豫南地区建筑空间造型既有北方民居的粗犷厚重特点，又有南方民居的轻灵婉约特色。建筑空间造型受到当地自然环境和社会、文化、习俗等多方面影响，主要有以下四个方面：

（一）地理气候影响

信阳地区处于南北亚热带向暖温带过渡气候带内，冬季温暖、夏季湿热、日照充足、雨水丰富，其建筑注重通风、散热、遮阳。建筑出檐较大或设檐廊，防雨水、遮阳性强，墙面高处多通风洞口，经济条件较好的建筑柱础较高等，都是其气候特征的体现。其地势错落使建筑在堂屋、过厅处设较高台基，顺势、防涝。

（二）农耕经济影响

经济因素对信阳地区的建筑空间造型有一定影响，其经济的相对落后使得其民居建筑空间形式及装饰较为朴素、简约，装饰多集中在建筑重点部位起强调作用，相较临近的安徽、湖北并不突出，精雕细刻的民居相对较少。

信阳地区农耕文化传统所孕育的家庭都对生活有着美好的祝愿，有多子、多福、多寿的生活观念，在建筑空间装饰题材中往往有所体现。

（三）社会习俗影响

中国封建社会等级森严，民居屋顶形式多为硬山，其中有圆拱式山墙与山形式山墙结合构成，多出现于祠堂等公共建筑。人口迁移也丰富了当地的建筑空间造型题材，如信阳地区出现的封火山墙形式则受湖北与安徽民居建筑的影响。

单体建筑形式上，信阳民居平面形式为合院式布局，堂屋一般面阔三间或五间，形式多样，多设檐廊。入口门楼根据风俗习惯用"歪门斜道"以及八字门等造型形式。

（四）地方材料影响

信阳地区村镇聚落以农业生产为主，普通村民经济能力有限，建筑房屋往往就地取材。山峦起伏，植被丰富，信阳拥有丰富的自然资源。伐树为木，开山为石，山林为其建造房屋提供了较好的材料选择。信阳传统村镇建筑以砖木结构为主。山区中石材资源丰富，农房多用天然石片或青条石作为墙体基础或建筑基座。墙体使用空斗墙居多，墙体中心部分填充碎砖、泥土或草泥等材料，既保温隔热，又节约成本。同时部分地区也有土坯墙形式出现，泥土和麦秆掺拌作为墙体材料坚固耐用。外墙多粉刷白石灰，防止墙体受潮受损。

三、红色文化与名人故居

（一）许世友故居

许世友将军故居，位于新县田铺乡河铺村许家洼，始建于清光绪年间。故居基地稍高，坐北朝南，依山势而建，占地约322平方米，两排五间房，上8级石台阶进入前排堂屋。吞字大门，条石门框，青砖砌筑和檐口砖饰都具有豫南民居的特点（图4-4-1）。

（二）邓颖超祖屋

位于河南省信阳市光山县司马光中路白云巷内，是全国政协原主席、中国妇女运动的先驱邓颖超同志父亲及祖父居住的地方。祖居占地面积7000平方米，分东、西、中三个院落，坐北朝南，前后两进，现存清代建筑房屋60多间，建筑结构严谨，格扇门窗古朴典雅，是一座典型的具有南方特点的清代建筑（图4-4-2）。

（三）红二十五军司令部

红二十五军司令部位于信阳新县箭厂河乡方湾村，原为闵氏宗祠，在抗日战争期间曾作为中国工农红军第二十五军司令部旧址，2006年被公布为全国重点文物保护单位。解放战争时期，周围大部分传统建筑被焚毁，幸得国民党一闵姓旅长下令不许毁坏闵氏宗祠，才使得该宗祠得以保全。

图4-4-1 许世友故居（来源：黄华 摄）

图4-4-2 邓颖超祖屋（来源：黄华 摄）

新中国成立后，宗祠曾被作为小学教室使用，后于2010年修缮。

建筑院落整体为一进天井院落，建筑主要由正堂、前厅、走廊构成。宗祠建筑山墙面长约18米，面宽面长约17.2米，对外无开窗，主要依靠天井采光。屋顶为在板椽上直接干摆布瓦的板椽明瓦形式，缝隙透气性好，适合多雨潮湿的地区。天井狭长，有抽风效果，便于室内湿气外排。建筑出檐稍长、陡，便于雨水排泄。院内雨水经天井下的铜池后排入门前小河，整体院落外东、西、南三面设排水沟。宗祠主入口为门斗形式，次入口设在建筑东侧走廊山墙部位。建筑结构为抬梁式与穿斗式结合的穿斗式排架，穿枋改用截面较大的穿梁，两端插入柱子，金柱不落地而落在穿梁上，减少室内阻隔。正房屋顶两侧堰头上部翘起高出屋面。过厅建筑山墙做马头墙，呈波浪形柔美的曲线，堰头起翘，既增加了整体院落的美感，还有阻风、阻燃的作用。建筑檐枋、柱础等雕饰精美（图4-4-3）。

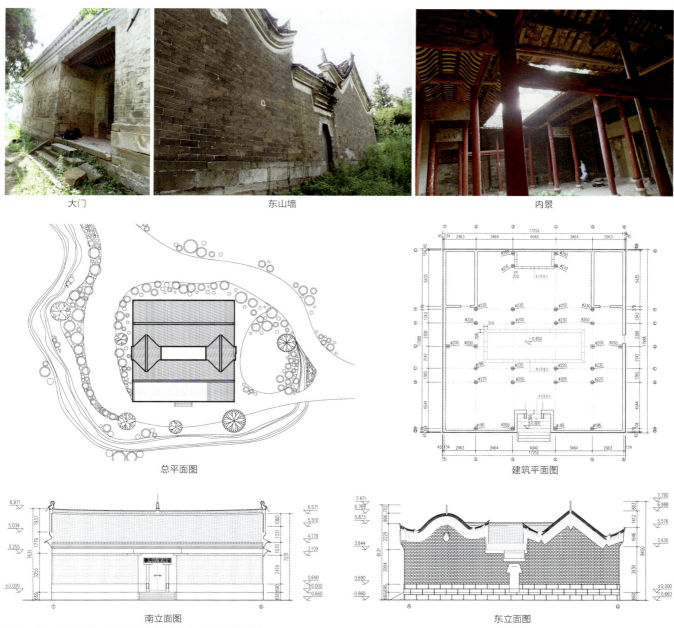

图4-4-3 新县原闵氏宗祠(来源:王晓丰、牛小溪 测绘)

第五章　豫西南地区传统建筑及其特征

　　豫西南地区主要指今河南省南阳地区，位于河南省西南部、豫鄂陕三省交界地带，因地处伏牛山以南，汉水以北而得名。南阳为豫陕鄂区域性中心城市、河南省域次中心城市，城市规模位居河南第三。

　　南阳，古称宛，是具有3000多年建城史的历史文化名城，历史悠久、名人辈出、文化资源非常丰富，是中国楚文化、汉文化的发源地，是中国楚汉文化最丰富的地区，也是中国楚汉文化建筑、文物遗迹最集中的地区，以汉画像砖、楚长城遗址、张衡墓闻名。南阳是三国时期著名政治家、军事家诸葛亮十年躬耕隐居地和历代祭祀诸葛亮的地方，历史上著名的"三分天下"和"草庐对策"发源地。

　　豫西南地区的传统建筑种类丰富，质量完好，其中官式建筑代表有社旗山陕会馆、南阳府衙、内乡县衙、淅川香严寺，民居建筑代表有荆紫关古建筑群、吴垭石头村等。南阳与信阳虽同属豫南地区，但豫西南地区因南阳盆地独特魅力，从传统建筑上有其独特性。

第一节　豫西南地区自然与社会条件

一、区域范围

豫西南主要指今河南省南阳地区。该地区总面积26600平方公里，地处鄂豫陕三省交界，地形三面环山，南侧以南阳盆地开口（图5-1-1、图5-1-2）。

南阳是河南省面积最大、人口最多的省辖市（户籍总人口近1189万，常住人口超过1000万，是全国13个常住人口超千万的城市之一）。南阳地处三省交界，历史悠久，文化深厚且多元。

图5-1-1　豫西南区域范围示意（来源：桂平飞 绘制）

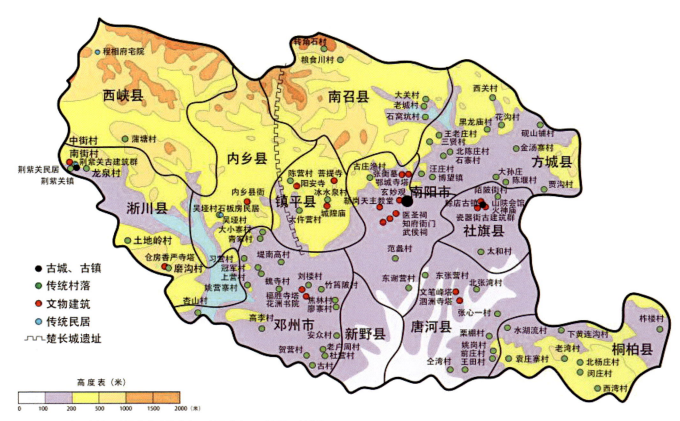

图5-1-2　豫西南地区主要传统建筑分布示意图（来源：桂平飞 绘制）

二、自然环境

豫西南山地西北接熊耳山，北临洛阳的外方山，南接南阳盆地，东南遥接桐柏山，是黄河、淮河、长江水系的分水岭，也是暖温带与北亚热带的自然分界线。独特的地理区位条件造就了豫西南传统建筑独特的地域特色。

豫西南山地地处伏牛山脉，地形较为复杂，山势自西北向南渐缓，依次为中山山地、低山山地、陡坡低山丘陵地和缓坡低山丘陵地，但以低山丘陵为主，海拔在1000～2000米，相对高度约为600～200米。境内河流众多，主要有丹江、灌河、淇河、湍河、白河等，形成了许多河谷、河川，其中属长江流域丹江水系的鹳河纵贯西峡县南北，最终汇入淅川县境内的丹江口水库，形成有名的灌河谷地；位于内乡县境内的湍河北起夏馆镇，呈条带状沿河展布，穿越七里坪、大桥等六个乡镇，形成较大的湍河河川；流经南召县的白河，从乔端到鸭河口水库，形成了一系列河谷和盆地，其中乔端至鸭河口的白河谷地、朱阳关至夏馆的鹳河谷地自北而南把整个豫西南山地分为三列。

根据《基于GIS的中国南北分界带分布图》可知，秦岭—淮河一线为划分我国暖温带和亚热带气候区的分界线，此线以北是暖温带半湿润半干旱地区，以南是亚热带湿润半湿润地区。豫西南山地刚好处于这个分界地带上，属于温带大陆性气候和亚热带季风性气候区的过渡地带，具有明显的过渡性特征，四季分明，光、热、气、水等资源比较丰富。整个豫西南山地的气候温和适中，冬干冷，雨雪少；夏炎热，雨量充沛，有利于农作物的生长。由于地形较为复杂，豫西南山地区域内各个聚居村落的小气候又存在微观上的差别。

三、人文历史

南阳地区最早的人类活动可以追溯至50万年前的南召猿人（现存杏花山南召遗址）（图5-1-3），最早的人类聚落文明出现于新石器时代，南阳城北的黄山（古名"襄山"）著名的仰韶文化遗址出现于新石器时代晚期。

南阳的特殊地理环境对南阳这一区域的古代文化、社会经济、风俗、民情等都起着决定性影响，使它们产生了区域性差异。因南阳地处种稻区与种粟区南北之间的一个交叉过渡地带，所以，它有南北两类特点共存的特征，在民歌的流布上南北兼有。南阳历史悠久，山川秀丽，拥有众多具有深厚文化底蕴的人文景观和引人入胜的自然景观。南阳是中国首批对外开放的历史文化名城，现有全国重点文物保护单位8处，河南省文物保护单位64处，不同专题的博物院馆14处，其中南阳府衙、内乡县衙是中国封建社会官衙建筑中保存最为完好的两级衙门。南阳境内发现的大面积恐龙蛋化石群轰动世界，楚始都丹阳春秋墓群出土的稀世珍宝闻名遐迩，被誉为"中国长城之父"的楚长城遗址引人关注（图5-1-4）。

图5-1-3　南召猿人遗址

图5-1-4　南召楚长城遗址

第二节 豫西南地区古城、古镇和古建筑

一、古城防御格局

历史上的南阳古城以"梅花城"最为独特（图5-2-1），作为一个城市防御工程，出现在中国数千年城市防御工程发展的最后阶段，具有特殊而重要的意义，它不仅继承了中国历史上内城、外城的传统构筑方式，同时结合南阳特殊的自然地形，因地制宜地构筑了这一既有防卫，又有防洪、航运功能的城市防御工程，因此，它对中国城市防御工程建筑技术的继承和发展，具有重要的历史和科学研究价值，成为南阳历史文化名城的重要标志。

古宛城是一座历史悠久、规模宏大的古城，原有两重，即外城和内城。外城即郡城，也称"廓城"，城周18公里，当为生产区、生活区和工商贸易区；内城即小城，位于大城西南隅，应是封建官吏的宫殿区。

清代顺治、康熙、乾隆年间，古宛城又屡有修葺。咸丰四年（1854年），南阳知府顾嘉蘅进行大修，月城沿用明代四城门旧名，又在正门和月城门上方拱券外各加一方石匾，东门外曰："中原要冲"、内曰："楚豫雄藩"；西门外曰："控制秦关"、内曰："吕城肇封"；南门外曰："车定指南"、内曰："荆襄上游"；北门外曰："星拱神星"、内曰："源溯紫灵"，这些文字涵盖了南阳古城的文化内涵。

清同治二年（1863年），南阳知府傅寿彤在古城四周各建一寨，之间有寨墙相连，用以拱卫主城，因其形如梅花，故有"梅花城"之称，同时，东引温凉河，西引梅溪河入寨河。

光绪二十七年（1901年），南阳城外郭城筑成土寨，断为四圩，分为四关。这四关分别是：延曦门外"万安寨"，为东大关；淯阳门外"淯阳寨"，为大南关；永安门外"永安寨"，为大西关；博望门外为"人和寨"，为北大关。至此，四圩互为独立又与外郭相连，既能共同御敌又可互援，堪称古都城市防御体系的一大奇观。此时，梅花寨由明宛城时的六里扩展到了十八里。

二、古镇商业空间

（一）商业古街

荆紫关镇位于南阳市淅川县，是豫西北的最边陲，鄂、豫、陕三省界界碑就位于荆紫关古街，被誉为"一脚踏三界"。春秋时楚国的首个都城"丹阳"就建在此地，淅川境内发掘出多处楚国古城遗址，该地为荆楚文化发源地，也是中原、秦晋和楚文化的交汇处，相传春秋时楚国太子荆在此驻守，古此地得名"荆子关"，后取"紫气东来"中的"紫"字，寓意吉祥如意，由此得名，并沿用至今。

荆紫关镇是中国历史文化名镇，保存着一片完好的明清建筑群，现存明清两代房舍2200余间、店铺超过700家。荆紫关古街呈南北向，长约5里，分北、中、南三部分。古街建筑群中的关门、山陕会馆、平浪宫、禹王宫、法海寺、万寿宫、三省界碑等都保存较好（图5-2-2），关门在古街最南端，砖石结构，跨街而立，高7米，宽6米，中间是拱门洞，顶部檐口为砖砌斗拱装饰；山陕会馆是荆紫关最大的建

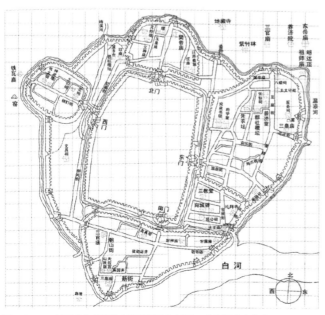

图5-2-1 南阳"梅花城"城四关图（来源：《南阳府志》）

关门

山陕会馆

平浪宫

禹王宫

图5-2-2　南阳荆紫关主要公共建筑（来源：郑东军 摄）

筑群，创建于清道光年间，面积约4000平方米，坐东向西，面临丹江，现存建筑6座，沿轴线依次为大门楼、戏楼、过道楼、钟楼、春秋阁（中殿）、后殿和卷棚等，戏楼3间，为两层硬山式建筑，楼的前后檐均有题材"唐僧取经"等6组木雕。春秋楼为3间硬山式建筑，后殿为3间歇山建筑，木雕精美。平浪宫始建于清代，是荆紫关码头兴旺时期船商们所建，取"风平浪静"之意。现存大门楼、中宫、后宫及钟鼓楼一座，均为硬山式建筑，大门楼面阔三间，进深2间，灰色瓦顶，门楣上方嵌"平浪宫"大理石匾额，两侧各题"风平"、"浪静"文字，门外两侧是钟楼和鼓楼，为三重檐四角攒尖顶，结构完好，造型优美，体现了南北木作工艺的融合；禹王宫又名玉皇宫，清代建筑，为治水有功的大禹而建；万寿宫也是江西会馆，为清代硬山式建筑，这些公共建筑是荆紫关建筑艺术的代表（图5-2-3）。除此外，荆紫关古街有大量民居、店铺，见证了古豫西南繁荣的城市文明，大量店铺也都是前店后宅的多进布局形式，均具有清代民间商业建筑风格，翘檐雕饰，古朴雅致，临街铺门均采用模板嵌成，昼抽夜闭，屋顶多为封火硬山，高低错落，相互重

图5-2-3　荆紫关传统建筑上的装饰（来源：郑东军 摄）

图5-2-4　荆紫关临街建筑与封火山墙（来源：郑东军 摄）

叠，反映了荆紫关明清商业文明的高度发达（图5-2-4）。

（二）会馆建筑

赊旗镇位于南阳盆地潘河、赵河交汇处，总面积近4平方公里，其中东西宽2.5公里，南北长1.5公里，其中古城区1.95平方公里，人口繁盛时达13万，城墙长18公里的，城门九座，城内街道72条，胡同32条。赊旗镇与朱仙镇、佛山镇、景德镇并称"中国四大商业重镇"。社旗山陕会馆位于社旗县城中心，社旗县古称"赊旗镇"或"赊旗店"，

民间俗称"赊店"最早起源于汉朝，明清时达到最繁荣时期，因光武帝刘秀在此地赊酒幌为帅旗兴兵的传说而得名。被誉为："中国第一会馆"，是中国会馆文化的瑰宝（图5-2-5）。

1. 空间布局特点

社旗山陕会馆整体三进院落，序列整齐、轴线分明，自南向北、由中轴线向两侧依次排列照壁、南北辕门、东西马厩、钟楼、东西廊房、大拜殿、药王殿和马王殿。建筑群三进院落

根据功能和空间序列依次为前导区、观戏区、祭祀区。

会馆一进院落是建筑的前导空间。悬鉴楼的南面是会馆的主入口，也叫山门，其两侧置钟、鼓楼，南面设琉璃照壁，东西两侧设猿门及马棚。中轴线上，自南而北依次设木旗杆与铁旗杆及憨态可掬的双石狮等小品建筑，形成庄严而热烈的门前气氛。此为空间序列的前声，穿过山门进入中院，这里是观戏的主要场地，也是会馆乃至全镇的公共文化活动中心。广场南端悬鉴楼兀然居中，形象高大壮丽，在此掀起第一次波澜。悬鉴楼通面阔11.8米，通进深14.48米，通高22米。左右两侧的钟、鼓楼面阔、进深均为7.35米，通高15.65米，如悬鉴楼两翼，其建筑形象既宏大壮丽，又亲切近人，具有浓厚的生活气息，是建筑空间序列的发展（图5-2-6~图5-2-8）。

广场北端为神殿区，大拜殿与大座殿下均设高大台基及站台，形成高峻威严的形象。建筑体量高大，且殿前外部空间规模也同时达到高峰。

图5-2-5　社旗山陕会馆（来源：郑东军 摄）

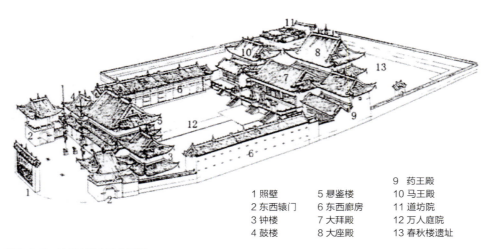

1 照壁　　5 悬鉴楼　　9 药王殿
2 东西辕门　6 东西廊房　10 马王殿
3 钟楼　　　7 大拜殿　　11 道坊院
4 鼓楼　　　8 大座殿　　12 万人庭院
　　　　　　　　　　　　13 春秋楼遗址

图5-2-6　社旗山陕会馆全景图

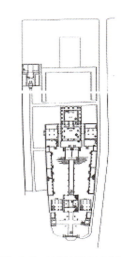

图5-2-7　社旗山陕会馆总平面图

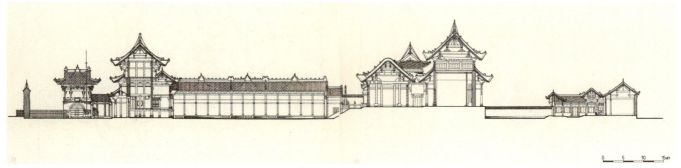

图5-2-8　社旗山陕会馆剖面图（来源：《社旗山陕会馆》）

大拜殿与大座殿前设华丽的石牌坊象征天门，丰富了神殿区的空间层次。大拜殿、大座殿与两侧的药王、马王殿以高架桥相连，形成一组神秘、庄严、宏大的神殿建筑组群，成为建筑序列的高潮。

主院的三组建筑中的主体建筑自南而北依次升高，其两侧以高低错落、形象各不相同的附属建筑作陪衬，形成了会馆的序幕——发展——高潮的建筑空间组合。

2. 建筑形式与特点

社旗山陕会馆兴建于清乾隆年间，坐北朝南，南对瓷器街，北依五魁厂街，东邻永庆街，西伴绿布厂街，南部随街形向内收敛，现东西最宽62m，南北最长152.5m，加附属建筑后总面积达9518.4平方米，各式建筑20余座。整组建筑布局严谨，排列有序，装饰富丽气派，成为国内罕见的具有重要历史、科学、艺术价值的古建筑群。山陕会馆采用了多样化的单体建筑形象和屋顶组合手段，营造出了丰富多变的单体建筑形象。

现存会馆分为主院、西跨院两部分。主体建筑位于主院中轴线上，分三进院落布置，以中院为最大，自南而北依次为琉璃照壁、悬鉴楼及两侧钟鼓二楼、大拜殿、大座殿及两侧药王殿与马王殿。西跨院自南而北原有四进院落，今仅存最北的道坊院，由门楼、凉亭、接官厅及东西厢房组成。

3. 雕刻与装饰

（1）琉璃照壁装饰独具匠心

用1000余块彩釉大方砖仿照北京故宫九龙壁设计砌造起来的琉璃照壁，金碧辉煌。琉璃照壁装饰图案南北两面亦各有特色。南面图案，从左到右依次为凤穿牡丹、五龙捧圣、鹤立青莲的圆形饱满图案。照壁北面，居中偏下位置的图案呈对称状排列。左右两边依次是以矩形边条装饰的四狮斗宝和雄狮战麒麟的吉祥图案，位于中间的鲤鱼跳龙门和二龙戏珠图案则是用八边形边条装饰，加之外围的福、禄、寿，使得北面照壁的装饰庄重严肃又不失变化活泼（图5-2-9）。

图5-2-9　社旗山陕会馆琉璃照壁（来源：郑东军 摄）

（2）石雕技艺鬼斧神工

社旗山陕会馆建筑中几乎是无石不雕刻，且精美图案细致的雕工令人震撼。会馆建筑石雕主要分布在悬鉴楼、大拜殿前月台、石牌坊、马王殿月台石栏等处，其中以悬鉴楼、大拜殿和石牌坊的石雕艺术最为精美壮观。

会馆各殿以柱础石雕为代表的装饰数量庞大、柱式丰富、工艺精湛，透雕、圆雕、线雕、浮雕、平雕、浮雕等技法，在会馆建筑各处恰到好处地运用和展示。主次分明、雕饰华美的柱础均匀对称地分布于悬鉴楼、大拜殿、大座殿、药王殿、马王殿等处，而在这些主体建筑之间的柱础也有主次之分。牌坊、石栏的石雕因位置的不同而采用雕刻技法与艺术表现有所区别，但也都安排有序、恰到好处。在正面瞩目的位置视觉艺术要求立体和华丽，能工巧匠的设计师采用透雕与高浮雕凸显其重要性；背面则多采用平雕、浅雕、线雕。大拜殿的十八座柱础石雕分七种类型，多见具象造型，各有不同，各具特色。具有庄严恢宏气势的雄狮、麒麟等形象，在有经验的巧匠手里打造得细致入微、趣味鲜活、栩栩如生。殿内四座金柱动物造型柱础，南为雄、雌二狮柱础，北为牡、牝麒麟柱础，圆雕整块青石，雄狮、麒麟背驮双层莲台，长方形基座雕有卷草吉祥纹饰，具有强烈的艺术感染力（图5-2-10）。

（3）木雕技艺细镂精致

建筑的额枋、雀替、垂花门楼、内檐格扇、槛板、梁板、檐下斗拱昂嘴、耍头木雕装饰同样做到了几乎无木不雕。中国著名古建筑专家罗哲文、郑孝燮题词赞为:"高楼杰阁,巧夺天工,精雕细琢,锦绣装成,公输匠艺,壮哉斯馆"。技艺高超的深透雕刻为主要装饰手段,在主体建筑如悬鉴楼、大拜殿、大座殿之额枋、雀替,皆为深度雕刻,有的达到0.15米。雕刻内容中的人物故事、草木山水,形象突出,传神精细,被誉为"全国木雕之最"(图5-2-11)。

图5-2-10　社旗山陕会馆中的石雕(来源:余晓川 摄)

图5-2-11　社旗山陕会馆中的木雕(来源:余晓川 摄)

三、古建筑楚风汉韵

（一）衙署建筑

1. 南阳知府衙门

南阳知府衙门位于南阳市区民主街以西北侧，是全国唯一保存完整的清代215个知府中规制完备的府级官署衙门，有证可考的历史有740余年，历任199任知府，经历元、明、清、中华民国、中华人民共和国五个历史时期。该建筑群早在2001年就被评为全国重点文物保护单位。

（1）空间布局特点

整体建筑群气势雄伟、布局严谨，整体坐北朝南，轴线分明，主从有序：殿堂沿中轴线建设（前殿后寝），两侧辅助，布局三路，院落数进，具体布局组织形式如下：

六部房列大堂前东西两侧，其中东侧为户、礼、吏，西侧位兵、工、刑。府衙遵循左（东）文右（西）武、左（东）尊右（西）卑的原则，同知在东，通判在西，招待宾客的寅宾馆居东，关押犯人的监狱居西。

前殿后寝是指府衙以前部大堂、二堂为治事堂，供知府行使职权，二堂之后为知府及家眷起居场所。

建筑物之间的连接与照应，高低错落，相互映衬，主体突出，院落分明。因而在大的建筑群体构成上仍显得规划统一协调，达到了较高的艺术水平。特别是南阳府衙在总体的规划上，由于吸收了南方园林建筑的一些特点，在建筑与建筑之间，注重廊道相通，游廊联络，自前入后，院院相连，通过彼此衔接的廊道，直达三堂。这在现存其他衙署建筑中是不多见的。

（2）建筑形式与特点

府衙现存元、明、清三代建筑，今日保留了明清时的格局与风貌，建筑群总面积8万平方米，南北长300米，东西长240米，现存建筑100余间，是不可多得的郡县级实物建筑群（图5-2-12）。

图5-2-12　南阳府衙航拍全景（来源：张文豪 摄）

2. 内乡县府衙

内乡县府衙位于河南省南阳市内乡县城东大街北侧，是目前我国保存最完好、规模最大的县衙建筑群，享有"中华大地绝无仅有的历史标本"和"龙头在北京，龙尾在内乡"的美誉。根据《南阳府志·廨舍·内乡县》记载：内乡县衙始建于元成宗大德八年（1304年），现保存清代建筑200余间，院落十多进。内乡县衙历经元、明、清三个朝代的修缮、扩建，逐渐形成今天可见的官式建筑群。

（1）空间布局特点

县衙建筑由中轴线及东西辅线组成，整个建筑群严格按照清代官衙监制和堪舆学说而建，体现了古代地方衙署坐北面南、左文右武、前衙后邸、监狱居南的传统礼制思想，建筑布局与《明史》、《清会典》所记载的建筑规制完全相符，是封建社会县级衙门珍贵的历史标本。

（2）建筑形式与特点

内乡县建筑群具有独特的建筑风格，它在整体布局上严格按照清代地方官署规制，表现了"坐北朝南、左文右武、前朝后寝、狱房居南"的传统礼制思想。同时，内乡县衙受主持营建者、浙江绍兴籍正五品县令章炳焘的影响，整个建筑群均硬山灰瓦顶，融长江南北风格于一体，规模宏大，布局严谨，深邃森严，变幻无穷（图5-2-13）。

（二）教育建筑

1. 花洲书院

花洲书院始建于宋代庆历年间，北宋范仲淹任邓州知州期间创建了书院内讲学堂——春风堂、藏书楼、斋舍，并在书院东侧创建百花洲，重修览秀亭，构筑春风阁，因百花洲而得名。花洲书院是《岳阳楼记》的诞生地。春风堂为古代学子读书上课之地，万卷阁为书院藏书与刻书之地，范文正公祠是北宋年间范仲淹离任邓州之后邓州人民为纪念范仲淹所建，现存这三处主要建筑现为清代建筑（图5-2-14）。

2. 蔚文中学

社旗县蔚文中学是南阳近代中外风格杂合的教育建筑，主体建筑乐育楼又称转楼，上下两层，设外廊，整个建筑围合成长方形的天井院，是近代教育建筑常用的布局方式，环境优美，造型有西式装饰元素符号，独具特色（图5-2-15）。

（三）宗教建筑

南阳武侯祠位于南阳市区城西卧龙岗，原名"诸葛庵"，是为纪念三国时期著明军事家、政治家诸葛亮"躬耕于南阳"而修建的大型祠堂建筑群。南阳武侯祠的始建年代不详，据《南阳府志》（嘉靖年）记载："侯初亡，所在求为立庙，朝议以礼秩不听，百姓遂因时节私祭之于道陌上……时故将黄权等先已在宛，其他族人多相依，故南阳有侯祠所谓诸葛庵者，意亦道陌私祭之类"，诸葛庵也被看作是南阳武侯祠的雏形。

唐代刘禹锡《陋室铭》一文中曾记载："南阳诸葛庐，西蜀子云亭"，可见当时南阳已有诸葛庐的存在，但具体的建筑并未得到保留。南宋时，民族英雄岳飞曾到南阳武侯祠祭拜前代先圣诸葛亮，并手书了诸葛亮的《前后出师表》，现碑文存放于南阳武侯祠内。

1. 整体空间布局特点

南阳武侯祠建筑群坐落于卧龙岗，依山而建、前低后高，整体朝向坐西朝东偏南，分前后两重院落（大拜殿院落和三顾祠院落）及道房，空间层次分明、布局严谨、疏密相宜，殿堂房舍沿中轴线排列。

建筑群大门前设高9米、宽13.5米的青石牌坊，牌坊三门四柱、雕刻精美、上书"千古人龙"。石坊始建于明代，毁于战火，清光绪十二年（1886年）重修，后毁于雷击，现存为1992年赵连仁出资兴修的。

穿过"千古人龙"牌坊，沿台阶向上进入清代风格武侯祠大门：单檐歇山顶，四角出檐。过大口经仙人桥入山口。山门为洞门形式。从山门沿甬道过"三代遗才"石坊（康熙

内乡县衙大门

内乡县衙正堂

内乡县衙一进院全景

内乡县衙正堂院全景

图5-2-13　内乡县衙（来源：郑东军 摄）

二年南阳知府王维新督建），到达大拜殿，大拜殿内供奉诸葛武侯雕像，是祭祀诸葛亮的主要场所。殿前有空地，空地两侧是碑廊，碑廊内存放历朝历代与诸葛亮相关的石刻碑文，其中以岳飞书《出师表》石刻最出名。大口后立"汉昭烈皇帝三顾处"石坊，清道光十一年（1831年）由宛邑任守泰、刘机、刘训复立，纪念刘备"三顾茅庐"。

殿后是"卧龙十景"：茅庐、古柏亭、野云庵、躬耕亭、半月台、小虹桥、梁父岩、抱膝石、老龙洞、躬耕田。

2. 建筑特点

南阳武侯祠基本布局保留了原名风格特点，木构建筑在明清时期重建或增建，因此是明清时期建筑风格。祠内现存

书院大门

书院全景

春风堂

万卷阁

春风阁

范文正公祠

图5-2-14 花洲书院（来源：闫冬 摄）

图5-2-15 社旗县蔚文中学（来源：郑东军 摄）

殿堂房舍共计267间。

大拜殿由拜殿和大殿两部分组成，为五间开，拜殿为卷棚式建筑，大殿为单檐歇山顶式建筑，大拜殿坐北朝南，位于中轴线上，为砖木结构，无回廊，平面呈正方形，面阔五间（15.8米），进深三间（8.1米），建筑高8.1米。屋顶上覆筒瓦，屋脊饰仙人走兽，其台明为平台式台明，筑有月台，下设台阶，采用三阶式，即正中设有垂带式正阶踏跺，其左右设有垂手踏跺。拜殿古代原为用来放置祭祀诸葛亮物品的地方，有四根檐柱，柱础为覆盆状。外檐斗拱采用单抄，即在出檐方向向外出一跳。雀替位于檐柱和额坊的交界处，原为承托额坊的存在，采用连做手法，到后来发展为分做，这时雀替不具有结构功能，仅用作装饰。

拜殿内采用抬梁式架构，屯架梁。殿内柱子纵二横四，五间开，圆柱通顶，共14根柱子，柱网似"回"字，呈金厢斗底槽式。明间内有暖阁，中塑有武侯塑像，其左右为诸葛亮之子诸葛瞻和孙子诸葛尚的塑像。采用明间最大，次间、梢间依次递减的手法，梢间最小。明间、次间均安六抹头、两关四扇隔扇口。殿内顶隔采用"露明"的做法，使室内空间在高度上显得更加高敞，增加室内空间的肃穆性（图5-2-16）。

大门

拜殿

三顾堂

图5-2-16 南阳武侯祠（来源：郑东军 摄）

第三节 楚文化与豫西南传统民居建筑

一、建筑类型

（一）山地石板房

豫西南传统石板房是中原地区罕见的民居建筑类型，主要分布在豫西南山区（淅川、西峡、内乡、南召和方城等五县内），该地区属鄂豫陕三省交界，内靠伏牛山、东扶桐柏山、西依秦岭、南临汉江。该建筑就地取材，造就出具有鲜明地域特点的石墙青瓦房屋。

内乡县吴垭村的石板房建筑群最为出名，吴垭石板房始建于清乾隆八年（1743年），距今270余年，目前保留的清代石板民居建筑群超过50处，石板房200余间（图5-3-1）。

1. 平面布局

吴垭石板房大多依山而建，整体为北方合院式，上房下院或房院一体，正房、厢房分离，屋顶相互交叉。院落空间上，传统石板民居院子较南方天井略大，正房露脸宽度一间，厢房面向院落两到三间，此形式与豫西和豫西北山区民居相似，均属"窄"院落，而不同于豫东地区的"宽"院落。

平面布局上无论独院或多进式院落，形制多为前堂后寝，但由于山地地形的多样性和不确定性，院门根据各院落基地条件开的方向较为随意，有的与厢房方向一致，有的与堂屋成一定夹角（45度居多），有的则偏离院落。

吴垭村石板民居单间开间约2.8~3.0米，属于小开间大进深的间架比例；单体建筑以传统一明两暗式平面，建筑层数以两层为主，很大程度上代表了豫西南山区石板民居的一般特点。

2. 建造特点

石板房就地取材，整体由石头构建，墙基石板较厚，防潮且牢固。屋面荷载用木构架支撑，柱径无统一标准，以20~30厘米居多，墙体用毛石干摆压缝交叉堆砌，墙厚不一，但基本都在50厘米以上，墙面内侧用黄泥浆打底，表面罩白。

吴垭村石板房屋面多用干槎青瓦屋面，没有垂脊，只用两陇筒瓦搭配，正脊不做脊饰。干槎瓦屋面成为吴垭村石板房与其他石板房石板屋面的显著区别（豫北、豫西北石板房大多为石板屋面）。

正房是整个建筑群中最重要的建筑，屋架为穿斗式木构架，木构架采用疏檩式，比传统抬梁式檩距小；厢房为抬梁与穿斗结合的木构架，中间三架梁是抬梁，两边使用穿斗，

图5-3-1 内乡县吴垭村石板房民居（来源：郑东军 摄）

三架梁为一根弯木，上承脊瓜柱，抬梁与穿斗结构分明，构造简单利落。穿斗及其穿斗与抬梁相结合的结构体系自身的多变性、适应性以及良好的稳定性，满足了吴垭村复杂多变的地形要求，其空间高阔、通风良好的结构特点，也符合当地石板民居设置阁楼空间的要求。

（二）前店后宅建筑

1. 民居建筑与空间形式

地理位置的特殊性使荆紫关镇自古以来拥有高度的商业文明，因此，此地民居大多前店后宅：店铺形成完整商业街，商铺后的宅院供商户家庭居住。

荆紫关商业街现存明清商铺700余间，彼此联排密布，两个店铺共用山墙，但不通脊不连檐。店面前脸施黑色走马板和活动门板，白天敞开、夜晚关上（图5-3-2）。

荆紫关民房外观与楚域民居形象更相似，其屋顶形式较简单：双坡顶和单坡顶均有使用（正房与店铺多为双坡顶，厢房多用单坡顶），正脊、垂脊都不突出，檐口不用勾头和滴水，这些与马头墙的形式都有浓郁的南方民居特色。而其屋面使用仰瓦，瓦下做薄苦背，这样的做法具有鲜明的北方民居特点。

门面后的宅院多为一进，也有两进式。商业街西临丹江，基地受限，因此，西侧宅院浅（为一进），而东侧宅院偏深。

前店后宅民居店铺面阔从两间到五间不等，其中三间和五间面阔的商铺居多。五间面阔民居宅院部分可建两侧厢房，形成完整的四合内院，此类宅院面阔较深，呈"窄长"形，或两进院落，堂屋与厢房开门方向朝向内院。三间面阔民居一侧设厢房，店铺、厢房和堂屋形成空间上的"凹"字形，三间面阔民居进深普遍浅（仅一进）。

2. 构造与装饰

荆紫关民居木构架多为抬梁和穿斗混用的混合式架构，也有单一使用抬梁式或穿斗式的架构形式。墙体厚重（两顶砖厚），分砖混墙体、土坯墙体和外熟里生墙体三种，土坯墙面外皮罩白。同为豫西南山地地区的荆紫关民居与吴垭村、土地岭村在选材上却迥然不同。

（三）合院民居

合院式民居的形式最为普遍，尤其是乡村和城市中的大户，多采用这种布局。南阳市老城区的杨家大院（杨廷宝故宅）（图5-3-3）和徐家大院是保存最完整、规模最大的民居建筑群。现存两进院落，21座建筑，均为单檐硬山式灰瓦顶建筑，砖木抬梁结构，装饰简洁朴素。

二、装饰特色

豫西南民居注重砖雕、木雕和石雕在民居上进行细部装饰。"三雕"多用在大门、门窗、檐下、挥头、山墙、屋顶脊饰等部位，精致得当，使建筑整体显得富有生机。

（一）木雕

木雕用于豫南民居木构架装饰，见于显露的檐廊木构架的抱头梁和穿插枋、檐枋下的雀替、门楼檐下等部位。木雕的表现主题比较多，有些以动植物为题材，有些以山水景观为题材，还有些则为人物故事等。木雕用于门窗装饰。从材料结构上看，门窗有格栅门窗和木板门窗。因造价不同，普通居民一般使用木板门窗，有一定地位的人一般使用格栅门

图5-3-2　荆紫关前店后宅的传统民居（来源：郑东军 摄）

图5-3-3 杨廷宝故宅（来源：郑东军 摄）

图5-3-4 南阳传统民居木雕（来源：郑东军 摄）

窗，堂屋的正面有时用格栅门窗通体满做，相当于现代的落地窗。

木雕（图5-3-4）还用于室内装饰。常见的有室内为格栅门窗、屏风、木板壁等。屏风属于临时性隔断，用于阻隔视线或线路，可分为座屏、折屏、挂屏、炕屏、桌屏等。木板壁或隔扇则属于永久性隔断，用于五开间厅堂的次间与稍间或厢房。

（二）石雕

石雕（图5-3-5）工艺主要用于入口处的门枕石和柱础等部位。门枕石承载木门的石质构件，在门外部分还有抱鼓石，通常做鸟兽造型。柱础主要是支撑传力，增加耐久性。柱础的艺术装饰比较多样化，有多边形，鼓形等。

（三）砖雕和陶塑

豫南民居砖雕（图5-3-6）和陶塑装饰的重点部位在山墙前廊檐部分的埠头和哉檐，以及屋顶的正脊、哉脊、角脊等处。正脊吻兽多做成头鱼身或龙头的样式，哉脊、角脊则选用不同形状的脊兽作装饰。

图5-3-5　南阳传统民居石雕

图5-3-6　南阳传统民居砖瓦雕（来源：郑东军、闫冬 摄）

三、营建技术

（一）屋顶构造

在豫西南山地，民居的屋顶有悬山和硬山两种，但以硬山应用最为广泛。

1. 硬山屋顶

硬山屋顶是指屋顶的檩条搭在山墙上，并不悬挑于山墙外，其上铺设盖顶。硬山屋顶即两山墙封檐的屋顶类型，是明朝民间大量用砖以后产生的屋顶类型，也是豫西南山地现存民居数量最多的屋顶类型。硬山屋顶的独特之处在于封檐。封檐一般比较讲究，因继承悬山博缝板的形式，需用方砖仿制博缝，就由若干层方砖和条砖加工修磨或局部雕刻，逐层拔檐精砌而成，具有较强的装饰性。

2. 悬山屋顶

悬山屋顶是最古老的屋顶形式，远远早于歇山和硬山屋顶。梁思成在《清式营造则例》中称悬山屋顶和庑殿顶为中国建筑屋顶的两种基本形式，后来随着硬山屋顶的出现，很快取代了这种古老的屋顶类型（图5-3-7）。

（1）悬山屋顶构造

悬山的形成即檩条外伸出山墙面的结果。檩条外伸，椽子跟随向外铺钉，最外端迎面钉上博缝板，在重要建筑的博缝板上常加悬鱼、惹草之类的装饰。博缝板是悬山屋顶构件中较独特的一部分，后来延续到硬山屋顶的封檐上。

图5-3-7 南阳传统民居的悬山顶（来源：闫冬 摄）

（2）悬山屋顶分布

豫西南山地的悬山屋顶的出现主要有两个因素：一是地处秦岭余脉伏牛山脉的南麓，气候相对比较湿润，雨水较多，利于保护土坯山墙；二是与材料资源有关，对于南召县地区，由于生产小麦且芦苇资源丰富，房屋多采用土打墙，茅草屋顶，采用悬山顶有保护墙体和施工简便的优点。

（二）承重结构

豫西南山地现存的承重结构类型主要以木构架与墙体混合承重体系和墙体承重体系为主。

1. 木构架与墙体结合的承重体系，是指柱和墙体共同承担屋顶荷载。

2. 墙体承重体系，是指房屋无檐廊，前后檐墙直接承托屋架大柁，山墙直接承托檩条，四面墙壁都承重。

（三）木构架

豫西南山地传统民居中的木构架类型呈现出多元化的特征，不仅有穿斗式木构架、抬梁式木构架和穿斗与抬梁结合式木构架，还在后两种木构架形式的基础上分别演变出独特的"拨浪鼓"形和"八"字形木构架。

1. 抬梁式木构架

抬梁式木构架是沿房屋进深方向在石柱础上立承重柱，柱顶端架梁，再在梁上皮向中心内退一步架距离立置丙根瓜柱，瓜柱上再横置较短（比下层梁短两步架）的梁。在豫西南山地传统民居中，由于受特殊的自然、人文环境条件影响，抬梁式木构架的运用可分为常用的抬梁式构架、变异型抬梁式构架和"八"字形构架三种情况。

2. 穿斗式木构架

（1）穿斗式木构架构造特征

穿斗式木构架又称为"立贴式"，是由柱子、穿枋和檩条等构件组成。穿斗式木构架可分为"全柱落地式"和"局部落地式"两种，但豫西南山地传统民居中的木构架多以"全柱落地式"为主，房屋两边山墙常用墙体代替两榀构架。

（2）穿斗式木构架基本形式

穿斗式木构架的三种基本形式：疏檩带前廊的穿斗式构架，通过提高屋架高度形成阁楼式构架，主要分布在淅川县南部靠近湖北的地区和变异型的穿斗式木构架。这三种基本形式是豫西南山地传统民居中比较典型的构架形式之一，它不仅是南方穿斗式木构架技术的简单复制，更是当地地理气候环境与鄂西北、陕南等周边文化共同碰撞的结果。

3. 抬梁与穿斗结合式木构架

豫西南山地传统民居的穿斗与抬梁结合式木构架主要有两种形式：一种是为加大厅堂空间，明间用抬梁式木构架，次间和稍间用穿斗式的一种独特的穿斗与抬梁组合体系；另一种是在一榀屋架上兼有抬梁与穿斗特点的木构架体系。在豫西南山地传统民居中，房屋大多山墙承重，结合式木构架以上述第二种为主，后来随着构架技术的不断进步，又发展了一种俗称"拨浪鼓"的木构架形式。

"拨浪鼓"，即在房屋的每一榀屋架中只有中柱落地，中柱承担着屋架的大部分荷载，其具体做法为：五檩四步架，金檩直接压在瓜柱头上，瓜柱则骑在下面的短梁中间，短梁一端插入前（后）檐墙，另一端插入中柱，两个瓜柱之间用穿枋拉结且穿过中柱，形成一榀屋架（图5-3-8）。

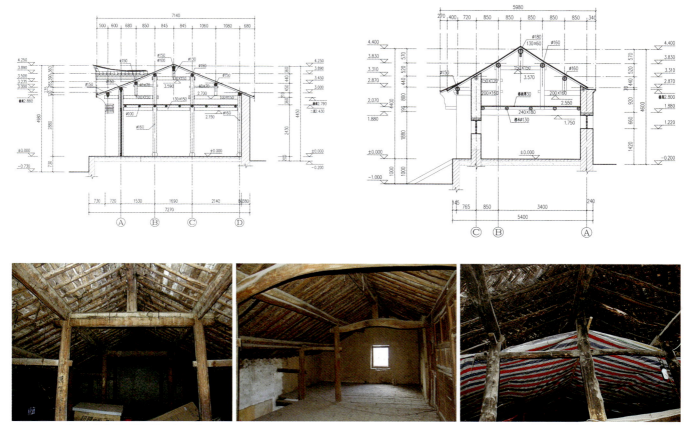

图5-3-8 豫西南传统民居常见的屋架形式

第六章　豫西地区传统建筑及其特征

　　豫西地区是华夏文明的发源地之一、中华民族的发祥地之一，五千年历史在此开启。洛阳是中国八大古都之一，拥有二里头遗址、偃师商城遗址、东周王城遗址、汉魏洛阳城遗址、隋唐洛阳城遗址等，龙门石窟是世界文化遗产，白马寺是第一所佛教寺院，洛阳有着5000多年文明史、4000年的建城史和1500多年的建都史，先后有105位帝王在此定鼎九州。

　　从地域文化视角来看，豫西地域文化是植根于几千年的农耕文明之下衍生出的河洛文化、黄河文化、仰韶文化、道教文化以及流入的佛教文化等异彩纷呈的文化总和。

　　豫西地区位于黄土高原向东部平原过渡的地带，地形地貌复杂多样，造就了豫西地区建筑的多样性，豫西的传统建筑主要有窑洞和平原建筑两种，其中窑洞建筑顺应地势，有地坑院、靠崖窑等类型，充分显示了古代工匠的智慧。

第一节 自然与社会条件

一、区域范围

以行政区划为界，豫西地区主要包括三门峡市、洛阳市两个地级市。大致介于东经110°22′~112°50′、北纬33°31′~34°55′之间，整体位于黄河以南区域。区域面积25539平方公里，常住人口约915.72万人。

二、自然环境

（一）地形地貌

豫西主要地形分三类：河谷平原区、黄土高原区和山地丘陵区，平均海拔约150m，处于黄土高原的东南端，地表起伏大，最高峰是位于灵宝市小秦岭的老鸦岔，海拔高度为2413.8m，这也是河南省的最高点。豫西地区西部为黄土高原地貌，北部为黄河河谷平原地貌，东部为伊河、洛河平原地貌和黄土丘陵地貌，南部主要是熊耳山、崤山山地地貌，因此，豫西地区主要地貌特点为黄土覆盖的高原地区、河谷平原地貌地区和山地地貌地区，其中黄土高原地貌是豫西特有的地貌特征（图6-1-1）。

（二）气候特征

豫西属于暖温带南缘向北亚热带过渡地带，气候上属暖温带大陆性季风气候，降水量的分配具有明显的季节性，冬季寒冷干燥，以西北风为主；夏季炎热多雨，以东南风为

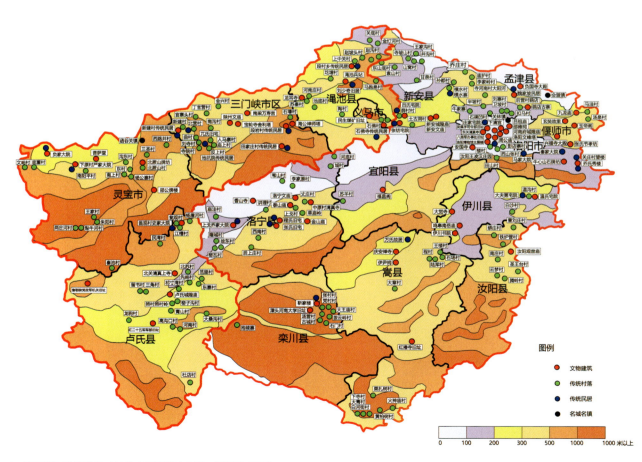

图6-1-1　豫西地区主要传统建筑分布示意图（来源：程子栋 绘图）

主，无梅雨季节。豫西地区地势大体为东高西低，南高北低，整体的降水分布相应表现为由东南向西北逐渐减少的趋势，因此山地与平原间的气候差异比较明显。

三、人文历史

（一）地形地势复杂险峻，兵家必争之地

豫西地区地理位置险要，山川林立，西接陕西，北临山西。它的东西路径是连接关中和中原的唯一通道。豫西以洛阳为中心，由于易守难攻，在我国历史的各个朝代都是兵家必争之地，也是许多朝代政治经济中心的所在。历史上，既有战国时期六国攻函谷、楚汉战争、北周北齐战争、安史之乱中的潼关陷落等著名战役，也有夏、商、周、曹魏、西晋、北魏、隋、唐、后梁、后唐、后晋在洛阳建都，这些都足以说明豫西地区在我国历史上的重要地位。明清时期全国商品的流通中，地处中原的河南既是多种原材料的产地，又是江南等发达地区手工业品和日用品的销售市场和转运地。

与此同时，山西、陕西的商业势力主要沿黄河流域、长江流域东进。不管水路还是陆路，位于豫西的洛阳都是必经之地。

（二）历史文化积淀深厚

豫西有着悠久的历史、光辉灿烂的文化，是我国古代文明发祥地之一。散布各地的文化遗址，如偃师的二里头遗址（图6-1-2）、商城遗址、渑池县的仰韶文化遗址、陕州区的庙底沟文化遗址等，在这块土地上孕育了灿烂的华夏文明是中原文化的诞生地和文化中心，有着浓厚的文化积淀。

（三）多元融合的地域文化

豫西地区是中华文明的发祥地，富足的农耕文明产生自给自足的小农经济，并滋长出丰富的民俗艺术，为中原文化的繁荣注入活力。河洛文化是中华文化的源头，"河图洛书"更是中华文明的鲜明体现，影响着中华文化的进程。豫西受道教文化影响颇深，以生为乐、崇尚自然，在哲学层面

图6-1-2　二里头遗址及出土文物（来源：赵海涛 提供）

图6-1-3 龙门石窟（来源：网络）

上追求人与自然和谐相处及天人合一的宇宙观。

豫西的佛教文化传入也有近两千年的历史，而洛阳正是中华佛教兴起之地，在洛阳地界拥有众多寺院以及佛教石窟艺术，其中较为有名的龙门石窟（图6-1-3）、白马寺、水泉石窟等佛教圣地，同时佛教的传入又与我国的儒家文化相结合，形成了独具中国特色的佛教文化，源远流长。

第二节 传统建筑单体与群体

从地域文化视角来看，豫西地域文化是植根于几千年的农耕文明之下衍生出的河洛文化、黄河文化、仰韶文化、道教文化以及流入的佛教文化等异彩纷呈的文化总和。厚重的地域文化，产生了类型丰富的建筑单体和群体，使豫西传统建筑有自身的显著特征。

一、宗教建筑

（一）佛教建筑

1. 白马寺

白马寺位于洛阳市老城以东12公里，创建于东汉永平十一年（公元68年），距今已有1900多年的历史，是中国第一古刹，也是佛教传入中国后兴建的第一座官办寺院，被称为中国佛教的"祖庭"和"释源"。据载，永平十一年汉明帝敕令在洛阳西雍门外三里御道北兴建僧院，为纪念白马驮经，故取名"白马寺"。"寺"字即源于"鸿胪寺"之"寺"字，其后"寺"字便成了中国寺院的一种泛称。摄摩腾和竺法兰在此译出《四十二章经》，为现存中国第一部汉译佛典。

白马寺整个寺庙坐北朝南，为一长形院落，总面积约

4万平方米，主要建筑有天王殿、大佛殿、大雄殿、接引殿、毗卢阁等，均列于南北向的中轴线上。虽不是创建时的"悉依天竺旧式"，但寺址都从未迁动过，因而汉时的台、井仍依稀可见，有五重大殿和四个大院以及东西厢房（图6-2-1）。

整个寺庙布局规整，风格古朴。寺大门之外，广场南有近些年新建石牌坊、放生池、石拱桥，其左右两侧为绿地，左右相对有两匹石马，大小和真马相当，形象温和驯良，这是两匹宋代的石雕马，身高1.75米，长2.20米，作低头负重状（图6-2-2）。

位于由南到北的中轴线上，从前到后依次分布着山门、天王殿、大佛殿、大雄殿、接引殿、清凉台和毗卢阁等主要建筑，其中，天王殿为单檐歇山式，东西面阔5间，南北进深4间；大佛殿为单檐歇山式，东西面阔5间，南北进深4间；大雄殿为悬山式，东西面阔5间，南北进深4间；接引殿，硬山式，面阔3间，进深2间；毗卢阁为重檐歇山式，位于清凉台之上，东西面阔5间，南北进深4间（图6-2-3）。

2. 灵山寺

灵山寺位于洛阳市西南40公里，今宜阳县城西灵山北麓，背依山崖，面临洛河，坐南朝北，和多数中国佛寺方向迥异。相传周灵王寝葬于此，故名其山为灵山，灵山寺也因此得名。

寺内建筑原有山门、前殿、毗卢殿、大雄殿、藏经后楼及左右配殿等，现仅存山门、中佛殿（又名大悲殿）和大雄殿等。

山门（图6-2-4）是单檐歇山顶式，形似城楼，高大约4米，方大约100平方米。上有阁房三间，始建于清康熙十年（1671年），下有洞门，为寺院北门。

从山门而入，一进为明代硬山顶天王殿，殿中供祀着重新金塑四天王像，屹然而立，正中间为一弥勒佛像，高1.7米。

二进是飞檐歇山顶中佛殿（又名大悲阁）。殿前有株年逾千岁银杏树，身粗3围，高约35米，枝繁叶茂。

大雄殿内的三世佛像为明代泥塑作品，砖墙上嵌有历代

图6-2-1　白马寺鸟瞰图（来源：张文豪 摄）　　图6-2-2　白马寺山门（来源：网络）

图6-2-3　白马寺建筑（来源：网络）

图6-2-4　灵山寺山门（来源：宁宁 摄）

题咏石刻二十八幅。大雄殿前阶有七级佛塔，建于明代成化十七年（1481年）。大悲殿、大雄殿皆作单檐歇山顶，斗栱梁枋，具有典型的金代建筑特征。

四进院为藏经楼，为贮存佛经之处。东西两侧各有配殿22间，相对而立、甚为壮观。

3. 安国寺

安国寺位于河南三门峡市陕州区（原陕县）西李村乡元上村西700米处，俗称琉璃寺。据《陕县志·古迹》载："安国寺，俗名琉璃寺，因殿宇以琉璃瓦构成故名，据现存碑序，系创自隋时，唐宋元明清各有修葺。"

安国寺整个建筑群落依山而建，坐北朝南，由一条中轴线贯穿寺院主体建筑，院落由南至北逐级递升，以寺内火墙为界，可将安国寺分为南北两所院落。南院由山门、前殿、中殿、后殿穿压中轴，东西还分布有四重配殿，挖置莲花池两方，南院东南角修筑有钟楼一重，前殿西侧修筑有前西殿一重。北院现存正殿一重，火墙一座，均穿压中轴。寺院东北部还分布有火神殿、方丈院、和尚院各一重（均残破）。安国寺占地面积约5000平方米，现存建筑以明清时期为主，个别建筑可见金元时期特征。整个建筑群布局严谨，保存较为完好，是豫西地区宗教建筑的代表。全寺大量分布保存较为完整的砖雕、木雕，有极高的历史、艺术和科学价值。

前院山门为南面带有檐廊的单檐硬山式建筑，面阔三间，山门两侧各置一耳门。前殿为面阔三间的单檐式硬山结构，西侧有配殿三间，东侧有一座条石砌基、青砖筑起的正方形钟楼，楼顶四周有砖雕仿木斗栱。

中殿为面阔一间、进深三间的单檐硬山式建筑物，四面带有回廊，檐下施三踩单昂斗栱、龙凤大脊，正吻和脊兽大部尚存。中殿东侧用条石砌成的莲池尚未完整，西池已废。

后殿面阔三间，单檐硬山式结构，中殿和后殿两侧的经（禅）房也都是单檐硬山结构。

火墙（由石碣得名）高约4米，自东而西将整个寺院分为前后院，正中为门楼，内外沿及额头雕二龙戏珠等图案，火墙南面东侧为砖雕蟠龙图案，西侧为麒麟图案，门楣两侧为五瑞图。

正殿在火墙北侧，面阔五间，单檐硬山式结构，檐下施三踩单昂斗栱，龙凤大脊。正吻和走兽等砖雕装饰及廊檐下的木雕八仙人物图案等基本完整，雕花六抹格扇门基本完好，廊下承檐的四根小八角体磨光青石柱是清道光二十六年（1846年）重修改换的，高约3米（图6-2-5）。

（二）道教建筑

1. 祖师庙

祖师庙位于洛阳市老城区北大街，北依安喜门，历史上是道士修道、祭祀老子和举行宗教仪式的场所。祖师庙原先建筑规模十分宏伟，包括照壁、大门、戏楼、前后殿、东西厢房等，现存文物建筑有大殿、耳房、前殿。祖师庙坐北朝南，建筑格局整体呈中国的传统中轴线分布式，重要建筑坐落在中轴线上，次要建筑分落左右。

大殿面阔五间，进深三间，为单檐歇山顶。檐柱为六根粗大的圆形水泥柱，且均包砌在墙内。殿内内框架平面采用减柱造，内部金柱仅剩六根，这六根内柱，四根为方柱形，中后部两根为粗大的圆柱形，大殿蜀柱为方柱形，用叉手，反映了元明时期灵活运用柱子的形式，为典型的"六架椽屋乳栿对四架椽用三柱"布局，这表明元时某些地方建筑直接继承了金朝灵活处理柱网和结构的传统。

图6-2-5 安国寺（来源：宁宁 摄）

大殿外部的额枋、斗栱和内部梁架上均施彩绘，色彩以青蓝为主。檐柱上为阑额，普柏枋，前檐斗栱共14朵，其中柱头斗栱6朵，当心间和次间铺作各2朵，梢间各1朵。殿内金柱红漆施底，上绘浮雕云海金龙。正脊和垂脊均为琉璃件，正脊两侧为吻兽，垂脊上有吻兽、仙人。屋面周围为绿色琉璃瓦，中间覆盖灰色琉璃瓦。其构件上的彩绘绚烂无比，体现了我国古代工匠高超的技艺和极高的文化艺术修养。

洛阳祖师庙大殿的主要构件具典型的元末明初建筑风格，其柱网布局、建筑形式、结构特征皆有独到之处，是研究明清时期河南建筑技术及艺术的重要例证（图6-2-6）。

2. 洞真观

洞真观（图6-2-7）位于新安县铁门镇玉梅村，整组建筑坐北向南，自南而北在一中轴上，形成南北长，东西窄的格局。整体布局分三进，前为山门，入内为三清殿，再进为官厅，后院为玉皇殿，两侧为道房，官厅东侧为厢房，西侧为王母殿，奶奶庙等，房屋现存38间。三清殿内墙壁上有精美的彩绘壁画24幅，除一幅脱落外，其余虽有褪色，但轮廓清楚，内容丰富。同时房梁上绘有龙、云纹等图案。洞真观一带有碑刻60余件，均为青石质，多系重修，修醮，游人题记及大德年间皇帝圣旨碑等。

图6-2-6 祖师庙大殿（来源：宁宁 摄）

图6-2-7 洞真观（来源：河南省文物局 提供）

（三）儒教建筑

1. 河南府文庙

河南府文庙在洛阳老城东南隅文明街，为祭祀春秋时期大思想家、教育家孔子而修建。河南府文庙始建于元代，重修于明嘉靖六年四月。文庙建筑布局严谨，由南向北做台阶式上升、沿中轴线向两边展开，布局规整，层次分明，为传统的宫殿式建筑。

河南府文庙的建筑风格融合了中原文化，反映河洛地区特点，承袭古制又不乏时代特点，大胆创新，达到了建筑艺术风格和使用价值的完美结合，是研究河南文庙建筑发展的实物资料。整个古代建筑群层次分明，结构严谨，现存的戟门、仪门、大成殿等建筑，造型风格独特，彩绘部分及石作部分如下马碑、石狮、柱础、云龙纹御路、重修府学碑、遗存残碑等十分珍贵，均为不可多得的石刻精品，是河南省现存文庙中规模最为宏伟、保存最为完整的建筑群之一（图6-2-8）。

2. 周公庙

周公庙位于洛阳市老城区，定鼎南路中段东侧，是洛阳市现存保护较好的明清古建群之一，始建于隋末唐初（618年），明嘉靖四年（1525年）又在旧址重建，以后历朝累代又多次修葺，现存的一组古建筑大体保持旧制，坐北面南，原为四进院落，因"元圣殿"60年代被毁，现为三进。中轴对称，布局严整，依中轴由前到后依次为正南门、定鼎堂、二殿（礼乐堂）、三殿（先祖堂）及东西廊房，占地4906平方米，其中古建筑占地664平方米。

定鼎堂：为庙内建筑年代最为久远，面阔五间，进深三间，单檐歇山顶，青筒瓦覆顶、绿琉璃瓦剪边，龙凤脊饰，大殿四角飞檐起翘、拓展伸张、比例匀称。

二殿：位于定鼎堂之后，三殿之前。面阔五间，进深二间，作硬山顶，上覆灰瓦，正脊两端饰吻兽，四垂脊上皆有走兽、仙人等。该殿构架作叠梁五檩前出廊式，有木柱凡12根，均有砍杀，柱顶石基座为方形，上部为圆形。

三殿：位于二殿之后，面阔五间，进深两间，作硬山

图6-2-8 河南府文庙（来源：张文豪 摄）

| 鸟瞰 | 山门 | 定鼎堂 |

图6-2-9　周公庙（来源：宁宁 摄）

顶，上覆灰瓦，正脊、垂脊均有正吻和走兽、仙人，构架亦作叠梁五檩前出廊式，共有木柱十八根，均有砍杀。

周公庙定鼎堂虽系明清建筑，但梁架、斗栱、门、窗、彩画等均不完全法从《营造法式》和《工程做法》，而多用地方手法；斗栱采用多攒多跳并饰以双下昂，有辽金建筑遗风（图6-2-9）。

二、会馆建筑

明清时期，秦晋商人商业成就显著，经商范围广阔，山陕会馆遍布全国各大工商业城镇，其中河南境内的山陕会馆相对比较集中。豫西地区地处中原腹地，更是各路商人必经之地，这一重要的地理位置和发达的交通条件，成就了其重要的商业地位。大量秦晋商人汇聚于此设店开埠，在豫西地区兴建会馆。洛阳的东西两座会馆为其中代表。

1. 山陕会馆

洛阳山陕会馆（图6-2-10），别称西会馆，位于老城区九都东路，始建于清代康熙、雍正年间，是当时在洛的晋、陕两地商人筹资修建的经商、聚会、社交场所。馆址占地面积10000余平方米，建筑面积近5000平方米，是目前豫西地区保存较为完整的清代早期建筑群之一。

山陕会馆坐北朝南，布局前密后疏，有琉璃照壁、山门、舞楼、正殿、拜殿等建筑，院内还有一对石狮。

琉璃照壁高7.6米，宽13.2米，南面为素面青砖墙，北面墙面镶嵌琉璃构件，装饰华丽。照壁自下而上由青石须弥座、壁身、硬山绿色琉璃瓦顶三部分组成。

山门平面呈"八"字形，面阔三间，东西两侧砌筑八字墙与仪门连接。山门由台基、墙体、瓦顶三部分组成。台基用青砖砌筑，中部为青砖墙体，墙上辟一正门、两侧门，均为青石拱券门。

舞楼又名"戏楼"，坐南向北，平面呈"凸"字形，抬梁式结构。建筑共为两层，南面面阔五间，北面面阔三间，明间、两次间均为进深三间，两稍间进深两间。一层南侧辟三石拱券门，石拱券门设木实踏板门与第一进院相隔。舞楼南面为庑殿式绿色琉璃剪边筒瓦顶，北面为歇山式绿色琉璃剪边筒瓦顶，南北正脊之间有一横向脊相连，使其成为"工"字脊。

拜殿坐北向南，面阔五间，进深三间，为抬梁式结构。歇山式绿色琉璃剪边筒瓦顶建筑，高台建筑，殿前有高大的月台。

正殿为悬山式绿色琉璃剪边、琉璃菱形枋心筒瓦顶建筑，面阔五间，进深两间，为悬山式绿色琉璃筒瓦顶建筑，抬梁式结构，前檐圆雕龙驮莲花柱顶石、虎牛驮莲花柱顶石，莲花瓣上，分别刻有四种字体的"寿"字，风格独特。平板枋、挑檐檩和殿内梁、檩均为清代绘旋子点金彩画，梁下枋心彩绘"龙穿牡丹"、"凤穿牡丹"、麒麟及多宝图案等，色彩艳丽。

东西廊房平面呈"L"形，为硬山式灰筒瓦顶，东西向面阔5间，南北向面阔11间，另"L"形角上一间为共有，进

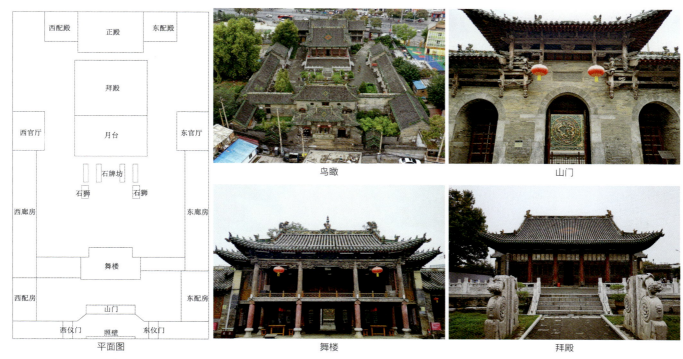

图6-2-10 山陕会馆（来源：宁宁 摄）

深一间，前出单步梁设以廊。

东西配殿为两层楼阁悬山式绿色琉璃筒瓦顶建筑，面阔三间，进深一间，抬梁式结构，梁上枋间施旋子彩画。

2. 潞泽会馆

潞泽会馆（图6-2-11）位于洛阳市老城东关新街南头，俗称东会馆，坐北向南，东临瀍河，西靠市区，南临洛河，始建于清乾隆九年（1744年），占地15000多平方米，原为山西潞安府、泽州府商人所建，是当时潞安府、泽州府两府（即今长治、晋城两市）、在洛阳商人聚会之所，规模宏大，布局严整，是中原地区保存完整的古建筑群之一。

潞泽会馆在建筑布局方式上，属平地起建型，通过台基来表现建筑等级的高低，以中国传统建筑群的布局方式——"院落"为单元进行组合，整组建筑群又有主院和跨院之分，主院分二进院落，总平面呈长方形，符合中国传统建筑—主体建筑居中轴线、附属建筑两侧对称的布局特点，其主院落第一进院落分别为舞楼、东西穿房、钟楼、鼓楼、东廊房、西廊房、大殿；第二进院落为后殿、东配殿、西配殿，主院落西侧为西跨院。潞泽会馆采用中国古代建筑群常用的以庭院为组合单位的平面布局形式，沿南北轴线上分为前导、祀神和生活三个功能分区。在整体布局上舞楼、大殿、后殿依次列在中轴线上。

舞楼又名戏楼，位于会馆中轴线最前端，坐南面北，正面朝大殿，两山墙与东西穿房及钟鼓楼连为一体。舞楼同时又为连接内外的山门，不仅具有内向性，其南对外又呈防御性，而这种组合也是传统戏台建筑的一个基本规制。在中国古代建筑的礼制规范中，北屋为尊，倒座为宾，两厢为次，杂屋为附。虽然会馆戏楼在整个会馆建筑群中有着极其重要的作用，但仍然要遵循建筑的礼制。同时，戏楼既娱神，又娱人的功能也决定了它必须坐南面北。舞楼外观为重檐歇山顶，布筒板瓦顶绿琉璃剪边。面阔5间，进深3间。作为会馆

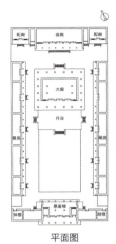
平面图

鸟瞰图

大殿

舞楼

图6-2-11 潞泽会馆（来源：宁宁 摄）

的入口，南檐砖墙向内北退进，使檐柱与金柱距加大，形成较深前廊，突出了入口，让会馆与外界的过渡和连接空间有了更好的衔接。

大殿为四周回廊重檐歇山布筒板瓦顶，绿琉璃剪边，屋面设黄绿琉璃菱心以示其崇高地位。通面阔为7间24.38米，通深为6间2.07米，通高18.42米。大殿梁架二层为七架抬梁带前后挑尖梁，一层斗栱为三踩单拱造，二层斗栱为五踩单拱重昂造。大殿周围设有明台，明台与月台之间的踏跺为三层，月台与甬道之间的踏跺为七层，两旁有垂带石、象眼。地面皆为青砖铺地。

后殿为单檐悬山式，素脊饰顶，琉璃瓦剪边，面阔七间，进深二间，为二层单檐。后殿两侧有东西配殿各三间，东西挟房各一间，挟房内设木楼梯，与后殿、配殿连为一体。

钟楼和鼓楼分立舞楼两侧，为三层歇山式建筑，灰筒瓦顶琉璃减边，钟鼓楼通过穿房与舞楼连为一体。

东西穿房上覆绿色琉璃瓦，二层，位于舞楼与钟楼、鼓楼之间。

东西廊房单檐悬山顶建筑，灰筒瓦顶琉璃剪边，抬梁式结构，面阔21间，前出长廊贯通前后院，三间为一组，中间以砖墙相隔。檩、梁、枋和斗栱均施彩绘。

第三节 传统民居营建与技术

豫西传统民居深受历史文化传统的影响，趋利避害的风水观念、尊礼守制的礼制思想都是传统建筑的选址与布局的重要影响因素，同时，豫西复杂多变的地形地貌也是传统建筑选址的重要依据。村落和建筑群往往选择在临近交通要道的位置，总体布局因山就势，易守难攻，既享通达四方的便利，也利于保护村落和建筑的安全。

从民居类型上来看，豫西民居主要有平原合院式民居和窑洞民居两大类。

一、平原合院式民居

（一）院落组合形式

从院落组合上说，豫西合院民居的院落基本形制大致分两种，即四合院和三合院，其中三合院应用最为广泛，且以窄型院落为主。窄型院落，即正房露脸宽度为一间，但不同的地区露脸宽度仍有不少差别，可分为三种类型（图6-3-1）：

1. 正房露脸宽度小于一间；
2. 正房露脸宽度等于一间；

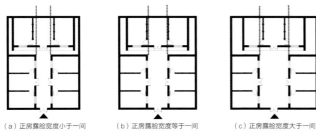

（a）正房露脸宽度小于一间　（b）正房露脸宽度等于一间　（c）正房露脸宽度大于一间

图6-3-1　窄型院落分类（来源：黄黎明 绘）

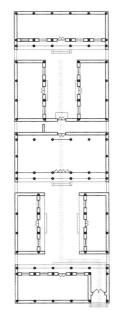

图6-3-2　二进院落典型平面（来源：黄黎明 绘）

3. 正房露脸宽度大于一间。

在上述基本院落形制的基础上，豫西合院民居还发展了横向院落组合和纵向院落组合两种型制。前者主要有主次并列、两组或多组并列等院落组合方式；后者主要有两进院、三进院和四进院等多进院落组合方式，其中，二进院落组合方式最具代表性（图6-3-2），其院落特点为院落宽度等于正房通面阔，进入二进院落必须通过客厅，二进院落设置单独的二门，二门和客厅后檐墙宽度多在1.5~2米之间，作为前后院落的过渡空间。这种二进院组合方式和北京四合院的二进院组合方式在平面布局与空间形态上都有很大的差别，后者是在基本型四合院的厢房一端山墙处，接砌墙体，中间设二门（垂花门）形成二进院落。

（二）结构形式

1. 承重体系分类

中国传统民居在承重结构方式上素有"墙倒屋不塌"的特点，即整个屋顶的重量全部由木构架承重，到了明代砖瓦技术发展起来并日益成熟，墙体承重逐渐成为另一种重要的承重方式。豫西地区合院式民居现存的承重结构类型主要有木构架与墙体混合承重体系和墙体承重体系两种，完全的木构架承重体系很少。

（1）木架与墙体结合承重体系

木架与墙体结合承重体系在豫西民居中分布比较广泛，主要分三种情况：一是柱加山墙承重；二是柱加山墙加后檐墙共同承载，此种情况所见较多，既用于厅堂，也用于部分前檐廊的厢房；三是以墙体承重为主，前檐廊檐柱落地，檐柱承担很少的荷载（图6-3-3）。

（2）墙体承重体系

豫西民居发展到清末和民国时期，墙体承重体系逐渐演变为两种形式：一是较小的（三间面阔）房子四面封檐，不再用木柱，水平受力构件仍用木材，抬梁式梁架简化成只有抬梁部分，称为"重梁起架"（图6-3-4）；二为人字形梁架，称为"插手梁架"。

2. 木构架类型

豫西合院式民居位于多元文化的交汇区域，集南北风格为一体，结构技术也集穿斗和抬梁于一身，不仅有抬梁式木构架、穿斗式木构架，还有穿斗与抬梁相结合的木构架，其

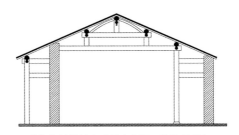

图6-3-3　木架与墙体结合承重（来源：黄黎明 绘）

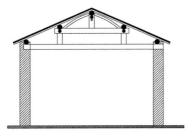

图6-3-4 墙体承重图

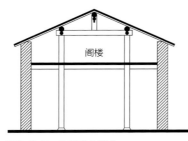

图6-3-5 抬梁穿斗结合

中抬梁式木构架使用数量较多,主要分布在洛阳地区;三门峡地区则以穿斗与抬梁结合式为主,只在三门峡南部的卢氏县等地区存在少量穿斗式木构架。

穿斗与抬梁结合式木构架集穿斗与抬梁的优点于一身,是豫西三门峡地区最为普遍的一种结构形式,根据受力特点上来看,整体可分为两种:

①主体结构以抬梁式为主,在瓜柱与檩条交接处的节点构造采用穿斗做法,又称为穿梁式或插梁式,其显著特点是用较小的穿枋代替三架梁,脊瓜柱和两边瓜柱一样同时落到五架梁上,并由五架梁伸出前檐墙形成挑檐。

②主体结构以穿斗式为主,瓜柱与檩条交接处采用抬梁式的构造做法(图6-3-5),其显著特征是金檩下面的童柱落地,以支撑荷载,多使用于房间进身大,屋顶高度偏低的房屋。

上述穿斗式木构架以及穿斗与抬梁结合式木构架,主要分布于豫西地区的卢氏县、嵩县和栾川县等,因其处于我国南北气候过渡带,房屋保温要求介于南北之间,屋面苫背比较薄,屋面轻。特殊的气候与地理环境对房屋的要求,促进了穿斗式与抬梁式的有机结合,形成实用的结构类型。

(三)营造方法

1. 建筑材料

豫西传统民居的建筑材料主要包括原材料和建材制品两部分。

(1)原材料有木料、石料以及竹、柳条和芦苇等。木料主要以榆木为主,作为梁和檩条;石料主要来自山上的石头,用于建筑基础、墙身、台基等,同时也是生产石灰和水泥的主要材料;竹、柳条和芦苇等主要用于代替望板,其中以芦苇编制的苇箔应用最为广泛。

(2)建材制品主要包括砖、瓦和土坯三种。砖瓦规格并不统一,尺寸悬殊,且多不为模数,只因砌墙以顺砖为主,不碍使用。其中条砖多用于房基与墙体,方砖主要用于铺地,还用于屋顶望砖。土坯在豫西民居墙体中占据主要地位,一般做法:取土——和泥——装模——脱模——晾干待用。

2. 建造工艺

(1)屋顶做法

豫西传统民居的屋顶有悬山和硬山两种,其中以硬山应用最为广泛。硬山屋顶即两山墙封檐的屋顶类型,其独特之处在于封檐,因继承悬山博缝板的形式,需用方砖仿制博缝,就由若干层方砖和条砖加工修磨或局部雕刻,逐层拔檐精砌而成,具有较强的装饰性。

豫西传统民居的屋面多为瓦屋面,且以仰瓦屋面为主。瓦屋面的构造层次自下而上依次为木基层(椽子)、苫背垫层、苫背层、黏合泥层、瓦面层。椽子直接承受屋顶荷载,可分为圆椽与方椽两种形式。

苫背垫层的作用是承托苫泥,可分为两种形式:一是用望砖或望瓦,但铺设望砖较为平整,室内效果优于望瓦。富裕人家还会用刻有寿字的望砖组成十字花,或者在望砖表面绘制八卦图等图案;另一种是铺条笆、苇箔等廉价材料做苫背垫层。一般情况下,正房等级要求较高,多用苇子或细木条编织的笆交叉铺设;厢房和倒座等要求不高的屋面则用高梁杆、麻秆、苇子等编织的箔横向铺设。

（2）墙体做法

墙体在豫西传统民居中不仅是重要的承重结构，更是最主要的围护结构，它不仅要具备防卫保温、隔热等基本的功能要求，还要考虑到经济性的问题。就地取材节省造价就成为当地民居筑墙的原则之一，因此各地工匠因材施用，产生了多种多样的外墙形式，根据墙体材料不同可分为砖墙、生土墙、石墙和混合墙四种，其中以混合墙应用最为广泛，包括砖坯混合墙和砖石混合墙。

砖坯混合墙常见的有两种形式，一是下碱用砖、上部用土坯的上坯下砖墙，或者是下碱、墙角等主要部位用砖砌，土坯填心，俗称"砖包皮，坯填心"；二是墙体外面砌砖，里面砌土坯的"里生外熟"墙，或者称为"砖包皮"。

砖石结合墙常见有两种形式，一是基础用砖砌，上部自山墙檐壁相交处向上仍用砖，中部则以石块填充，又称为"穿靴戴帽墙"；二是山墙和前后檐墙都用石砌，只在窗户和门框的四周用砖砌，有点类似砖坯混合墙中的"砖包皮，坯填心"，可以称之为"石包皮，砖填心"。

（3）基础与地面做法

传统民居建筑的基础深浅是因地制宜的，根据各地原生土质的坚柔及气候寒暖情况确定基础的深浅。在豫西传统民居中，由于墙体承重，多采用深60~70厘米的条形基础，只有部分用柱承重的房屋需要做墩形基础。根据当地所用材料的不同，基础可分为砖砌基础、石砌基础及砖石混合基础三种。

豫西传统民居地面做法较为简单，小户人家多做素土夯实地面或灰土地面，条件稍好的人家可用条砖墁地，大户人家则用方砖及条砖搭配铺设区分等级。

（4）门窗做法

豫西属于暖温带南缘向北亚热带过渡地带，传统民居的门窗不仅要满足冬季保温、夏季隔热、安全防卫等因素，还要考虑经济技术条件，所以主要以开小窗为主。门窗按照过梁材料的不同，又可分为木过梁、石过梁和砖券过梁三种，其中以木过梁和砖券过梁应用最为广泛。

二、窑洞民居

（一）院落组合形式

豫西窑洞民居中，特殊的地理地貌环境形成了不同的窑洞类型，进而产生与之相适应的多样化的院落布局形式，其中以靠崖窑和地坑窑最为典型。

1. 靠崖窑院落形式

在靠崖窑的发展与演进过程中，产生了几种代表性院落类型（图6-3-6）：

（1）合院式：往往在靠土崖的一侧开挖窑洞，而在其两侧或一侧建砖瓦房，加上围墙和大门组合成三合院或四合院。

（2）椅子圈院式：利用山坳或在崖面上开挖"斗"形的院落空间，形成三个可开挖窑洞的崖面，并在院落的正前方建造临街房或直接砌筑院墙。因其空间形态类似椅子圈，被当地人称为"椅子圈院"。

（3）天窑式：在周边崖壁的高度充足的情况下，在各级台地的崖面上开挖窑洞，因台地是层层退台布置，底层窑洞的窑顶就是上一层窑洞的前院，被当地俗称为"天窑"。

豫西窑洞民居中的靠崖窑主要窑房结合以合院式为主。靠崖窑的主窑一般为单数，忌讳用双数，一是单数布局使得院落可以对称布局符合传统建筑规制；二是民间多忌讳"四六不成事"。

2. 地坑窑院落形式

按照地坑窑入口坡道形态的差异，可将其分为直进型、曲尺型和回转型三种（图6-3-7），而入口坡道通常设置在窑院的一角，且坡道末端门洞正对的崖面正中的一孔窑洞即为主窑。

若根据主窑所处的方位朝向的差异，地坑窑通常可北坎宅、西兑宅、南离宅和东震宅四种类型：一是东震宅，长方形，凿窑8孔，南北各三孔，东西各一孔，门为正南方，厨房设在东南；二是南离宅，长方形，共凿窑8至12孔，门为正东方,厨房设在东南;三是西兑宅,群众叫西四宅,正方形,凿窑10孔,东西各3孔,南北各2孔,门走东北方,厨房设在西北;四是北坎宅,长方形,凿窑8至12孔,门走东南方,厨房正东。东西南北各按易经八卦排列,主窑高3至3.2米,可安一门三窗,其余为偏窑,高为2.8至3米,一门二窗。窑洞深7至8米,宽3.2至3.5米(图6-3-8)。

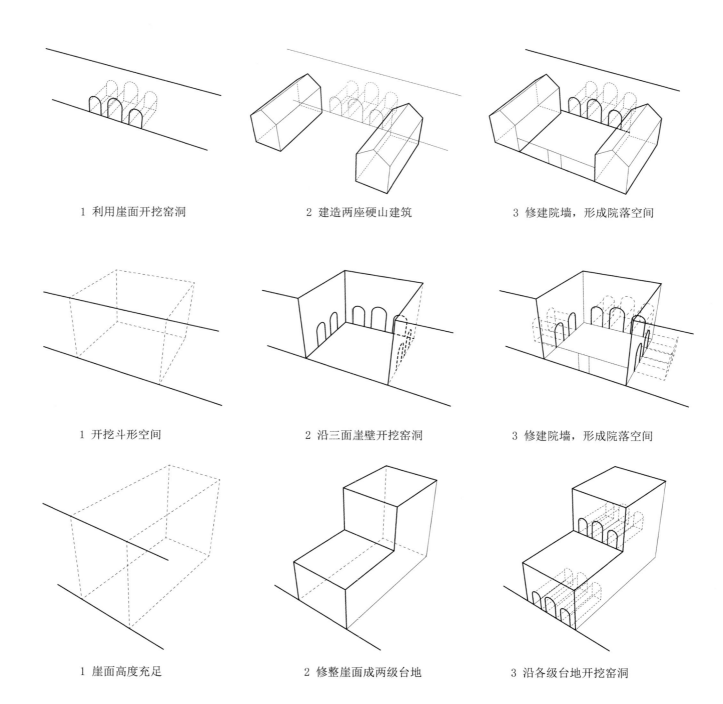

图6-3-6　合院式、椅子圈院式、天窑式院落类型(来源:黄黎明 绘)

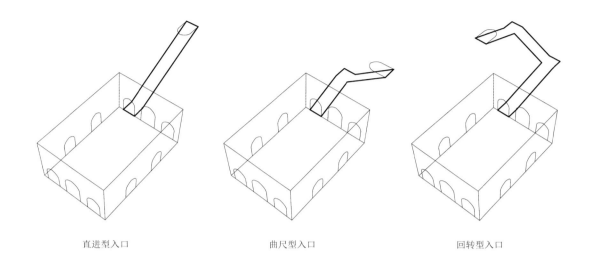

图6-3-7　直进型、曲尺型、回转型入口坡道

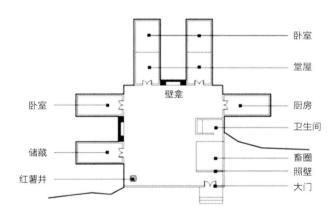
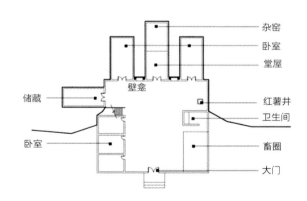

图6-3-8　靠崖窑的典型院落布局（来源：黄黎明 绘）

（二）窑洞类型

豫西窑洞主要有三种形式：靠崖窑、地坑窑和箍窑，其中箍窑并不多见（图6-3-9）。

1. 靠崖窑，又被称为"靠庄窑"或"庄窑"，即在山坡、台地、沟边或黄土塬面的边缘区域开挖平行于地面的横穴，主要分布在新安县、洛阳市、偃师市等丘陵和河谷平原地带，其中以偃师东部的靠崖窑最为典型。

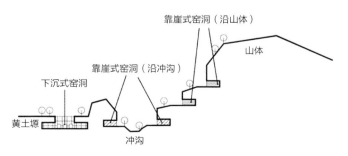

图6-3-9　豫西窑洞剖面示意图（来源：黄黎明 绘）

靠崖式窑洞主要分为靠山式和冲沟式两种。靠山式窑洞多顺应等高线建造，根据山坡面积和高度可分为几层台阶式布置，层层退台使得下层的窑顶成为上层的窑院，节约空间。底层窑洞与前面的川地或者流水形成前水后土，前低后高的天然形态。沿沟式窑洞是在冲沟两侧崖壁基层上部黄土层中开挖的窑洞，窑洞上层常作为道路或者麦场。

2. 地坑窑，也叫"土坑窑"、"天井院"或"下沉式窑洞"，主要分布在三门峡等市的高原地区，其中以陕州区分布最为广泛。

这种窑洞通常利用黄土的稳定性，在塬面上挖一个至5~8米的四边形下沉庭院空间，四壁再开挖8~12孔窑洞，通过一条或直或曲的线性坡道连接塬面与窑院。

陕州区庙上村地坑窑博物馆位于三门峡市南22公里处的庙上村，是一组现存最完整的地坑窑居建筑，它由四个原本独立的地坑窑居建筑组成。这四个地坑窑居建筑均为10孔窑，且为西兑宅的形制，即主窑位于西侧正中，两侧的窑分别为上角窑和下角窑，位于东侧且与主窑相对的为下主窑。下主窑两侧分别为茅厕窑和门洞窑。南面的为南窑（或为厨窑）和牲畜窑（又称"乌龟窑"），北侧的为上北窑，下北窑。其立面经过修缮复原以后，呈现出最完整的形态特征。除了上主窑为一门三窗，卫生间为一门一窗的形制以外，其余皆为一门两窗的形制。色彩以黑色为主，辅以红色、黄色、绿色。

3. 箍窑，又称为独立式窑，是三种窑洞形式中最为奢华、造价最高的一种，只在靠近豫北的部分土质疏松、基岩外漏的区域有一定数量的分布。箍窑是仿地窑式样用砖、石、土坯在地上筑拱式房屋称为独立式窑。窑顶覆土在这三类窑洞中最薄，一般只有1.5米左右，部分居民会在窑顶上做一层挑檐，铺上青瓦，容易造成"远看是房，近看是窑"的错觉。

（三）建筑结构

1. 结构形态

地坑窑、靠崖窑和箍窑三种窑洞形式均采用拱券结构形式，空间较为封闭。最初的窑洞结构，在顶部不需要加任何支撑构件，只需在竖直的黄土壁上开挖而成，形成稳定的两侧墙壁，顶部拱起拱形结构，室内墙面及拱顶只需加以平整粉刷即可使用。这种情况最适用于黄土高原的地质及材料特征，同时又是最合理最经济的模式。

在遇到地质变化，如土质变硬或者土质酥松容易塌陷等不宜继续挖掘的情况下，需要外加一段拱来实现基本的窑洞长度，通常会利用石料及砖材通过支模来续接一段拱使窑洞形式完整，随后逐渐产生了用砖石模拟土窑的拱形结构。

拱顶的类型多样，不同地区根据不同土质采用不同的拱顶类型。豫西窑洞民居主要采用为尖拱和半圆拱两种形式（图6-3-10），前者适用于三门峡部分地区的地坑窑中，后者多适用于偃师东部的靠崖窑中。箍窑一般也会采用半圆形拱。

2. 空间形态

窑洞的大小高低受当地的土质影响很大，不同地区，窑洞的空间形态也不尽相同（图6-3-11、图6-3-12）。无论地坑窑、靠崖窑，还是箍窑，从窑洞的平面及剖面形态来看，窑洞的侧壁除了拐窑的形式外，都有斗形加大或者缩小的形式，而窑顶也会采用同样方法做成倾斜表面，或是后部局部高起，且最窄处满足最小尺寸要求。这些处理方式可以满足不同居住者的室内要求。

以洛阳东部靠崖窑为例，窑洞的平面形状以外窄内宽的为主，空间从外到内逐渐加大，形成斗形，而剖面则外部较低内部较高，同样形成斗形。这种适度加大内部空间的窑洞处理方式，适用于洛阳东部窑洞深度较大的现状，是当地生活习惯和文化习俗的真实反映。

3. 立面形态

窑洞立面主要由窑顶女儿墙、披檐、窑脸、券饰、前墙、门窗、勒脚等组成，但从窑洞外观的美学角度来讲，只有窑脸堪称窑洞唯一的立面，是豫西窑洞的装饰重点，也是窑洞优劣的最直观的体现。根据窑脸的形态可分为尖圆拱窑

图6-3-10 窑洞拱顶形态（来源：唐丽 摄）

脸和半圆拱窑脸两种类型。尖圆拱窑脸的跨度比较大，门的上方和两侧多开窗户，有的只在门的上方和一侧开窗，增加通风采光；由于半圆拱窑脸的跨度和高度都较小，拱只能容纳一个门的位置，有时会在拱的一侧开方形的洞口来设置窗户，因此室内采光效果较差。在拱的上侧，会设置一个尺寸很小的披檐，或用砖做成象征披檐的形态。

（四）营造方法

1. 建筑材料

豫西窑洞所用的建筑材料都为就地取材，主要包括黄土，以及黄土制成的土坯、砖块、石材、木材等，通过简单的低技术的营造方式，营造了舒适的居住环境，保护了环境，达到了节约能源和环保的目的。

（1）黄土

豫西黄土资源丰富，窑洞依靠黄土高原，在黄土层下挖掘而成，通过挖掘取得室内空间，使用的建筑材料是原生态的黄土，没有经过人工的焙烧和加工，具有原生态的性质。

（2）土坯

利用挖掘出来的土进行简单加工（把黏土放在模型里制成的土块），打成土坯，砌筑院墙、畜圈、土炕、烟道等，这种生土材料施工简便，有利于材料的再生和再循环使用。

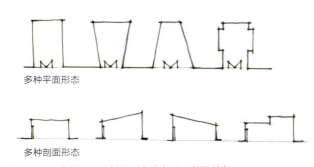

多种平面形态

多种剖面形态

图6-3-11 窑洞平面和剖面形态（来源：唐丽 绘）

名称	前厅后卧窑	套窑	拐窑	母子窑	两窑并联	三窑和多窑并联
图示						

图6-3-12 窑洞内部空间形态组合（来源：唐丽 绘）

（3）砖

砖主要以黏土砖为主，俗称砖头，适用于箍窑以及靠崖窑和下沉式窑的门脸立面部位。黏土砖就地取材，价格便宜，经久耐用，还有防火、隔热、隔声、吸潮等优点，在土木建筑工程中使用广泛。

（4）木材

由于豫西黄土高原地区植被稀疏，木材缺乏，木材只在窑洞的门窗部位使用。木材有环保、自然美观、保温隔热性能好等优点。

2. 建造时序

豫西窑洞传统民居是一种特殊的"建筑"，靠崖窑和地坑窑不是用"加法构造"，而是采用"减法构造"。即通过挖掘手段"减"去黄土崖壁中的土体，形成可用于居住和生活的空间。而箍窑主要采用加法营造，先在平地上砌筑砖房，为了使得砖房同靠崖窑和下沉式窑一样有冬暖夏凉的性能，多在顶部和墙体四周覆土，称之为独立式窑洞。

（1）靠崖窑一般选址在陡峭土崖或近于垂直的沟畔，先利用工具将毛糙的土壁切削成垂直壁体，再挖横向窑洞。地坑窑则选址在豫西较平坦的黄土原上和丘陵地带，先在平地上挖出一个深约8～12米的坑，坑的四壁要切削成垂直土崖面，再于水平方向向内挖掘窑洞。

地坑窑和靠崖窑在开挖窑洞时有共同的步骤，都要请师傅放线，画出窑洞立面券形，开挖约50厘米，然后自家挖至所需深度。传统的窑洞挖掘，先挖窑门，向内留出窑门厚度，向外扩大挖出窑洞形态。如土质好，可直接挖拱形窑口；土质较差的，先挖一个矩形口，挖到1到2米后再向四周扩挖。挖到有了窑洞雏形时，再修整。若土质不好，窑顶进行支撑处理。

窑洞初次成形后，要根据理想形态及土质反复剔窑，然后进行内面的粉饰和细部处理，大部分窑洞会在窑底挖掘拐窑作为储藏使用，还要设置烟囱、火炕等。最后用泥浆、石灰砂浆或混合砂浆进行抹面处理，收尾时候装上圆窗、方门即可居住。

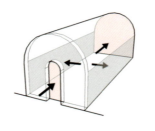

图6-3-13 窑洞的建造时序（来源：唐丽 绘）

（2）箍窑所采用的材料主要是砖和土坯，一般选址在黄土覆盖厚度较小或者土质较差不适宜开挖土窑的地区。施工前先制砖或砖坯，富裕的人家会买成品黏土砖，普通居民则自己打制土坯，把黏土放在模型里打成土坯；一般用石材、砖块、土坯、草泥砌筑成墙基，然后采用砖块或土坯砌筑墙体，窑顶也采用同样材料砌筑成拱形。最后窑顶覆土，为保证冬暖夏凉效果，多在窑顶和墙体四周覆土，覆土厚度比靠崖窑和下沉式窑要小，约1～1.5m厚，其余工序同靠崖窑和下沉式窑（图6-3-13）。

3. 建造工艺

（1）基础、勒脚和散水

靠崖窑和下沉式窑洞因为在黄土中挖掘而成，不需要基础。独立式窑洞在砌筑墙体前需要做基础处理，传统的独立式窑基础一般用石材、砖块、土坯、草泥砌筑成墙基。

（2）室内地面

窑洞室内地面的做法，一般多是直接夯实的土层或者是当地烧制的砖铺砌成。前者做法简单，将地面找平夯实，就可以直接使用，但耐久性差；后者先找平地面，然后铺细土，最后铺砖。

（3）外墙面

窑洞的外墙面是窑洞空间的竖向界面，主要功能是装饰和保护窑洞外立面，能够使窑洞外观整洁并延长其使用寿命。

靠崖窑和下沉式窑洞由于在黄土中掏挖而成，三面墙体均为原生态的密实性黄土，易受风吹、日晒和雨淋等作用而发生的面层开裂、粉化和剥落。因此外墙面多由土坯砌筑和秸秆泥抹面或者直接用秸秆泥抹面而成，减少雨水冲刷对窑脸的剥蚀损害，起到保护作用。

独立式窑洞墙体多采用实心黏土砖，保护墙面免收雨水冲刷的同时起到加固作用，但保温隔热性能差。

（4）窑脸

窑脸是一个拱形曲线，窑洞立面构图的重要元素，可分为尖拱和半圆拱两种，主要为了防止雨水冲刷门窗面。窑脸的材料主要为最简朴的草泥抹面以及精美讲究的砖石砌筑，砌筑的时候要从两侧砌起，最后砌中间的，并根据需要对中间的砖进行裁切。为防止窑脸和墙体结合不牢固，窑脸整个部分会凹进墙面。

（5）门窗

地坑院的门有宅门和院内窑洞门之分。宅门是重点装饰的部位，体现房主人的社会地位。最简朴的宅门是就地挖洞，其次是土坯门柱搭草坡顶，进一步是青瓦顶，讲究点的是砖拱，上卧青瓦顶。院落内门窗分立，门窗洞口较小，上部设置排气窗。

窗多为木质，做成棂花格，当地居民喜欢使用窗纸，其上贴有民俗剪纸装饰，但保暖、隔声性能较差。门窗安装制作好以后，为保护门窗框要刷漆，窗框门框都是黑的，风门边和窗边是红的，窗棂子是墨绿色的。制作门窗材料多选用不易变形且在当地生长较多的木材，如椿木和槐木，比较讲究的是回椿木和香椿木。

（6）窑顶

窑顶相当于现代建筑的屋顶。窑顶基本上都是碾实的黄土面，通常是直接土层找坡或者是铺砖找坡。因黄土土壤松散，渗水性强，每年都要用石碾对窑顶进行三到四次的碾平压光，特别是在下过大雨之后，更需要及时压碾，碾压后的窑顶密实度增大，渗水性减弱，有利于排水，同时可以做打谷和晒谷之用。

也有部分窑洞顶部种植浅根灌木，这类灌木根系扎的较浅，不会破坏窑顶覆土结构，而且能起到固定窑顶土壤，防止水土流失的作用。

（7）女儿墙

靠崖窑和下沉式窑洞，由于窑顶可登临，常在窑顶部沿土崖壁边缘砌筑矮墙，称为女儿墙。女儿墙高约70~80厘米，有两方面的作用，一是可防止行人和家畜从窑顶跌落，起到安全作用；二是使窑顶雨水做到有组织排水，避免雨水冲刷窑脸。

女儿墙的用材随着当地村民经济的发展而发生变化，原来经常用土坯做，后来逐渐转变为砖砌花墙。部分大户人家会结合青砖、红砖的色彩变化以及瓦当的曲度做成各种图案，并在女儿墙顶部设有烟囱口。

（8）眼睫毛

眼睫毛，又称批檐，是为了防止雨水冲刷墙面，在女儿墙的下方，做一道砖砌檐略突出窑洞前墙，上卧小青瓦。在地坑院窑洞中，眼睫毛多在转角处通过构造处理来进行有组织排水。根据构造方式不同，可分为阴角和阳角，阴角是把排水做在眼睫毛的下面，而阳角则是把排水做在眼睫毛的上面。一般情况，在眼睫毛转角处会设置四头，不仅起到保护墙体的作用，更具有装饰效果。

第四节　传统建筑装饰与细部

在豫西传统建筑中，屋顶装饰、照壁装饰及建筑群整体的色彩搭配科学且富于中国传统观念，无论是砖雕、木雕和石雕，大量采用高浮雕、透雕和浅浮雕等手法，雕刻细腻繁复，而且十分注意情节和构图。

一、装饰特点

（1）建筑的受力构件成为装饰的依附对象。

豫西传统建筑将建筑构架的功能性与装饰性结合在一起，采取适宜的手段进行装饰。无论是柱子，还是檐下部位各建筑构件，都集结构作用和装饰性于一体，额枋、雀替、柱础、抱鼓石等建筑构件更是在起到受力作用的同时，又成为装饰的重要载体。木构件的端头、拐角处的装饰，不仅是对结构构件的艺术加工，合理地分布于建筑的关键部位，在整体构架中也起连接和承重作用。通过将美妙绝伦的雕刻艺术和绘画艺术等各种装饰手法相结合，借助寓意深刻、题材丰富的素材，形成充满丰富民间艺术气息的建筑群落。

（2）装饰构件小中见大，吉祥寓意，体现中华传统文化内涵，这是中国古典建筑的文化价值所在。

（3）豫西传统建筑位于秦晋和中原的过渡地带，建筑既有晋南地区的风格，又反映了河洛地区的特点，具有鲜明的地域特色，反映出不同地域文化的融合。

二、装饰手法

建筑装饰的一个重要方面就是附属于建筑上的各种雕塑，它们具有一定的审美价值，同时也蕴含着较强的工艺性，其中洛阳潞泽会馆的雕刻充分展示出了建筑的装饰艺术性，成为豫西建筑装饰雕刻艺术的集中代表。

（一）木雕

木雕是中国古建筑的最典型特征，是豫西传统建筑中应用普遍、规模最大、数量最多的一种建筑装饰艺术形式。木雕装饰的雕饰均考虑到建筑结构的关系，雕饰中既做到不伤其结构整体，而且雕饰尽量做到构图得当、图案完整。

洛阳山陕会馆山门每间前后各雕四根垂花柱，其形上为镂空的绣球，下垂柱头为圆雕牡丹花。运用透雕的雕刻技法，表现了牡丹的美丽、富贵（图6-4-1）。

正殿大额枋下的雕刻内容丰富，技法娴熟，采用圆雕、透雕结合的表现手法。麒麟踏牡丹，麒麟比例适中，雕刻传神，身上的鳞片层层分开，韵味十足，其下的牡丹硕大无比，形态各异。小额枋上的二龙戏珠，龙身变化多端，神态威猛，具有强烈的立体感、韵律感、跳跃感，其余的牡丹、花卉各自独立或相互配合形成一组组的吉祥图案，甚是美观。

舞楼明间额枋南面雕刻有深山庙宇、塔楼。舞楼下昂雕龙头和狮子滚绣球。前庑殿檐下雀替上刻云端立两只报晓的金鸡，额枋上雕麒麟与凤凰立于云中，中有半掩的庙门，甚是形象。后歇山东西雀替上各雕一狮子滚绣球，东面的面目狰狞，西面的面目温和，二者均口衔绳索，特别是西面狮子爪踩小狮，身负小狮，极具和谐与生活情趣。与之对应的为踏云麒麟。明间雀替上雕龙踏牡丹和两狮戏球。明间大殿

图6-4-1　山陕会馆木雕（来源：黄黎明 摄）

额枋和雀替上雕八仙人物，东西各四。中间为展翅翻飞的蝙蝠，寓意为福象。东次间为水中鱼，云中龙。西次间中间雕盛开的老根牡丹。东西两侧分别雕麒麟、仙鹤，仙鹤立于云端，做展翅欲飞状。东梢间雀替上雕老松，松杆苍劲有力，枝叶繁茂。两只梅花鹿身形肥硕饱满，相去而驰，回首而望。整幅画面构图巧妙，苍松不在正中间，而颇符合西方绘画黄金分割的韵味，极具美感。

（二）石雕

石雕在豫西传统建筑中主要分布于柱础、抱鼓石、八字墙、双狮及各种基座等，其雕刻手法以高浮雕和圆雕为主，并结合透雕、浮雕和线雕，形成庄严、浑厚、凝重的艺术氛围。

洛阳山陕会馆院内的一对石狮高达3.8米。两狮端坐于方形须弥座之上，须弥座下枋入地，上枋雕饰图案，上下枭雕刻印覆莲，束腰为装饰重点，分别雕饰虎、麒麟、云龙、天马等瑞兽。雄狮右爪持绣球，口含宝珠，张口怒吼。雌狮背负幼狮，左爪下伏幼狮，口微张，面目慈祥。石狮昂首挺胸，雄健有力，具有"浑、实、雄、健"等北狮的特点（图6-4-2）。

柱础是古建筑中重点装饰的部位。洛阳潞泽会馆的石柱础形式多样，雕刻生动，主要以珍禽、瑞兽、花卉、祥草、几何图案为主。舞楼的三组石柱础十分生动，金睛兽驮莲花、狮子驮莲花、麒麟驮莲花。三兽的身躯部分均为方柱体，柱体上部绘有祥云，云纹之上烘托出一朵硕大的八瓣仰莲，莲花宝座支撑着根根巨柱，每个花瓣外又运用线刻技法

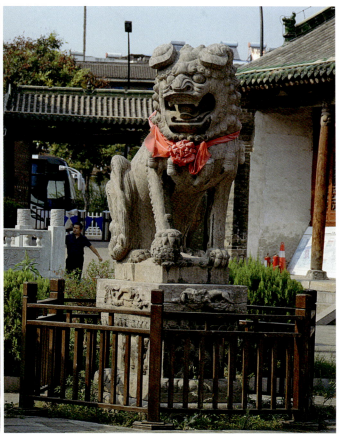

图6-4-2　山陕会馆石狮（来源：黄黎明 摄）

绘出朵朵盛开的莲花。方柱体前分别雕刻三兽的头、胸和前腿，方柱体后面分别雕刻三兽臀部、尾巴和后腿。三兽四肢直立于地，表情沉静神态稳健。这三组柱础充分体现了民间艺人超人的想象和精湛的技艺。大殿的柱础更为精美。其前外檐6个石柱础尤具特色，6个石柱础图案皆由三层组成：上层为二龙盘鼓，二龙首尾相连作环绕状，整体采用透雕、浮雕；中层系六兽钻桌透雕，六兽为传说中的吉祥瑞兽，由幼象、幼羊、鹿、狮子、老虎和狻猊组成；下层为十二覆莲莲瓣纹，每瓣里面用浅浮雕刻出燕子、蜻蜓、蝙蝠、蝴蝶。此外，大殿东西两侧各有四个石柱础，皆有三层石雕组成：上层用浅浮雕刻出荷花、石榴、竹子、兰花、梅花、菊花；中层束腰雕刻灵禽异兽，由仙鹤、鸳鸯、牧牛、乌龟、猴子、鹌鹑、鲤鱼组成。潞泽会馆的石柱础雕刻，取材广泛，造型新颖，大多为飞禽走兽与吉祥之物相结合，一动一静，交映生辉，产生出独特的艺术效果，从中可看出古代石雕匠师独到的构思、丰富的想象力和高超的雕刻技艺（图6-4-3）。

（三）砖雕

砖雕在豫西传统建筑中得到了大量使用，是其装饰艺术成就较高的一种装饰要素，而且各种雕刻技法相互交织，工艺娴熟。砖雕内容丰富，题材多样，画面层次分明，构图严谨得体，做工精致，形象生动。

安国寺火墙集中了寺院最为精美繁缛的砖雕，雕刻手法以浅浮雕为主，明清时期特征明显。寺院中除了几重配殿，其他重要建筑的外墙上几乎都饰有纷繁复杂、大小不同的砖雕，说明安国寺在建设过程中十分偏重砖雕的应用。火墙跨度巨大的墙面也为大幅砖雕题材的顺利展开提供了良好条件（图6-4-4）。

火墙门楼上除二层东、西、南三处极小面积为砖砌面外，其余均饰有砖雕，面积虽都不大，但十分繁缛、精美。拱圈门北面顶饰有二龙戏珠；圈顶东西岔角均饰祥云，岔角东西两侧各饰有一长须仙人形象，一为骑青牛，一为骑凤鸟引鹿，辅以祥云、团花等，似为道家仙人题材，说明了装饰砖雕时，三教融合程度已然较高，十分和谐统一。

拱圈门南面顶饰有卷草纹；圈顶东西两侧分别饰以降龙、伏虎罗汉，辅以祥云、山石、花草等，为典型的佛教故事题材；降龙、伏虎罗汉下各饰有两横小格，界分下部砖雕，小格中分别饰有两祥云、两羊。

影壁北面东西两侧装饰有头冲门楼方向的大幅瑞兽砖雕，壁心长5米，高1.5米。雕刻的是两只头有角、嘴有须、身有麟、狮尾、牛蹄的巨型瑞兽，辅以山石、松、竹、芭

图6-4-3　潞泽会馆石柱础（来源：黄黎明 摄）

图6-4-4 安国寺砖雕艺术（来源：宁宁 摄）

蕉、荷叶、祥云等，壁心上部及东西两侧界分为22个横竖小格，雕饰有宝瓶、花草、祥云、瑞兽等图案，壁心下方饰有六层束腰雕刻仿须弥座，束腰饰有卷草纹，上下混面仰覆莲瓣组成长条边饰。

影壁南面东西两侧大幅影壁较为特殊，西侧影壁瑞兽的形象及尺寸与北面影壁类似，是一只头有角、嘴有须、身有鳞、狮尾、四指龙爪的巨型瑞兽，辅以山石、海浪、柳、芭蕉、祥云等，壁心上部及东西两侧亦饰有与影壁北面两幅砖雕相类似的界分小格。东侧影壁砖雕则与其他三幅大不相同，壁心由中部方形瑞兽砖雕（长1.2米、高1.5米）和四角角花砖雕构成，其余为人字纹砖墙。瑞兽为嘴有须、身无鳞、狮尾、兽爪呈蜷缩状的龙形瑞兽。从雕刻手法和题材来看，该大幅砖雕具有明代特征，构图朴实、素雅，相较而言瑞兽体量虽小，但却不失凶猛，雕刻深度也较浅，与清代砖雕画面繁缛宏大、瑞兽形象威武但不凶猛、雕刻追求更深刻划有着较为明显的区别，火墙其余砖雕普遍具有清代特征。

（四）琉璃雕塑

琉璃制品由砖模施釉后经烧制而成，不仅色彩绚丽华贵，还具有良好的耐久性。

豫西洛阳山陕会馆的绝大多数建筑屋顶和脊饰都选用

琉璃材质，而在琉璃构件的色彩选择方面各有差异，饰件的题材和形象也各不相同。屋顶饰有大小数量不等、黄绿相间的菱形琉璃方心，将较为平板的大屋面装饰得丰富多彩。会馆屋顶脊饰多采用仿金、元建筑风格的大吻、垂兽及武士形象，脊之两侧亦浮雕出二龙戏珠、丹凤朝阳、缠枝牡丹、莲荷及卷草图案。各屋角之顶是仙人骑凤，另饰以押鱼、行什、天马、蹲狮等小兽，丰富了建筑屋顶的外轮廓及细部。

洛阳山陕会馆的照壁用绿色琉璃镶嵌而成，通高12米，宽13.2米。琉璃照壁的底座采用佛教造像的须弥座，为砖石结构。须弥座腰部，浮雕有狮、鹿、虎、麒麟、狻猊、仙鹤以及仙翁等动物、人物画面共11幅。照壁用浮雕、透雕等多种雕刻手法，内容丰富，造型生动，层次感强。壁面分作三个部分，形式均为方中套圆，取"天圆地方"之意。三部分内容各不相同，中间一幅为二龙戏珠。东边一幅为猛虎下山，虎身后为山坡老松，虎身上还扒着一只幼虎。西边一幅为云龙戏鲤鱼。整个画面气势奇雄，动感强烈。主体在"二龙戏珠"外嵌有"缠枝牡丹"及一龙和四凤，每朵牡丹造型各不相同；大圆的外面两个方形构筑的空间里，嵌有"八仙"、"瓶插牡丹"、"双龙拜寿"等画面。三幅画面及八仙人物均施以橙黄泛绿的釉色，鲜艳光璨，斑斓夺目（图6-4-5）。

（五）剪纸

剪纸与豫西传统民居紧密相关。这里的黄土塬上有许多的窑洞，民居门窗依然保留传统的木方格形式，这为窗花提供了大显身手的"阵地"。豫西剪纸种类繁多。每到春节，当地人就在屋顶上贴"顶棚花"、门上挂"吊笺"、贴"福"字和门神，窗上贴"窗花"、"窗亮方"，灯笼上贴"灯笼花"，影壁墙上贴"春牛"，炕上贴"墙围花"，厨房、灶间贴"灶头花"等，吉祥是豫西庞大的剪纸作品中最重要的主题。

豫西剪纸的风格因人而异，总体来说，它继承了商周青铜纹饰、南阳汉画石及北魏龙门造像和宋代开封木版神像画

图6-4-5　山陕会馆琉璃照壁（来源：黄黎明 摄）

图6-4-6　豫西剪纸装饰艺术（来源：唐丽 摄）

的特点，质朴粗犷、雄浑大气。它所反映的生产、生活方式以及思想观念，是几千年来农耕文化的延续，凝聚了中国传统民俗文化的内涵和特征（图6-4-6）。

三、装饰题材与文化内涵

豫西传统建筑中在装饰素材选择上有很高成就，人们将动植物、历史故事、神话传说、宝物器物等结合在一起，同时融会了儒、佛、道等各家思想，创作出内涵丰富、寓意深远的装饰图案，既美化了建筑、又体现了美好愿望。

从题材看，建筑装饰艺术可以归纳为吉祥图案、历史典故、神话故事、民间故事、诗词歌赋等几大类，表现出丰富、寓意深刻的艺术主题。

（一）吉祥图案

吉祥图案是中国传统建筑常用的装饰要素之一，围绕福、禄、寿、喜等寓意主题，进行装饰。造型上分为祥禽瑞兽、草木花卉、历史人物、传说故事、吉祥器物和符号等。

1. 动物题材

豫西传统建筑的祥禽瑞兽图案中，除了民间常用的狮子、猴、马、象、鸳鸯、鹭鸶、天马、虎等之外，最有特点的就是运用了大量龙、凤和蝙蝠的图案造型，其中的龙、凤图案主要有以下几种形式：二龙戏珠、二龙捧寿、二龙捧福、龙凤呈祥、丹凤朝阳等。龙的造型，就有团龙、行龙、祥龙、云龙、夔龙等。值得一提的是二龙戏珠图案，所戏的不是常见的珍珠、宝珠，而是蜘蛛。豫西会馆中的龙戏喜蛛反映了会馆商人希望自己的人际关系四通八达，生意越做越大、越做越好，像蜘蛛吐丝结网一样遍布全国各地。这是在晋商会馆中却是一种比较普遍的现象（图6-4-7）。

"蝙蝠、蝙蝠，遍地是福"，这是一句民间俗语，常用它来寓意多福。这些蝙蝠图案，大都集中在檐下木雕斗栱和额枋上。主要有"蝙蝠扑云"、"蝙蝠捧寿"等造型。几百只蝙蝠从"天"而降，来祭拜的人们翘首仰视飞翔的蝙蝠，在民间俗称"接福"。

2. 植物题材

豫西传统建筑中的植物题材一般用比拟、借喻、谐音、双关、象征等手法，采用直观表意和借物寓意的方法来体现吉祥寓意（图6-4-8），例如，红梅报春、喜庆吉祥，"梅"与"眉"同音，故喜鹊登梅为"喜上眉梢"，此类寓意用法各地常见。

洛阳是牡丹的故乡，唐宋时，洛阳是中国牡丹栽培的中心，洛阳人爱牡丹，山陕商人居于此，必然受其影响。洛阳的传统建筑中，以牡丹花为题材的雕刻很多，琉璃雕刻牡丹、石雕牡丹、木雕牡丹等各种表现手法都有应用，如传统吉祥纹样的缠枝纹牡丹，又名"万寿藤"，寓意吉庆，因其结构连绵不断，故又具"生生不息"之意（图6-4-9）。

图6-4-7 动物题材装饰（来源：黄黎明 摄）

图6-4-8 植物题材装饰（来源：黄黎明 摄）

图6-4-9 牡丹题材装饰（来源：黄黎明 摄）

3. 器物题材

豫西传统建筑吉祥图案的器物题材造型多为供器、算盘、"四宝"（笔墨纸砚）、"四艺"（琴棋书画）以及瓜果、盆花、杂宝等，都是时人生活的体现，也符合民间艺术"图必吉祥"的造型法则和趋吉避凶的民间风俗。

4. 人物题材

豫西传统建筑吉祥图案的人物造型主要是通过历史故事、神话传说、戏曲故事、民俗生活来塑造，比如，"八仙"故事、"二十四孝"故事、三国故事等。这些故事可以说是集中了儒、道、佛三教中的经典教义，通过图案的形式表现出来，在寓意吉祥的同时，宣传了各种宗教思想，具有了一定的教化功能。潞泽会馆大殿东次间额枋上，雕有一幅非常精美的衣锦还乡图。图中老翁神情怡然，骑于马上，马后紧跟一书僮，肩扛花枝。在大殿西次间额枋上雕刻的是一幅"安乐农耕图"，此图将不同的情景雕刻于方寸之间，有手扶犁把的农夫、饮水的牛、头戴草帽的渔翁，恰似一幅生活气息浓郁的旧田园风情画（图6-4-10）。

5. 符号化图案造型

豫西传统建筑装饰中的吉祥图案有一种是符号化造型，它主要以文字和抽象的形象来表现，如"风调雨顺"、"万寿无疆"、"天下太平"、"五谷丰登"等，这些文字反映了当时人们向往美好生活的心理愿望。建筑屋顶琉璃脊正脊的琉璃制品中，在"狮驮宝瓶"的脊兽下置手卷式匾额，行书"峻极于天"、"平安吉庆"等文字；照壁上"忠、义、仁、勇"四个大字，等等。这类符号化的造型，流传至今，具有相对的固定性和程式性，还有运用一些抽象的文字与符号，丰富了建筑的装饰手段，表达出主人的意愿。

这些装饰形式和内涵具有一定的相通性，其核心和载体都是信仰与民俗，反映了民间传统思维方式、文化观念与伦理准则，以朴素而直白的艺术语言表达了对生命价值的关注。

（二）历史典故

豫西传统建筑装饰中的内容故事性极强，多为民间耳熟能详的传说，蕴含了中国传统文化内旨，实则为一部立体的教育读本，如"二十四孝"、"桃园三结义"、"渔樵耕读"、"十八学士登瀛洲"、"暗度陈仓"、"八爱图"以及表现夫妻恩爱的"萧史骑龙"等。

豫西传统建筑装饰中的雕饰题材中还有许多三国故事题材的图案造型，特别是关羽的传说故事，如关羽夜读春秋、关羽挑袍、关羽投曹、关羽刮骨疗毒、挂印封金、桃园三结义等，表现了关羽的赤胆忠义和骁勇善战，还有《三国

图6-4-10 人物题材装饰（来源：黄黎明 摄）

演义》中的经典场面及其他一些图案纹样。因为关羽为河东解县人，死后其首级安葬于洛阳关林，建筑中这些题材的造型图案，与豫西百姓和山陕商人对关羽的信仰崇拜有关（图6-4-11）。

（三）神话故事

神话故事也是豫西传统建筑装饰的重要雕饰题材之一，常见图案有"八仙祝寿"、"八仙过海"、"八仙醉酒"、"蜀中八仙"、"刘海戏金蟾"、"张良圯上受书"、"王质升仙"等等。潞泽会馆雕刻人物中有八仙雕刻于舞楼东、西雀替上，八仙各持宝物立于祥云之中；有金甲神人，雕刻于大殿明间额枋上，神人身披金甲，一手高高举起，一手按于胯上，威风凛凛。

八仙在中国是最受人们欢迎的神仙群体之一，民间流传已久，影响颇大。建筑中运用八仙的题材造型，不仅是为了表达祈求长寿的美好愿望，八仙中各个神仙又有自己的本领和身份地位，主人也期望借此对自身的学业、生意、事业有所帮助（图6-4-12）。

（四）诗词歌赋

诗词歌赋在豫西传统建筑装饰中主要用于楹联和匾额，其在山陕会馆中的应用也较多，多数以赞颂关羽的仁义忠厚、浩然正气为主，同时也表现出秦晋商人的爱国热诚和积极进取的思想，也蕴含对会众的教诲之意。

关林戏楼建于清乾隆五十六年（1791年），是祭祀关公时献戏所用，故所题楹联专赞关公，上联是"匹马斩颜良，偏师擒于禁，威武震三军，爵号亭侯公不忝"，下联是"徐州降孟德，南郡丧孙权，头颅行万里，封号大帝耻难消"。

图6-4-11　历史典故（来源：黄黎明 摄）

图6-4-12　神话故事（来源：黄黎明 摄）

洛阳山陕会馆山门正中镶石匾一方，上书"河东夫子"，两侧又镶石楹联一对，上联"爵追王帝无贵贱皆宜顶礼"，下联"品是圣贤非忠孝漫许叩头"，体现了山陕商人对关公的敬重。会馆内的另一副对联则高度概括了关羽的功绩和品格，上联是"赤面秉赤心骑赤兔追风驰驱时无忘赤帝"，下联是"青灯观青史仗青龙偃月隐微处不愧青天"。会馆舞楼（戏楼）上的楹联是"人为鉴即古为鉴且往观乎？鼓尽神兼舞尽神必有以也。"敬神之余，更重教化。

第七章　豫北地区传统建筑及其特征

　　河南自古沿黄河划分南北，豫北地区西依太行山，与山西省的长治、晋城交界；东临华北平原，北靠冀中南地区与河北邯郸毗邻，南面黄河，向东连鲁西北地区。豫北地形地貌丰富，平原、丘陵、山地等地形分布广阔，且豫北地处中原文化区，历史上多次出现南北、东西文化交流与融合，人口曾经多次从山西迁徙而来，在此地理环境背景和文化背景下，传统建筑因地制宜，或依山而建，或依河而居，形成豫北传统建筑的地域特征。安阳是中国八大古都之一，除甲骨文、后母戊鼎、《周易》之外，传统建筑类型丰富，传统建筑群体表现出主次分明、布局严谨、适应环境、合理布局等特征。院落出现宽型院落、窄型院落等格局。传统民居建筑单体包含黄土地区的土坯房、南太行沿线囤顶房、安阳红旗渠畔石板房等，显示出豫北传统建筑鲜明的特征。

第一节 自然与社会条件

一、区域范围

豫北地区是指河南省内黄河以北的地区，包括安阳、新乡、焦作、濮阳、鹤壁、济源六市。豫北地区地处南太行山前平原，和冀中南地区、鲁西北地区共同构成了华北平原。西依太行山，与山西省的长治、晋城交界，北靠冀中南地区与河北邯郸毗邻，南面黄河，东连鲁西北地区（图7-1-1）。

二、自然环境

豫北地处暖温带大陆性季风气候，四季分明，冬寒夏热，秋凉春早。豫北地区处于南太行东侧大断裂带，形成了断崖地形，山地和平原的分界线比较清晰，山地位于西侧，平原位于东侧。西侧的山地在地理位置和海拔上与山西都比较邻近，此区域内"晋豫联姻"的现象比较常见，同时此区域是山西出太行山的重要通道，翻越太行山的"太行八陉"有四条都分布在这个区域，是明代大规模移民的必经之路，自古以来和山西省的交流就比较频繁。此区域内方言和晋语有很大的相似度，在建筑中也体现出了一定的相似性。中国传统风水理论在很大比例上是对地形高低关系的研究，山地地形的高低变化为风水理论提供了良好的实践场地，因此，在山地范围内，传统聚落和建筑受传统风水理论的影响较为明显。东侧的平原地区属于第三级阶梯的中后部，属于黄河冲积平原的一部分，地势较为平坦。因历史上黄河多次决口，几近灭顶之灾，明朝政府对山西进行了大规模的人口"移徙"，在这一移民过程中，由于豫北地区地理位置上的优势，有大量的山西籍移民注入，例如《修

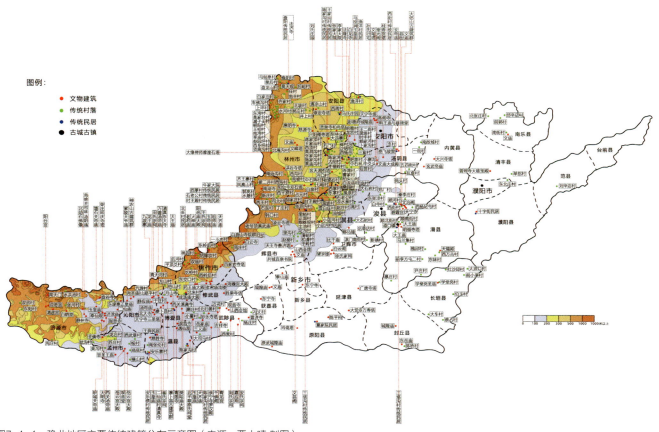

图7-1-1　豫北地区主要传统建筑分布示意图（来源：栗小晴 制图）

武县志》记载，山西移徙而来的人口占全县人口的一半以上，《彰德府志叙》记载，彰德府"土著之家十不存一"。不同地区人群融合之后再次发展，受到了传统儒家思想的重大影响，"中正"思想在传统聚落和建筑上体现极为明显。另外由于大量外来移民的注入，需要长时间培养、以单一宗族聚居为前提的宗族观念较为薄弱，甚至即使在一些单一姓氏聚居的聚落中，都极少有像样规模的祠堂得以保存。南太行地区分布着众多风景名胜区，其中以世界地质公园云台山为代表，动植物资源极其丰富。

三、人文历史

豫北地区历史悠久，文化底蕴深厚。安阳是华夏文明的中心之一，三国两晋南北朝时，先后有曹魏、后赵、冉魏、前燕、东魏、北齐等六朝在此建都，安阳殷墟是世界公认的、当今中国所能确定的商代最早都城遗址，被列入世界文化遗产。安阳也是甲骨文最早发现地、《周易》的发源地，出土的青铜器司母戊大方鼎被考证为华夏文明最早使用的文字甲骨文。当代的红旗渠、中国文字博物馆在此（图7-1-2、图7-1-3）。

1987年在濮阳西水坡发掘出三组蚌砌龙、虎图墓葬。据测定，其年代距今6400年左右，蚌壳龙被考古界公认为"中华第一龙"（图7-1-4）。

图7-1-2　安阳殷墟鸟瞰图（来源：王晓丰 摄）

图7-1-3　安阳出土后母戊鼎

图7-1-4　濮阳出土蚌塑龙

图7-1-5 焦作出土汉陶楼（焦作博物馆 提供）

焦作拥有深厚的太极文化，是太极文化的产生地，有陈家沟太极拳、神农祭天尝百草活动遗迹，并且出土众多的陶瓷文物及当阳峪绞胎陶等，显示着古代农业、医药和陶瓷文化渊源。月山寺为古代宗教圣地，拥有山阳古城遗址。魏晋时期，有历史上著名的"竹林七贤"。汉代焦作属于京畿地区，政治、经济、文化发达，在焦作汉代墓群中，出土了近三十座陶仓楼，最著名的1973年出土的五层连阁式彩绘陶仓楼，2007年出土了一套完整的元代彩绘陶"车马出行仪仗队"，显示出厚重的历史文化（图7-1-5）。旧怀庆府（今河南沁阳）一带，怀梆戏影响深远，至今流传。济源是四渎之一济水的源头，隋开皇年间所建济渎庙格局保存完整。王屋山为道教十大洞天之首，阳台宫等名胜古迹精美绝伦。

第二节　豫北地区传统建筑的群体与单体

一、山水古城

八百里太行，自北而南贯穿于中国大地的腹心，上接燕山，下衔秦岭，是华北平原和黄土高原的地理分界，也是中国第三阶梯向第二阶梯的天然一跃。它在中国历史上扮演着重要的角色，被历史地理学家称为"天下之脊"。

济河，又称济水。江、河、淮、济古时并称四渎，可见济河地位之高。济河发源于今河南省济源市，流经河南、山东入渤海。现代黄河下游的河道就是原来济水的河道。济源市因济水的发源地而得名，古代济阴、济阳，现代山东省济南、济宁、济阳，都从济水得名。

沁河，发源于山西省平遥，自北而南，向南经沁水县、晋城市，切穿太行山，流入河南省，经济源、沁阳、博爱、温县，于武陟南流入黄河。

卫河，中国海河水系南运河的支流。春秋时因卫地得名，是由古代的白沟、永济渠、御河演变而来，发源于山西太行山脉，流经河南新乡、鹤壁、安阳，沿途接纳淇河、安阳河等，至河北馆陶与漳河汇合称漳卫河。

淇河，中国华北地区河流海河水系的南运河水系支流卫河的支流，发源于山西省陵川县，流经河南省辉县市、林州市、鹤壁市淇滨区、淇县、浚县，向南东流入卫河，属海河流域。淇河水含沙量小，水质常年保持在国家二类标准以上，是中国北方污染最轻的河流之一。

中国大运河，跨越地球10多个纬度，纵贯在中国最富饶的华北平原和东南沿海地区，地跨8个省、直辖市，是中国古代南北水运交通的大动脉，在中国的历史上产生过巨大的作用。在豫北地区，大运河流经安阳、鹤壁、新乡、焦作，途径漳河、卫河、淇河、丹河等水系，是中国古代劳动人民创造的一项伟大的水利建筑工程。

豫北地区正是有了名山名水的滋养，因此得以繁荣。豫北六市中济源、焦作、新乡、鹤壁、安阳都是在太行山脚下，有大河流经，因此形成了历史文化名城。这里更是有愚

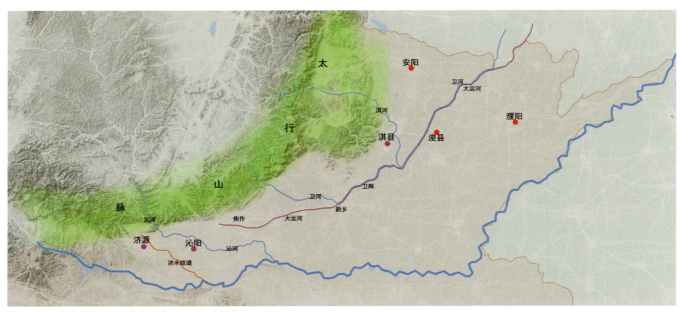

图7-2-1 豫北山水与古城分布图（来源：宁宁 绘）

愚公移山、红旗渠、壁挂公路的故事广为流传。

豫北地区的众多古城，有的曾为古代都城，有的是历史上有名的州府所在地，亦有明清时期的商埠都会和交通要冲。它们不仅历史悠久，文物古迹丰富，而且基本保留着古代城镇的格局和风貌。被列入历史文化名城的就有安阳、濮阳、浚县、济源、沁阳、淇县六座古城，其中安阳是中国八大古都之一，浚县是河南省唯一一个县级历史文化名城（图7-2-1）。

安阳是殷商时期的都城，是甲骨文的发现地，也是后母戊鼎的发掘地。殷墟是中国至今第一个有文献可考、并为考古学和甲骨文所证实的都城，由王陵遗址、宫殿宗庙遗址、洹北商城遗址等构成（图7-2-2、图7-2-3）。

浚县古城，始建于明洪武二年（1369年），明清多次重修扩建，古城才渐趋完整。新中国成立后，原城门、城楼及大部分城池被拆除，现仅存沿卫河一段古城墙、姑山南侧古城墙遗迹等几处。浚县古城墙是我国古代城墙建筑的优秀作品，历经六百余年仍稳固如初，可见当初建造之坚固，工艺

图7-2-2 安阳古城历史文化名城（来源：安阳市规划局 提供）

之精细，为研究我国古代城墙的修建提供了珍贵实物资料。浚县古城墙外面就是中国大运河浚县段，该大运河现在是世界文化遗产（图7-2-4、图7-2-5）。

图7-2-3 安阳历史文化街区（来源：安阳市规划局 提供）

图7-2-4 浚县古城鸟瞰图（来源：王晓丰 摄）

图7-2-5 浚县古城城门、城墙与大运河（来源：王晓丰 摄）

二、商业古镇

豫北地区位于山西与河南交界地带，是山西出太行山的重要通道，翻越太行山的"太行八陉"有四条都分布在这个区域，是明代大规模移民的必经之路，自古以来和山西省的交流就比较频繁。明清时期晋商繁盛，山西商人遍布各地，这些商人南下经商，河南是必经之路。宋代手工业的发展繁荣，使商业活动在全国范围内蓬勃发展，兴起了一大批集镇。因商贾云集，商业活动繁盛，豫北地区形成众多古镇。其中典型代表是道口古镇和任村古镇。

道口古镇与濮阳、鹤壁、新乡三市毗邻，古镇依托的重要历史环境——卫河，加之道清铁路交通优势，道口一直是运河沿线重要的商业集镇。"以商养民"是道口从古至今的重要生活信条。除少量的耕种外，道口经济主要来源于商业发展。繁盛时期的道口店铺类型多样，有粮行、花行、煤场、银行、杂货店、澡堂、饭店、茶馆、烧鸡铺等，其中《道口镇兴衰的历史地理考》有较为详尽的描述："鼎盛时期的道口镇内共有20多家花布行，日成交棉花将近10万斤……当时仅仅在道口镇经商的商人就有几万人，大的商号有近百处，小的店铺遍布各街……"。由此可以看出道口居民倚重商业的生活方式，和商业重镇的得名原因。目前，道口古镇仍保留着城墙、码头等重要的历史要素。城墙作为道口古镇的组成部分，是道口镇兴衰演变的历史见证。现存的一段道口古镇城墙遗址位于卫河右岸，修建于清代，全长约3000余米，南北走向。道口古城墙兼有防洪堤的作用，是卫河沿岸城镇"城堤一体"的典型代表，同时也见证了卫河航运的兴衰演变。现存的道口镇码头始建于明清时期，一直沿用至20世纪70年代，是滑县段卫河航运的历史见证。道口镇码头一共9座，呈线形密集分布于滑县道口镇卫河南岸，道口古镇西侧（图7-2-6）。

任村位于河南省林州市西北部20公里，是任村镇政府所在地，位于太行山支脉林虑山北端，周围环山，是著名"红旗渠"的所在地。地处晋、冀、豫三省交会处，素有"鸡鸣闻三省"之说。据《任村志》记载，该村始建于元代至正五年（1345年），当时有任氏兄弟从河北邯郸迁到此地落户。明正德十一年（1516年）设立集镇，因交通便利，商贾云集，历史上就有"卫弃之而弱，晋有之而霸"的战略位置，至今留有许多文化古迹和遗址。抗日战争时期曾作为八路军总部豫北办事处和边区银行所在地。红旗渠著名景点"青年洞"、"分水岭"、"络丝潭"等均在任村境内。从形制上看，任村是一个保存较为完整的堡寨式聚落，最初平面从风水角度看像一匹马，设有寨墙和四门，村中圆形水塘位于马眼部位，独特有趣，并由此发展成为一个集镇。古任村共有东西南北四条大街，四条大街各有四个券门，城内店铺林立、宅院幽深，城外还有昊天观、张家坟等古迹。南券门和西券门依然保存完整。南券门位于南大街口，清嘉庆二十三年重修，大块青石砌成，券门上有龙头浮雕，两侧是二龙戏珠，券顶上有三座庙宇（图7-2-7）。

三、传统古村

（一）聚落演变

豫北地区自古以来人类活动频繁，内黄三杨庄遗址是迄今发现的保存最为完好的汉代乡村聚落遗址，内涵十分丰富，对于研究汉代乡村聚落和建筑极为重要。结合其他已发现的汉代乡村聚落遗址，可知汉代乡村聚落的基本结构单元是由田地、生活和生产设施及庭院共同组成的，整个聚落即是由若干个这样的基本单元、聚落内部道路与聚落所在的自然环境等构成的一个生产与生活单位，是社会和自然环境中的自给自足的生活圈和生产圈（图7-2-8）。

图7-2-6 道口古镇鸟瞰图（来源：张文豪 摄）

图7-2-7 任村古镇城隍庙、商道（来源：郑东军 摄）

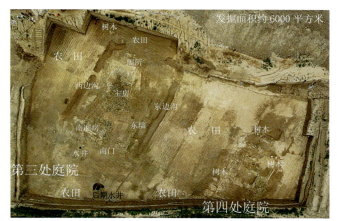

图7-2-8 内黄三杨庄汉代聚落遗址（来源：刘海旺 提供）

万平方米，现有寨门、寨墙、街道、院落十座。每座院落有一进、两进、三进、四进四合院不等，依次为山门、配房、过厅、上房，其规格、布局、造型、用料相同，垣型寨墙绕村落一周，后门外设有瞭望台。寨门面阔一间，进深一间，砖石结构，青石券门。进入寨门，整个村寨坐西向东，纵贯南北。街道全长170米、宽4米，沿街古色古香的庭院门楼，精雕细刻的古建筑装饰，门前的系马桩等，一派古润风貌（图7-2-10）。

（二）聚落类型

豫北地区地域广阔，自然地貌丰富，传统建筑选址受到环境、人文、民俗等多因素影响。豫北地区传统聚落以防御性为主导因素的居多，因此形成堡寨型聚落。有依托自然村庄的平原寨堡、山地寨堡等。既利于防守又可耕作生产的宜守宜农之地成为堡寨择址的理想环境。豫北地区聚落基于以上两种形式，结合地域特征，还有古道聚落和山地自由布局等多种形式。

1. 平原寨堡聚落。典型代表是焦作博爱县的寨卜昌古村落，村落的整体选址借用风水理念，王家祖先自修寨墙，整个村四周被寨墙环抱。归纳起来就是枕山、环水、面屏的村落选址。（图7-2-9）

2. 山地寨堡聚落。豫北地区山地面积较大，这里的村落依山势而建，同时注重防御，典型的代表村落有新乡的小店河村、鹤壁的肥泉村等。小店河村位于河南省卫辉市西北部太行山狮豹头乡，始建于清代乾隆年间，嘉庆年续建，兴盛于同治、道光、光绪、民国年间，至今已有近300年历史。整个村子坐落在太行山怀抱，其地势更具特色，从远处望像一巨神龟，整个村寨建在龟背山上，寨门建在龟颈上，龟头伸向沧河，这一优美的自然山势在传统聚落选址上称之为"神龟探水"。村前沧河四季不息，自然流畅弯曲，环境宜人。整个民居建筑群依山而建，平面呈梯形，占地面积5

图7-2-9 寨卜昌村落格局（来源：毕小芳 绘）

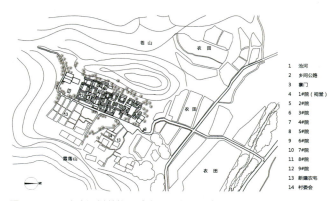

图7-2-10 小店河村落格局（来源：宁宁 绘）

3. 古道聚落。豫北地区主要的古道云台古道、太行八陉古道等，云台古道（修陵官道）是当时山西通往汴梁都城最近的一条大道，唐宋时期就存在了，至少有千年的历史。清代晋商往来山西、河南两省之间，通过这条小道，古代的商旅们把南方及中原地区的茶叶、瓷器、丝绸等商品驮运到山西及关外。在这条小道的旁边，有一口清泉，只有二尺见方，深也是二尺有余，一次只能取水一桶，但随取随涌，取之不尽。商旅们路经此地，往往喜欢停留在此，汲饮泉水休息。久而久之，这里有了客栈，也形成了村落，因为这口清泉，人们叫这个地方为"一斗水"（图7-2-11）。

4. 自由式聚落。豫北地区地域辽阔，有山地、丘陵、平原等地形，聚落的选址除了上面的三种情况，还有一些村落因地制宜，因山就势，人们选择适宜的居住环境，后来族姓慢慢发展形成一定规模的村落。辉县市平岭村选址就在一处坡地，最初只有几户人家，后来随着人口增多，依山就势新建了许多新的宅院（图7-2-12、表7-2-1）。

图7-2-12　平岭村落格局（来源：宁宁 绘）

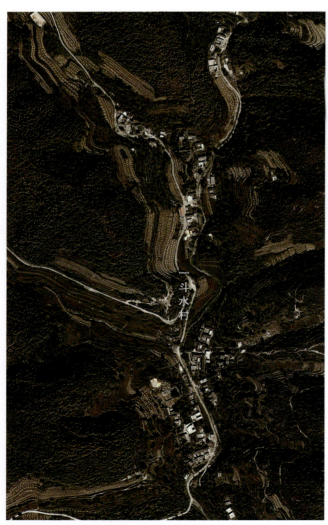

图7-2-11　一斗水村落格局（来源：谷歌地图）

豫北传统聚落类型　　　　表7-2-1

聚落类型	选址要素	规划布局	代表村落
平原寨堡聚落	地形较平坦，有大片地作建房基地与耕地	自然的线型，一条平行于河的主街，建筑一字排开，周围有寨墙	寨卜昌村、大胡村、肥泉村
山地寨堡聚落	选择背山面水的地方	主体建筑群依山势、沿山坡等高线逐层排开	小店河、九渡村、王家辿
古道聚落	沿古代商道、官道	古道将村落分成两部分，各自沿古道发展布局	盘阳村、一斗水村、北朱村
自由式聚落	选择坡地或坡顶建房，依山就势	因地势，自由布局	平岭村、张泗沟村

四、公共建筑

（一）布局特征

传统建筑群体布局反映其伦理、功能、结构等多方面内容。通过相地、选址，再根据伦理关系按空间布局。一般都以院子为中心，四面布置建筑物，规模较大的建筑群则是由若干个院子组成。这种群体一般都有显著的中轴线，在中轴线上布置主要建筑物，两侧的次要建筑多做对称布置。

1. 选址、布局严谨

传统建筑群体采用背山面水模式，选址考虑与周边环境的关系，例如济源济渎庙背靠王屋山，面临济水。济渎庙采用封闭式院落布局，坐北朝南，总体布局呈"甲"字形，围墙北圆南方，体现了古代人"天圆地方"的宇宙观（图7-2-13）。

图7-2-13　济渎庙总体布局图（来源：河南省文物局 提供）

由此可见，传统建筑群体对空间精神性和纪念性进行强化和表达，反映出建筑群选址、布局的空间特征。

2. 功能区划、主次分明

建筑群体组合考虑功能关系，以住宅三进院落为例，从纵向上看第一进为对外接待客人，第二进为内向家庭活动单元，第三进为服务功能，常将厨房、储物等功能布置在此。整个院落以二进院落的堂屋为核心的空间布局；从横向组合看，建筑群排列通过中轴线并列布局，按功能划分，主次分明，例如济渎庙中轴线为济渎庙，东为御香院，西为天庆宫的总体格局。

3. 结合园林、相互补充

建筑群体组合沿轴线对称布局，严谨、封闭。通过将建筑群与园林景观结合，使得群体结构更加自然化、生活化、情趣化。严谨的院落结构关系与自由的平面布局相互渗透、互为补充。

（二）重要建筑

1. 济渎庙

济渎庙全称济渎北海庙，位于济源市西北2公里济水东源处庙街村，是四渎庙中保存规模最大、最完整的一组古建筑群，是隋朝以来历代帝王钦定的祭祀济水和北海的场所。济水古代代表北方，按照古籍记载，济水之神为太重形象。济渎庙坐北朝南，总体平面呈"甲"字形，似金龟状，其前部导引部分即头部稍向东南微偏，正对济水西源水渠、古上街与下街交汇处的古桥与桥北牌坊，形成古代堪舆学中"金龟探海"之吉象。庙院后部围墙作圆弧状，以喻坤柔，庙之古建筑排列在三条纵轴线上，形成前有济渎庙、后为北海祠、左列御香院、西傍天庆宫的总体格局。正中主轴线上建有清源洞府门、清源门、渊德门、寝宫、临渊门和龙亭等，傍列楼、阁、亭、台和配殿等宋元明清古建筑。东西轴线上有御香殿、配殿和玉皇殿、长生阁等。庙内还保存有唐

图7-2-14 济渎庙内景（来源：宁宁 摄）

至民国碑、石刻和古柏，共同构成一组完整的古代建筑群（图7-2-14）。

2. 阳台宫

阳台宫位于济源市王屋镇，王屋山南麓，为王屋山三宫（阳台宫、紫微宫、清虚宫）之一，坐北朝南。阳台宫依山阳，布局严谨，高低错落有致，为三进院落。三清大殿居前，玉皇阁坐后，旁列廊庑，西有道院。三清大殿面阔五间，进深四间，系单檐歇山九脊殿、五踩斗栱，为河南省现存规模最大的明代木结构建筑，保留有唐、宋遗制和风貌。殿中方形柱通身浮雕道教神话故事，形象优美，栩栩如生。殿内天花藻井，斗栱层叠，气势宏阔，制作精巧，皆为明代艺术珍品。殿后五米高台上的三檐三层琉璃玉皇阁，为河南省最高大的古阁，高近20米，五踩云龙斗栱参差层叠，云带缠绕，规模宏伟。底台上的20根小八角石柱和阁内8根高达11米的冲天柱，承载着全阁重量，为明代遗物。石柱通身浮雕云龙丹凤、花鸟禽兽及神仙人物故事，体现了明代工匠精湛的技艺（图7-2-15）。

3. 北大寺

沁阳北大寺位于沁阳市老城区西北部，创建于元至正年，明嘉靖四十年重建，清代增建。现存厦、殿、厅、堂与附属房屋八十余间，占地3100多平方米。主体建筑呈对称布局，三进三段，内存明清碑刻通，轴线建筑自前而后体量与高度逐渐增加，分别以孔雀蓝、绿、黄三彩琉璃瓦件饰顶。厦殿设门二道，前置栅栏门，中设棋盘门。过厅为单檐悬山

图7-2-15 济源阳台宫（来源：宁宁 摄）

图7-2-16 沁阳北大寺（来源：宁宁 摄）

顶，两山半穿斗梁架间饰以壁画。过厅之后为礼拜殿，由客厅、前后两重拜殿及窑殿组成，其建筑间均有泄水牵搭，构成一体，纵深达36米。客厅为卷棚歇山顶。拜殿由两座建筑组成，前殿为单檐歇山顶，后殿为单檐悬山顶、五彩重昂斗栱，栱眼壁饰以壁画，殿内梁、檩、柱、枋用材硕大，雕梁画栋，沥粉贴金，富丽堂皇。窑殿（主殿）面阔三间，进深一间，店内三室顶部分砌三个穹隆顶。殿顶为亭塔式与楼阁式相结合，饰以琉璃件十字脊，兽吻达70多个，檐下镶嵌琉璃枋、栱及垂莲柱，色彩缤纷，玲珑，巍巍壮观，为我国伊斯兰古建筑的精华之作，具有较高的历史、文化价值（图7-2-16）。

4. 彰德府城隍庙

彰德府城隍庙，又名威灵公庙，位于安阳市文峰区鼓楼东街。始建于北周大象二年（公元580年），为安阳市现存规模最大、保存较为完好的明清时期的宗教建筑与礼制建筑群。安阳古称彰德府，布局为四进院落、五座大殿。每院以大殿为主体，配有左右对称的廊房或配房，后院东侧有三座道房，前院有牌楼、照壁、泮池，中轴线上为五座大殿。屋顶有硬山式、悬山式、歇山式，屋檐分单檐和重檐结构。布局结构严谨，建筑材料均为木质结构，青砖墙面，方砖地面，草白玉檐石，琉璃瓦顶（图7-2-17、

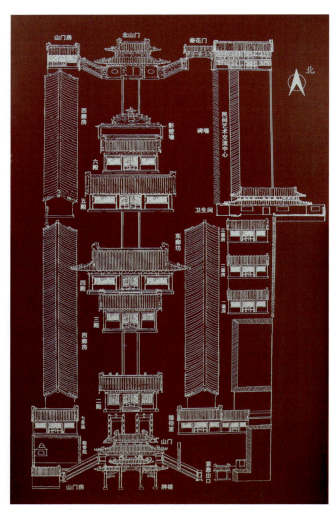

图7-2-17 彰德府城隍庙平面布局（来源：毛原春 绘）

图7-2-18　彰德府城隍庙建筑（来源：毛原春 摄）

图7-2-18）。

5. 碧霞宫

碧霞宫位于河南省鹤壁市浚县，坐落于浚县浮丘山顶，坐北向南，三进院落布局，始建于明嘉靖二十一年（1542年），明、清多次重修扩建，总占地11160平方米。

碧霞宫中轴线上由南至北依次排列：遏云楼、月台、德并东岳石坊；山门、二门、大殿、琼宫妥圣门、寝宫楼等；东西分列有坤宫楼、巽宫楼、钟鼓楼、东西配楼等建筑。山门面阔三间，砖木结构，单檐歇山顶；东西两侧有坤宫楼和巽宫楼，院内东西两厢为四帅殿及钟鼓二楼。碧霞宫大殿，面阔五间，通进深11.13米，由卷棚歇山顶拜殿和悬山顶后殿相连，覆黄绿琉璃瓦顶。寝宫楼，面阔三间，为重檐歇山顶，四周设围廊（图7-2-19）。

碧霞宫布局严谨，保存完整，汇集了多种建筑形式，反映了豫北地区明清时期古建筑的不同类型。该建筑群位于卫运河沿岸，是反映卫河、运河的重要历史遗迹。

图7-2-19 浚县碧霞宫（来源：宁宁 摄）

第三节 豫北地区传统民居营建技术

豫北地区地形地貌多变，平原、丘陵、山地等地形分布广阔，且豫北地处中原文化区，历史上多次出现南北、东西文化交流与融合，人口曾经多次从山西洪洞大槐树迁徙而来，在此地理环境背景和文化背景下，传统建筑因地制宜，或依山而建，或依河而居，形成豫北建筑特征。传统建筑群体表现出主次分明、布局严谨、适应环境、合理布局等特征，院落出现宽形院落、窄形院落等格局，建筑单体包含黄土高原的土坯房、南太行沿线囤顶房、安阳红旗渠畔石板房等，显示出豫北传统建筑鲜明的特征。

一、山地民居

（一）黄土高原土坯房

济源地处黄土高原区向平原过渡地带，黄土覆盖比豫北其他山地较厚。特殊地地貌环境，造就该地区建筑风格以土材为主。济源山地民居本身的特征是十分明显的，现存的民居类型以版筑墙（筑土/打土墙）+悬山瓦屋顶为主，屋面多以灰瓦，墙面多以筑板打成土墙，俗称打土墙。

建筑较少粉饰，建筑色彩多呈现当地相吻合的黄土原色。在建构中为免受雨水侵蚀，会在打墙时沿转角放许多荆条用以加固。屋面采用悬山，防止雨水洗刷山墙。特殊的建筑营造技术，使得济源民居具有地方特色，"就地取材"采用较生态的建筑营造（图7-3-1）。

（二）太行沿线囤顶房

在太行山沿线的焦作、辉县等地，民居建筑风格与相

图7-3-1 土坯房（来源：张萍 摄）

图7-3-2 囤顶房（来源：张萍 摄）

图7-3-3 石板房（来源：张萍 摄）

邻的济源、安阳不同。无论是石墙还是土墙，其屋顶都采用囤顶的屋面形式。院落平面布置相对方正，院落小巧精致，院落组成以建筑作为主体。主房和厢房处以围墙相连，南侧东、西厢房之间以围墙相连，中间辟门楼，形成外形方正、布局紧凑的民居院落形象（图7-3-2）。

焦作地区的土质较有黏性，多为胶泥土，加上年降雨量小，当地长期的实践和摸索中，因地制宜采用囤顶屋顶形式，不但节省了大量的木材，而且施工工艺也较为简单，既保持木构架的干燥，又达到排水、透气、阻水等效果。

（三）红旗渠畔石板房

安阳山地民居特征较为明显，现存的民居类型以石墙+悬山石板顶为主。石板屋面以及揭石板的技艺成为当地特色。建筑多采用两层布局，墙体多采用石材和土坯混砌的方式，一层采用石材，二层除窗洞周围外多采用土坯砖砌筑。当地石材资源较为丰富，整个山体都是大块石头，整个区域覆土面积较少。石材成为建筑的主要材料，其中，较为普遍的石材类型有青石和红色页岩石板。石材开采为方石块和石板，用作建造墙体和屋面的主要材料（图7-3-3）。

二、平原民居

豫北平原地区传统民居院落通过不同的组合方式形成中型、大型的院落，即庄园民居。院落规模的大小反映其主人的在当时社会的地位和经济实力。院落组合方式一般沿着纵轴线和横轴线上发展。

（一）纵向组合形式

在豫北传统民居中通常将前后院之间以一道墙和仪门将四合院分成前后两进院落。第一进院落主要建筑为倒座，第二进院落为三合院。以住宅三进院落为例，从纵向上看第一进为对外接待客人，第二进为内向家庭活动单元，第三进为服务功能，常将厨房、储物等功能布置在此。

鹤壁市常见的四进院落采用严整的轴线，各进院落正房（过厅）南北檐墙中轴线设门。每进入一进院落必须通过前一进的客厅（过厅），到达下一进。一至四进都中轴线开门，共开九门形成南北轴线视线通廊，呈现"九门相照"格局。平时每进院落相对独立，分别为四位兄弟居住，长者居南。每逢族中红白喜事，中轴线上所有门打开，举行仪式活动，反映了封建社会家长制家庭的生活方式，大家庭聚居、

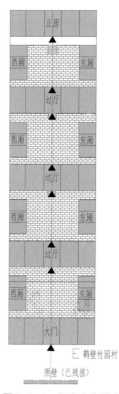

图7-3-4 郭家大宅纵向组合院落平面示意图（来源：张萍 绘）

图7-3-5 马氏庄园横向组合院落平直示意图（来源：张萍 绘）

小家庭相对独立；以空间的等级区分了人群的等级；以建筑的秩序展示了伦理的秩序。

鹤壁市山城区寺湾村李氏古宅为典型的纵向组合式院落布局，这种布局方式也是当地典型的"九门相照"院落的缩影，类似的还有石林村九门相照院落、后营村九门相照院落和竹园村郭家大宅（图7-3-4）。

（二）横向组合形式

纵向院落一般沿南北向展开，当南北向过长，则使用不方便。豫北传统院落横向组合方式通常分为主次院并列式和两组或多组院落并列式。主次院并列式是在主院旁边另加一座或多座跨院。跨院狭窄，主要作辅助功能；另外一种情况为两组或两组以上院落并列式布局，共用一个门楼，中轴线上西厢房和东厢房背靠背布置。豫北的庄园建筑多是如此布局，典型的有焦作的寨卜昌民居、安阳的马氏庄园、鹤壁市山城区的李家大院和张家大院等（图7-3-5）。

寨卜昌建筑具有明显的风格：主院与跨院的位置关系是西侧为主院，东侧则为跨院。正院面阔五间，跨院面阔三间。一进院进深较小，东西两侧厢房多数为三间。二进院进深略大，两侧厢房多数为五间。一进院内倒座、厢房、客厅，均为单面廊，而二进院两侧厢房则大部分无廊。二进院的正房以当地俗称的"明三暗五"的平面布置出现。跨院有一边厢房或无厢房的布置。这种平面格局无论是坐北朝南的还是坐南朝北的院落，均是如此。另值得一提的是主跨院仅有一个大门出入，而各院之间有门相通，便于家族之间的内部联系与对外防卫。

马氏庄园位于安阳市西北22.5公里的蒋村乡西蒋村，是清末头品顶戴两广巡抚马丕瑶的故居。该庄园建于清光绪至民国初年，前后营建近50年之久。建筑群主要由北、中、南三区组成，共分六路。其中中区四路，西三路为住宅区，每路前后又均建四个四合院，每条中轴线上各开九道门，俗称"九门相照"。东一路为马氏家庙，前后两个四合院；马氏庄园中区是三个区中最大的一个，西面三路院落以中路院落为主，两边为次院，属一主两次并列的宅院。这三个院落格局基本一样，全由四进院组成。但在宽度方面稍有不同，东院略小于主院，西院又略小于东院，在装饰豪华程度方面也是主院最好，东院次之。这在我国古代建筑中，充分体现了主次分明，左尊右卑的传统建筑思想，也符合我国古代长子居东的风俗习惯。庄园的大门楼没有设置豪华的雕饰，檐檩下只有三只座斗，进深比两边明显外伸，明间正脊屋顶高出两边，突出了它的主导地位。门扉设于前檐金柱的位置，属于规格较高的"屋宇式金柱大门"，庄园主人马丕瑶当时官居三品，正与他的身份地位相称。马氏家庙的门楼也是采用这种方式来突出它的地位（图7-3-6）。

图7-3-6　马氏庄园（来源：王晓丰，郑东军 摄）

三、构造营建特色

（一）结构特点

1. 墙承柱承，平分秋色

墙体的承重方式是建筑结构的重要特征，豫北地区传统建筑竖向荷载的承重有两种截然不同的方式：砖石墙体承重和木柱承重。在太行山区，石材分布广泛且易于开采，此区域内建筑的墙体多使用石材砌筑或石材和土坯结合砌筑，砖石墙体自身具有较大的承载能力，足以承担屋顶和楼层部位的重量，因此建筑上部的荷载通过承重的砖石墙体向下传递。

而在广阔的海河平原地区，石材较为缺乏，墙体多由生土脱模而成的土坯或者土坯和黏土砖结合砌筑，生土材料作为围护结构，能发挥其在保温隔热方面良好的物理性能，但生土材料承载能力有限，一般不能单独承担建筑屋顶和楼层的重量，需要在墙体内部加入木柱，由木柱承担建筑上部的荷载。两种承重结构以太行山南侧断崖沿线为界，砖石墙体承重结构主要分布在太行山区，木柱承重结构主要分布在平原地区。

2. 梁檩构架，形式多样

豫北地区出现了双坡、单坡、囤顶、平顶等屋顶形式，且呈现出较为清晰的分区特征，每一种屋顶形式都对应着不同的构架形式。双坡屋顶是最为常见的屋顶形式，广泛分布于整个豫北地区，在平原地区最为常见，与其配套使用的屋架形式也是最常见的抬梁构架；在靠近黄土高原的济源和孟州地区，受山西地区建筑形式影响较大，出现了一定比例的单坡屋顶，主要在合院两侧的厢房中使用，屋架形式为半梁构架，对于木料的要求大大降低；在焦作修武和周边地区，囤顶形式的屋顶使用较为普遍，屋架使用平梁构架，通过调节平梁上的短柱长短来形成囤顶的缓坡弧线；在鹤壁和安阳地区的山地部分，平顶形式的屋顶使用较为普遍，平顶屋架也使用平梁构架，平顶的屋面并不是绝对的水平，也是通过调节平梁上短柱的长短，使屋面形成微小的斜坡（图7-3-7）。

图7-3-7　梁架结构（来源：庄昭奎 摄）

3. 平原地区，檐廊广布

在豫北平原地区，坡屋顶形式的建筑占据了绝大多数的比例，在大量的坡屋顶建筑中，檐廊被广泛使用。檐廊具有遮阳、避免墙体冲刷、提供过渡空间等多种作用，其支承方式有梁架出挑、斜撑支承、立柱支承等多种，檐廊的尺度也具有较大的变化（图7-3-8）。

图7-3-8 屋檐形式（来源：庄昭奎 摄）

（二）构造材料

中国传统建筑的基本构架体系是基于木构架演变而来的，在绝大多数建筑中，木材的使用是不可缺少的，但同时由于各地区自然资源的分布各不相同，建筑在材料使用上也呈现出较大的差异，且具有较为明显的区域分布特征，在豫北地区这种差异主要体现在墙体和屋面材料上。

1. 太行山区，常用石材

石材在太行山区广泛分布，在焦作、新乡、鹤壁等地区的山区部分，建筑墙体全部由石材砌筑的做法较为常见。在安阳林州地区，不仅建筑墙体全部由石材砌筑，就连屋顶也全部由片状的薄石板摆砌而成，极富地域特色，根据屋顶石板自身的规则程度和摆砌方法不同，有规则型、鱼鳞状和自由型等类型（图7-3-9）。

2. 近高原区，常用生土

在靠近黄土高原的济源地区，其土质呈现出较为明显的黄土高原特征，具有良好的工程材料特性，经加工成形干燥后，强度高、耐冲刷、保温性好，因此生土广泛应用于建筑的墙体中，主要有夯土墙和土坯墙等类型。

济源的土坯，土质黏性好，和泥用水量少，当地佛寺、道观和民居采用土坯砌筑的做法均较为常见。由于土坯墙体受雨水冲刷后会产生严重破坏，因此建筑多采用悬山屋顶的形式，在大体量的建筑屋顶上还经常需要安装博风板来进一步防止雨水对墙体的破坏（图7-3-10、图7-3-11）。

3. 平原地区，里生外熟

在豫北东部广大的平原地区，土壤中泥沙成分增多，黄土的工程材料特性降低，生土的强度和耐久性差，难以单独作为建筑围护结构使用，在此地区最常见的做法是在将黏土砖和土坯结合使用，黏土砖在外侧，能有效防止雨水冲刷，土坯在内侧，可增加墙体的保温隔热性能，使材料能充分发

图7-3-9 屋面石材摆砌形式（来源：庄昭奎 摄）

图7-3-10 济源民居土坯墙体（来源：庄昭奎 摄）

图7-3-11 山墙博风板（来源：庄昭奎 摄）

图7-3-12 里生外熟墙体（来源：庄昭奎 摄）

挥各自的长处（图7-3-12）。

　　安阳马氏庄园的墙体均采用里生外熟墙，即墙外皮采用青砖，内皮采用土坯。在明朝时期，制砖技术非常成熟，致使砖的使用空前发达。青砖的强度相对来说比较高，而且不怕雨水冲刷，可以有效地保护墙体免受雨水冲刷，也可以防止在机械外力等作用下破坏墙体，还能起到保温隔热的作用。部分房屋窗台以下部分采用砖砌体，窗台以上部分采用内生外熟墙，有的厢房窗台以上部分采用空斗墙体。

第四节 豫北地区传统建筑装饰与细部

一、豫北地区传统建筑装饰艺术

豫北地区历史发展悠久,是中华民族的摇篮之一。这里地处中原,文化融合与杂交现象明显。豫北地区民间文化虽然受到许多外来影响,但仍以当地自然条件、经济条件与社会条件为背景所形成的独特内涵为主体,在吸收了诸多外来成分后,发展出了独具特色的建筑地域文化。

豫北地区传统建筑中的装饰艺术在形式以及所表达的文化内涵与情感上,同中国传统文化中的文明观、造物观、吉祥观以及政治、宗教、信仰、文化艺术、伦理和哲学有着相当密切的联系。例如:以民居为主的豫北地区传统建筑,与中国北方大部分民居装饰艺术特点一样,装饰艺术的内容与人们的生活密切相关,深入日常生活的各个角落,反映出人们的生活劳作以及对美好事物的追求、期盼、对幸福平安和好运兴旺的祈祷。这些装饰艺术成为豫北传统民居中最有普遍意义的装饰,深刻体现出了豫北传统建筑的艺术特征。

豫北地区传统建筑装饰艺术有着"兼容并蓄"、"广博精深"的特色。豫北地区的自然资源十分充裕,建筑材料相对均衡,传统建筑的木雕、砖雕和石雕雕刻工艺各有所长,加之泥塑、金属、色彩的点缀,传统建筑的装饰艺术表现出"兼容并蓄"的特色。明末清初时期大量人口的迁入,外部工艺的流入,也使得装饰艺术呈现出造型多样、图案纹样细腻的特点。同时,传统建筑的装饰题材在儒家礼制思想的背景下,传统文化、宗教文化和当地民俗风情文化相互交融,生动地展现出"广博精深"的风貌。

在装饰特色上,主要体现为很多装饰部位都运用简单的吉祥文字,表达老百姓最朴素的美好愿望。在豫北地区传统建筑中的门枕石、墀头、滴水瓦当、正脊脊饰等部位都有所出现,尤以墀头为多。字体多样,字数多为单个字,少数为两个字成组出现表达吉祥寓意。如祥、福、修、诚、祥瑞、松竹、团寿等。典型的如鹤壁山城区寺湾村和林州盘阳村传统民居墀头中所用吉祥文字较多(图7-4-1)。

二、豫北地区传统建筑雕刻

(一)木雕

豫北地区北依太行山,盛产木材,所以传统建筑木雕不仅种类多,而且装饰题材丰富,有花鸟、山水、人物等,具备相当高的艺术价值。雕刻技法有浮雕、圆雕、透雕、线

图7-4-1 寺湾民居吉祥文字(来源:宁宁 摄)

刻等，且单一木雕构件不局限于一种雕刻技法，比如浅浮雕、镂雕都是雀替常用的雕刻手法。民居建筑中装饰题材多取材于民间喜闻乐见的主题，采用借代、象征、谐音等表现手法来传递吉祥福瑞的寓意，例如，"福、禄、寿"三星隐喻着主人对美好生活的期望，"祥云、蟠龙"寓意着吉祥；谐音手法中"鹿"与"禄"是同音，蝙蝠的"蝠"与"福"是同音；鱼和石榴代表着多子多孙等。豫北地区传统建筑的木雕艺术广泛应用于雀替、斗栱、梁架、檐部、隔扇、门窗等，尤其是传统民居入户大门更是木雕装饰的重点。

1. 雀替

安阳市蒋村马氏庄园中雀替雕刻精美，以透雕为主，并施以艳丽的色彩。题材有祥云、动物、花卉，以及"喜上眉梢"等表达美好寓意的雕刻（图7-4-2）。

林州前峪石老九宅院正房雀替，楹柱左侧之雀替雕有牡丹，下端是花瓶，构成"富贵平安"图案，另加孔雀，与牡丹一起又寓意"富贵无极"。右边的雀替题材更多，以莲荷为基础，莲梗夸张为藤蔓构成整幅图案骨架，另加仙鹤。更有反映商业文化的人物手提钱串，猴子攀绳而上，甚是生动（图7-4-3）。

2. 斗栱、梁头

济源王屋镇阳台宫斗栱转角立一小木人，传说其为历史上四个心胸狭小之人，即庞涓、韩信、周瑜、罗成，因此被置于上天无路下地无门之绝境，以警示世人。其阳台宫玉皇

图7-4-2　马氏庄园雀替（来源：王璐 摄）

图7-4-3　林州前峪石老九宅院正房雀替（来源：王璐 摄）

阁斗栱龙形耍头也独具特色（图7-4-4）。

3. 栱眼壁、花罩、挂落

马氏庄园南区建筑的游廊挂落为浅浮雕花草纹饰的薄木板，轮廓为曲线形式，十分新颖别致（图7-4-5）。

图7-4-4　阳台宫斗栱、梁头木雕（来源：宁宁 摄）

图7-4-5　马氏庄园挂落（来源：王璐 摄）

（二）砖雕

砖雕是在青砖上雕刻加工的传统工艺技术，山墙的前檐端头、房脊的脊饰都是发挥砖雕艺术的重要部位。砖雕手法多为线刻、高浮雕，且鉴于一般所刻部位较小，为显示精彩多把高浮雕、圆雕等多层塑造的手法综合运用，画面立体感极强。

砖雕图案构图与木雕极为相似，其图样变形概括、象征的手法皆与木雕一致。雕饰内容突出、构图饱满，细节表现较多，如树桩的年轮、动物身上的花纹、剑穗等都刻画得很精细。

豫北地区传统建筑中的砖雕艺术多集中体现在古塔、寺庙和民居中，其中古塔中的砖雕多模仿木制构件中的斗拱、阑额、普柏枋、仰俯莲瓣和椽子、飞子等构件，其上置反叠涩砖层，有的塔身各角置砖雕倚柱，如焦作百家岩寺塔和安阳明福寺塔。

1. 安阳市天宁寺塔：建于五代后周广顺二年，已有一千余年历史。塔的八面壁上分别饰有直棂窗、圆券门和佛画故事砖雕，其刻工细致，形象逼真，造型动人（图7-4-6）。

2. 安阳修定寺塔（唐代）：该塔全部由119种不同图案和造型的雕砖嵌砌而成，造型华丽别致，被考古学家誉为"真正的中国第一华塔"。装饰图案有天王力士、伎乐飞天、滚龙帐幔、花卉飞雁，以及仿木建筑结构等30多种（图7-4-7）。

在寺庙和民居建筑中，砖雕多用于外部建筑构件如屋

图7-4-6　天宁寺塔塔身砖雕（来源：毛原春 摄）

图7-4-7　修定寺塔砖雕细部（来源：王璐 摄）

脊、墀头、门楣、瓦当、滴水等部位，题材有祥禽瑞兽、花卉树木等吉祥图案，构思精巧、生动细腻。

檐下的墀头是砖雕装饰的主要部位，多为收尾状，由三部分组成：最上层由砖叠涩出挑形成斜面，雕刻花瓣等图案，连接檐口和下部山墙；斜面下呈垂直面，常雕梅、牡丹等花卉，象征富贵，雕饰精制细腻，为墀头装饰之精华；墀尾常雕成宝瓶、花卉等形式，造成收尾之势。

林州前峪石老九宅院的墀头砖雕可谓精品：最上面是两人比武弄剑的场景，依次是"金牛望月"，紧接着扁形的砖雕圆鼓，最后一部分又可以分为两段，上段为卷草花纹，下段中间为狮子面图案，嘴略长，露出两个獠牙，显出威武之势。两只猴子端坐边角，蜷腿抱手，十分生动。整个墀头看起来规则有序，虽四面图案均不对称，一面一图案，但四幅画面俨然一整体，如同连环画般生动、风趣（图7-4-8）。

图7-4-8　林州石老九宅院的墀头（来源：王璐 摄）

（三）石雕

豫北地区传统建筑中的石雕装饰主要体现在石窟和寺庙、民居中，其中石窟寺中石雕艺术成就较高，代表作有安阳灵泉寺石窟、鹤壁浚县千佛寺石窟。浚县千佛寺石窟中石雕造像面目清秀、衣纹流畅、体态丰腴、形象生动，是唐代雕刻艺术的杰作（如图7-4-9）。

此外，豫北地区传统建筑中的石雕在柱础、门枕石中出现较多，其他的还有窗台石、台阶栏板也有出现。材料一般选用青石和白云石等，其造型特色可以概括为以下几个方面：

首先艺术表现手法是多层次雕刻技法的综合运用。浅浮雕、圆雕、线刻等手法的组合运用，使得原本坚硬笨重的石头变得灵巧多变、玲珑剔透。最集大成者是石柱础，豫北传统建筑中的石柱础造型缤纷多彩，艺术感染力极强。

其次是图案纹样更注重深入刻画。人物表现方面更注重"形"的差异，找寻"神"的特征，努力探索人物的性格和神态特点的描绘。在对待狮子、麒麟、老虎等不同动物形象上，除了外部形象属性加以分别，同类的动物形象出现时，则以细微的动作神态、个性特征变异区分，如大门处的石狮子和门枕石上的狮子，神采各异，很难找到两个相同的动作形态。植物、吉祥几何图案、文字的运用更显当地民俗文化特色。

1. 石柱

在中国传统建筑中，使用石质柱子作为建筑支撑结构的极为罕见。在济源阳台宫中，最有特点的就是它的方形、圆形石柱，打破了古代建筑木柱的传统。石柱上高浮雕祥龙飞凤及民间故事，如"八仙过海""黄石公与张良""风神雷雨仙坛"等内容，形象生动，颜色鲜艳。这在国内其他古代建筑上很少看到，十分珍贵。后边的玉皇阁一层外檐20根方形石柱上高浮雕的山水花鸟、人物故事、云龙祥凤等图案栩栩如生，系明代雕刻艺术的精品（如图7-4-10、图4-4-11）。

2. 柱础

柱础作为传统建筑中的构件受到本地民俗文化、传统习惯和技术性原因的影响。豫北地区传统建筑中的柱础形式和装饰图案虽然没有南方那么细腻，但是也独具特色、造型形式多样。在建筑实例中有圆鼓式、覆盆式、基座式，两种或两种以上形式的组合叠加是最多的。组合的形式很自由，装饰图案不失丰富：十二生肖、狮子、麒麟、莲荷、牡丹、如意纹、卷草纹、回纹，无所不包，形成了丰富多彩的柱础系列（图7-4-12～图7-4-14）。

图7-4-9　千佛寺石窟（来源：王璐 摄）

图7-4-10　阳台宫殿内石柱雕刻（来源：王璐 摄）

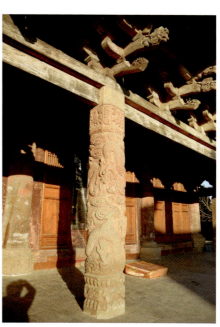

图7-4-11　阳台宫玉皇阁石柱雕刻（来源：宁宁 摄）

图7-4-12　马氏庄园柱础（来源：王璐 摄）

图7-4-13　林州前峪石老九宅院柱础（来源：王璐 摄）

图7-4-14　鹤壁寺湾民居石雕（来源：宁宁 摄）

第八章　河南传统建筑地域特征分析

　　本章在对豫中、豫东、豫南、豫西南、豫西、豫北传统建筑和传统民居建筑特色分析和总结的基础上，从中原文化大的地域背景基础上，对河南传统建筑的地域特征进行总结和概况，从文化特征、空间特征、形态特征三个方面，对河南传统建筑的总体特征和分区特征进行阐释，这些理论总结与分析，成为河南传统建筑传承的基础和依据。

第一节　河南传统建筑文化特征

一、总体特征

地域建筑文化的研究是中国建筑文化整体研究的深入和拓展，传统民居是地域建筑的重要组成，从地域、历史、文化和传统建筑遗存等方面，所形成的各地域建筑总体特征被逐步认可，如：徽派风格、岭南风格、海派风格等。如何认识和解析河南传统建筑的总体特征？这是本书研究的重点和理论阐释的重点。

如前所述，河南历史悠久，地区差异大，传统建筑遗存类型多、数量大、价值高，在中国建筑史和城市史中有不可或缺的地位，随中原文化的发展而逐步形成，所以，河南地域建筑在整体上可以称为中原建筑文化。就河南传统民居而言，河南民居建筑总体属北方合院式传统民居体系，结合地域文化特点，又可以用河洛民居和豫南民居来概况。因为中原文化的核心是河洛文化，具有地域性，对河南人的生活有广泛的影响力，包括合院民居和生土建筑，河南民居以中原文化为大背景，同时受到周边文化区系的影响，诸如楚文化、吴文化、晋文化、燕赵文化和齐鲁文化的综合影响，在河南独树一帜，成为河南地域建筑的代表。

结合前面各章节对河南各区域传统建筑特色的具体分析，笔者认为，从原真性和整体性而言，河南传统建筑的总体特征（表8-1-1）可概括为：

古今多元、多向交融；居中为尊、讲求对称；

河洛民居、院落布局；地方材料、生态宜居。

河南传统建筑总体特征分析表（制表：郑东军）　　表8-1-1

特征分区	区域特色	文化内涵	典型实例
豫中建筑	嵩岳文化	环中岳嵩山圈是早期华夏文明集中区和核心区，也是中原建筑文化集中区。登封"天地之中"历史古迹是世界文化遗产	周公测景台和观星台、嵩岳寺塔、太室阙和中岳庙、少室阙、启母阙、嵩阳书院、会善寺、少林寺建筑群（包括常住院塔、林和初祖庵）
	楼院民居	豫中传统民居的院落组合方式和高门楼、二进、三进院多为2~4层楼院的形制，体现了儒家文化对居住的影响，是中国北方典型的楼院民居	巩义庄园式民居，荥阳郑县、禹州等楼院式民居，叶县有河南最高的民居建筑
豫东建筑	古城水城	豫东地区地处黄河中下游，保留着众多历史文化名城，水城即老城被洪水淹没后形成的水系城湖，成为豫东城市的一大特色	开封、商丘、淮阳古城和平粮台等遗址，柘城、睢县、淮阳等水城
	大宋遗风	以北宋开封城为主体的宋代文化的积淀，成为豫东地区传统建筑的主要特色	《清明上河图》 祐国寺塔（铁塔）、繁塔等两处宋代建筑遗存
豫南建筑	山水聚落	豫南地处大别山区，其村镇和城市以山水为特色，形成了山水聚落	新县丁李湾村、毛铺村、西河村等
	豫南民居	豫南民居建筑不同于安徽与湖北民居，亦受中原地区的影响形成了自己的特色	穿斗式与抬梁式结构，门楼高大，讲求风水，马头墙形式不同于徽派建筑
豫西南建筑	楚风汉韵	豫西南历史上为楚国属地，形成了丰富的楚汉文化风格	楚长城遗址 汉画像砖、石艺术
	古镇商街	因水路发达和万里茶路，形成众多古镇和商业街市	荆紫关古镇 赊店古城 山陕会馆建筑

续表

特征分区	区域特色	文化内涵	典型实例
豫西建筑	汉唐遗筑	洛阳因古都、丝绸之路和佛教文化，形成了丰富的汉唐文化	洛阳的里坊制 龙门石窟 白马寺等
豫西建筑	生土建筑	豫西地处黄土高原东部，保留了大量生土窑洞和地坑院民居	三门峡陕州区地坑院 洛阳地区的窑院民居
豫北建筑	太行聚落	南太行山区的传统村落因地方材料和环境，形成了地方特色	林州石板岩，鹤壁、焦作和辉县等地传统村落与民居建筑
豫北建筑	庄园山居	豫北地区分布安阳、浚县、淇县、济源和沁阳等历史文化名城，有着典型的庄园建筑和山地民居	安阳马氏庄园，鹤壁李家大院、张家大院，卫辉张宗昌公馆

二、分区特征

根据河南地域文化的特点和地区差异，河南传统建筑分为六个分区，各分区因其亚文化因素的影响使不同分区的传统建筑有相似性又有差异，传统民居建筑各具特色，见表8-1-2：

豫中建筑——嵩岳文化、楼院民居；
豫东建筑——古城水城、大宋遗风；
豫南建筑——山水聚落、豫南民居；
豫西南建筑——楚风汉韵、古镇商街。
豫西建筑——汉唐遗筑、生土建筑；
豫北建筑——太行聚落、庄园山居；

河南传统建筑的分区特色（制表：郑东军） 表8-1-2

	文化内涵	建筑特征
古今多元	中原地区历史上有多个王朝在此建立都城，并经过丝绸之路和万里茶路的交流与民族融合，形成了多元的文化形式和特色	河南传统建筑受到历史上不同时期文化的影响，形成自身特点，如佛教建筑和佛塔，河南是古塔最多的省份
多向交融	河南地处中原文化的核心区，其文化的形成与发展是与周边文化交流、融合的结果，如周边的燕赵文化、秦晋文化、齐鲁文化、吴文化和荆楚文化的多向融合和冲突	河南传统建筑受到北方官式建筑的影响，又融合地方做法特点，传统民居建筑因文化交流和互渗受到山西民居、陕西民居和湖北民居、安徽民居的影响，但整体属于北方民居建筑体系
居中为尊	中原文化的核心就由"中"形成的文化体系，居中为正，才能天地人和，《中庸》有曰："中也者，天下之大本也；和也者，天下之达道也。致中和，天地位焉，万物育焉。"	古代建立都城须遵循王者居中，采用"立中"之法，以定选址，如大禹的都城今登封市告成镇
讲求对称	中国传统建筑文化以中为轴，追求方正、对称的大雅之道和内敛、含蓄的幽曲之道	《黄帝宅经》曰："宅，择也，择吉处而营之也。"尊中、守中成为古代中国人的人生观、价值观和世界观
河洛民居	河洛文化是中原文化的核心或代名词，河南传统建筑受到河洛文化的深刻影响，在空间布局、营建技术、居住风俗等方面具有地域特色	河洛民居是河南传统民居特色的整体概括，如：院落格局、门楼高大、楼院建筑、装饰特征和材料选择
院落布局	院落布局是中国传统建筑的基本特征之一	河南传统建筑多采用院落布局，具有防御性、生活的内向性、空间的组织秩序等特点
地方材料	因地制宜是传统建筑的地方性之一，主要包括与地方相适应、地方材料的应用和依此产生的美学观和价值观	河南山区的石头房子、黄土地区的生土建筑、豫中地区的红石建筑

第二节　河南传统建筑空间特征

建筑的本质在于空间，河南传统建筑的空间特征有以下三个方面：

一、外部有序

建筑的本质在于空间，正如日本建筑师长岛孝一所言："建筑师的任务就是创造一个空间，使它延续并充满希望。"对河南传统建筑外部空间而言，讲求秩序和序列非常重要。

传统建筑中的庙宇以官式建筑为主，讲求中轴对称布局，外部空间严整，如周口关帝庙、郏县文庙建筑等官式公共建筑；而汝州风穴寺坐落在山区，布局因山就势，灵活多样，没有拘泥中轴线的布局定式，成为寺院园林式布局的典型。

二、组合有制

通过院落把单体建筑组合起来的方式，是传统建筑千百年来发展积累的结晶，具有突出的优势，首先它具有良好的居住功能。围合、内向的庭院作为单体建筑的联系纽带，使同一院内的各单体建筑与庭院空间组合在一起，成为一种室内、室外共同使用的居住空间，适应大家庭居住。其次是庭院具有良好的小气候调适作用，闭合而露天的庭院可以有效地抵御寒风侵袭，减弱不良气候的危害。庭院内还可以种植花木，既美化了院落，又可以遮阳纳凉。同时，这种组合也有其伦理和防御规制，讲求主从和尊卑，有前后、高低、中轴等要求，符合儒家规范和暗藏防御、安全措施。

河南传统民居有别于北方和南方，带有明显的中原特色（图8-2-1），传统合院空间大都采用均衡对称的布局方式，沿着纵轴线（前后轴）与横轴线进行布置。多数建筑以纵轴为主。大型建筑可采用多轴线布局。正房露脸宽度在1~2间的称为"窄型"院落，2~3间的称为"宽型"院落，小于1间的称为"超窄型"院落，大于3间的称为"超宽型"院落（图8-2-2）。

在院落形制上，河南传统民居多采用三合院和四合院，以院落为中心来组织空间。正房多坐北朝南，左右屋为厢房，对向开门，中间留通道，一般为三间，三面砌以垣墙，置大门，俗称头门，即为三合院。再有南屋，俗称倒座，如此四面起屋，中留天井，即成四合院，正房较厢房高大壮丽，或以砖或石为台阶，为父母尊长或偕未成年子女居之。院落在河南的使用已有很久的历史，早在北宋时期已相当广泛。传统民居正屋多坐北朝南，院落一般纵深发展，多为二三进院落，讲究"庭院深深深几许"的意境。河南传统民居的格局一般是：大门起楼，砖瓦覆顶，谓之门楼，楼内通道谓之门洞。迎门迎面即为宽可障门、高可遮人的照壁，以砖砌就，绕过照壁，就是头进院，院内东、西、南三面起屋。

图8-2-1　典型的河南传统民居（来源：张文豪 摄）

图8-2-2　超宽型院落（来源：郑东军 摄）

在传统民居布局中，河南民居建筑多为三进式四合院，突出反映了"中正"的观念，即有"中轴线"的平面布局，它以门道、前堂、过廊和后室为中轴线，形成东西两侧门房、厢房的左右对称，布局整齐，结构严谨。在建筑上强调中轴线观念，是象征着"中"，用"中"表达均衡、轴线对称的形式，符合中庸之道的说法。位于禹州白北村的民居，中路正院的中轴线上，依次为一层的前院门楼倒座，一层的中院客厅，二层的后院主楼。张西村传统民居（图8-2-3），经过调查发现，大门的位置受传统文化、封建礼制、等级制度等的影响，大多数的民居大门位于院落的东南隅。普通百姓的大门是不能居于中轴线上的，而高官贵族的宅第则允许将大门置于院落的中轴线上。

三、单体有别

河南传统建筑就单体而言，庙宇建筑有不同于北方官式的做法，传统民居建筑更是因地制宜，造型和细节上南北东西差别显著。

荥阳是中华望族郑氏的祖地，唐朝时有11名荥阳籍郑氏在朝为宰相，1200万郑氏后裔遍布世界各地。荥阳被誉为"象棋故里"，象棋棋盘上"楚河汉界"的原型鸿沟就在荥阳北部广武山上。在荥阳民居中，以高楼院多为特色，但同一地区的单体造型差异也非常明显。除单体造型，装饰细节更是明显，无论是室内还是室外房屋上的砖雕、木雕，在装饰手法上它们都具有一定的象征性。利用谐音，通过假借，运用某些实物形象来获得象征效果。

位于高村乡油坊村的秦氏旧宅，是荥阳传统土民居的典型代表（图8-2-4）。秦氏旧宅为坐北朝南的二进四合院封闭式建筑群体，为典型的"前客厅，后楼院"格局。采用砖木结构。屋顶覆蓝瓦，灰砖砌就，非常朴素端庄。采用各种隔扇、门、罩、屏风进行分割室内窄间，空间划分灵活多样，并有较强的装饰性。木雕精美，隔扇图案具有灵活性，并形成虚幻的光影变化，显示了"材有美，工有巧"的完美结合。秦氏旧宅建筑色彩朴实素雅、建筑装饰大方端庄、构图恬美，起到了很好的装饰作用，艺术性极强。位于城关村的韩凤楼故居，精美的墀头是其重点装饰的部分，多饰以精美的砖雕，图案是龙腾云，象征吉祥如意，并加有垫花，图案为花卉连续纹样，纹样秀美娟丽。

叶氏庄园是河南目前保存较为完整、规模宏大的清代民间建筑群之一。建筑格局保留了清代民居院落的布局形态。并且，墀头、柱础、梁架、屋顶等细部构造独树一帜，是研究清代河南建筑不可多得的实物例证。大量的石雕、木雕和砖雕精美绝伦，题材丰富，对叶氏庄园保护、修复与复建具有重要的历史与文化意义。

叶氏庄园（以下简称庄园）位于河南省东南部周口市商水县邓城古镇北部（图8-2-5），北临沙河，位于河道弓臂内，

图8-2-3　张西村传统民居（来源：毛原春 摄）

图8-2-4　荥阳秦家大院（来源：郑东军 摄）

1. 三进堂楼院
2. 五门照院
3. 高门台院
4. 商业
5. 居住
6. 小学校
7. 教育组
8. 卫生院
9. 村委会
10. 水利站
11. 粮库
12. 镇政府

图8-2-5　叶氏庄园总平面图（来源：曲天漪 绘制）

地势平坦，在传统意义上是风水极佳可庇护子孙之宝地。

从叶氏族谱中显示，叶氏来祖叶绍逸明末大移民时从山西迁居中原，因邓城集镇繁华，是水上交通要道，为谋生迁居于此。现存的叶氏庄园最早由叶氏第六代叶和之子叶方科始建。整个院落建成历时73年，于同治七年完成，耗银170余万两。叶氏庄园整体由三座院落组成，分别为西院"三进堂楼院"、中院"五门照院"和东院"高门台院"。主宅三院共占地20000平方米，基地南北方长230米，东西宽260米。宅西100间群楼，谓之"百间群楼"，系叶氏当铺；宅南亦有100间群楼，系叶氏粮库，总共有楼房400多间。所有建筑均系灰砖墙灰瓦硬山顶建筑。

三进堂楼院为现存三座院落中保留建筑最多、最完整、质量最高的院落（图8-2-6），东西通开间宽约25米，南北通进深长70米，现存前中后三进院落，共有楼房96间，瓦房17间。一进院又称"大厅院"，由门楼、倒座、东西厢房与正房围合而成。中院又称"二厅院"，由大厅楼两边的侧门或大厅底层均可通达。中院厢房楼和正房楼均为三间两层，前后封护檐墙。第三进院又称"堂楼院"。堂楼气势宏大，坐落于1.2米高的台基上，分为三部分，中间三间，两侧各两间，立面和屋顶也分开处理。河南民居中较多见的是明三暗五的房屋，这种"明三暗七"的形式极其少见。堂楼上层均有门洞相互连通，并与两侧厢房和厢耳房连通，这

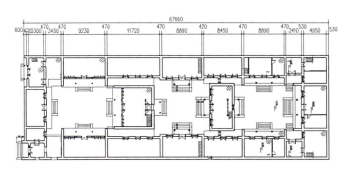

三进堂楼院现状一层平面图

三进堂楼院鸟瞰

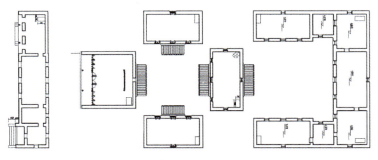

三进堂楼院现状二层平面图

三进堂楼院堂楼

图8-2-6　叶氏庄园三进堂楼院（来源：曲天漪 绘制）

种形制的楼房被当地人称做"转厢楼"。堂楼立面中间三间檐下墙面砖雕仿木结构,斗拱、额枋、檐柱等雕刻形象可以假乱真。

"五门照院"(图8-2-7)与"三进堂楼院"通过一条胡同相连,胡同宽仅1米。曾有前后五进院落,20世纪90年代建小学时,基本拆除,原建筑基址大多保留。

"高门台院"(图8-2-8)所处基地西高东低,为防止雨水从西侧大门倒灌入院内,建筑工匠们在整个宅院周围以当地开采的红石石板筑起一圈高台,因此而得名。

叶氏庄园民居建筑特色有三个方面,也是豫东民居的代表:

1. 院落布局

叶氏民居的建筑是中轴线对称、四面围合的合院式布

图8-2-7 五门照院内院(来源:郑东军 摄)

图8-2-8 高门台院门楼(来源:郑东军 摄)

图8-2-9 三进堂楼院剖面图（来源：曲天漪 绘制）

局，平面布局外紧内松，庭院宽敞。从平面图中可看出，厢房躲闪间距大，正房完全露脸。院内不种树，没有厨房和厕所，内庭院宽阔敞亮。

通过建筑高低对比，营造院落空间节奏，从三进堂楼院剖面（图8-2-9）看出叶氏庄园空间与故宫建筑布局有异曲同工之妙。通过院落围合程度的对比，营造不同院落空间氛围。综观前、中、后三院剖面，前院宽敞通透；中院起过渡作用；堂楼院的建筑高大封闭。从图8-2-6中可以看出三进庭院面积和整体长宽比接近，建筑的围合程度的变化成了影响院落氛围的主要原因。

2. 单体造型

叶氏家族发迹之后为光耀门庭，要把自己的家建设得辉煌高大。建筑立面高大，构件宏丽，当地人称作"中原小故宫"。庄园门楼（图8-2-10）总高约达13米。这样一来为整体协调，导致全部房屋高度过高，尤其是大厅楼的尺度，长宽高接近，近似正方的墩形。立面高大还有一些副作用，诸如增加材料消耗，例如三进堂楼院正房大梁直径就达到了40厘米，同时增大了施工难度。

房屋立面富于变化。房屋立面过于高大，如处理不当，会显得单调、呆板。传统建筑工匠利用窗口、门洞、檐口、披檐、檐廊等常规的立面构图要素，成功解决了这一问题。例如：大厅院的护院楼立面（图8-2-11）为清水砖墙面，高大平直，匠人把门洞口设为半圆砖拱券，两边方窗洞口对称，上层三个窗洞口中间大而方，两边小而圆，通过这种的简单的大小与形状变化，取得了良好效果。

建筑构造做法科学，施工质量上乘。墙体采用檐墙厚55厘米，山墙厚45厘米。现存所有房屋墙体平直，无变形。

建筑用料标准，所有砖瓦全部用麦草秕火慢工烧透。门窗上方为木质过梁。砖瓦手工烧制，地下基脚九尺。所有楼房都用同型青砖，七卧一立，砖茬相交，小刀勾缝。梁檩全用桐油做防腐处理，至今未见有蛀虫和折断。在豫东民居

图8-2-10 三进堂楼院和五门照院门楼（来源：郑东军 摄）

图8-2-11 三进堂楼大厅院护院楼（来源：郑东军 摄）

中，叶氏民居是用石材最多的，台基压阑石长随间广，宽52厘米，厚18厘米，很标准。

3. 装饰雕刻

叶氏民居里保留了大量精美的雕刻，石雕、砖雕、木雕俱全。

如：叶氏民居三进堂楼院二厅院正房后门门楣的砖雕（图8-2-12），砖雕竹节框内分三层雕刻。上层题材为狮绳不断头，中间是菊花、牡丹，下层是松、鹿和蝴蝶采莲。墀头拔檐砖雕题材丰富，雕工精湛。木雕主要用于变异斗栱、抱兴梁头，室内二柁梁头。最复杂的要数用于五门照院门楼上充当斗栱之用的"百龙竞翔图"（图8-2-13），用名贵的楠木透雕、圆雕而成。

在河南民居中，叶氏庄园为兄弟三人所建宅院，河南其他地方，如寨卜昌民居、康百万民居原规模都很大，亦是几代人所为。但叶氏宅院在历史上曾移做他用，是现存最完整的乡公所行政建筑遗存，具有一定的历史文化价值。

民俗具有强烈的地方特征和传承性，民俗的体现是全方位的，衣食住行处处都有民俗文化的烙印。民居总是与民俗结合密切。在一个地区，了解当地民俗再来看民居，就会感到居住形式与居住者的文化背景十分协调。了解当地的民俗文化，才能更深刻地理解传统民居的空间意蕴与场所精神。

第三节　河南传统建筑形态特征

一、曲态

中国传统建筑特征之一就是简单的单体、复杂的群体，这种复杂性体现在空间组合方面，还在于传统建筑屋顶形态的曲线运用，产生的美意和独特造型艺术。屋顶的曲线不仅有排除雨水的功能，在审美上，曲线代表运动和速度，屋面曲线将整个建筑的动势充分体现出来，使建筑不再是僵硬的单体，而是运动中的自然界的一部分。传统屋面曲线的形成包括：升起、举架、推山、翼角起翘等，如同《诗经》中所形容的："如鸟斯革，如翚斯飞……"这就是传统建筑中的曲线形态。在河南传统建筑中还大量使用圆窗、圆形门洞、圆形雕刻装饰等（图8-3-1），使简单的建筑形体更加丰富，如：郏县山陕会馆建筑（图8-3-2），在建筑组合上充分体现了曲态的造型特点，使建筑整体造型丰富宏丽。

河南民居中不同部位的装饰的处理，也通过模仿大自然中的具象元素，如石榴、向日葵、植物叶子、浪花、白云、盘龙、蝙蝠等复杂的曲线变化使建筑山墙更富有艺术感，表达出对自然的理解和美好生活的向往。郏县李渡口村传统民

图8-2-12　三进堂楼院二厅院正房后门门楣（来源：郑东军 摄）

图8-2-13　五门照院门楼斗栱"百龙竞翔图"（来源：郑东军 摄）

图8-3-1 河南传统民居中的圆形门窗（来源：郑东军 摄）

图8-3-2 郏县山陕会馆、张店村木雕与曲态装饰（来源：郑东军 摄）

居上的山花造型玲珑隽秀、寓意吉祥，被誉为中原第一山花（图8-3-3）。郏县冢头镇刘村传统民居中一处山花与常见平面造型不同，而采用了类似浮雕的立体造型，纹饰精美、生动，是传统民居山花装饰的特殊实例（图8-3-4）。

二、砖艺

砖，是传统建筑的基本材料和营造单位，传统建筑也被称作砖瓦房。河南传统建筑中以青砖为主，具有砌筑感和厚重感，同时，砌筑的意义就是追求材料的真实性和砌筑方式的手工的亲切感，由此，普通的砖上升为艺术，表达了建筑对地域性、文化性的追求和人文关怀。河南各地的传统民居用砖不同，砌筑方式也有所差异，体现出地方建筑的施工方法和审美体验，如：豫中平顶山、许昌地区传统民居在砌筑青砖的同时，常加入当地出产的红石作为拔石，不仅起到墙体的加固作用，还使原本建筑灰暗的色

图8-3-3 郏县李渡口民居上的精美山花（来源：郑东军 摄）

图8-3-4 郏县冢头镇刘村立体浮雕的山花（来源：郑东军 摄）

彩增添许多亮色，不同于北方其他省区市四合院建筑的做法和效果（图8-3-5）。传统民居的山墙立面并不是简单的线脚划分，也不是繁杂的细部堆砌。从古至今，山墙在各式各样的建筑类型中都占据了极其重要且不可或缺的部分。他不仅起到围护、防火、保温、隔热、通风、采光等技术上的重要作用，在很多时候还起到了美化建筑、赋予建筑不同风格特色的作用。在现代建筑山墙立面设计中我们应更多地思考：除了满足功能的设计以外，怎样使山墙立面发挥其地域性的现代主义设计。

砖的使用还扩展为砖雕装饰，使砖成为有欣赏价值的艺术品，表达着地域的民俗民风，如：新郑市庙后安村和霹雳店村的墀头砖雕（图8-3-6）。

三、符号

传统建筑形式里蕴含着大量符号，形成了不同的建筑特征，这方面可以从现代符号学的观点来认识。从建筑的起源看，建筑是人与自然相对抗的产物，也是建筑形态由圆到方

图8-3-5 河南郏县传统民居中的红石和拔石（来源：郑东军 摄）

图8-3-6 新郑庙后安村和霹雳店村的墀头砖雕（来源：郑东军 摄）

的演变过程，建筑作为功能的符号给人以直观的感受，建筑的含义显而易见，同时，建筑作为人们表达思想的符号，可以从联系中感知历时性或共时性的文化结论，因此，建筑符号可以当作包容性较大的概念来使用，它包含对建筑直接使用和感知作用两个方面。

河南各地传统建筑发展的不均衡，使不同区域的符号体系和文化亚代码不尽相同，使建筑符号的运用具有地域的差异性。建筑之所以存在，并成为一种语言符号，从而阐述自身以及自身所处的时代，正是因为建筑符号的广泛存在、普遍运用和可以被多重解释的事实。

河南传统建筑的每一个部件及其组合无疑具有其特定的使用功能，这些部件的每一种形式都蕴含着特定的历史和经验，表达着丰富的意义，结构符号、空间符号、装饰符号等成为传统建筑传承的文化符号和隐喻方式，如鹤壁寺湾村的门楼和砖雕符号（图8-3-7）。

图8-3-7 鹤壁寺湾村的门楼和砖雕符号（来源：郑东军 摄）

四、色彩

色彩是建筑造型的重要因素，对传统建筑的色彩使用和规律的研究是传承的重要内容，现代主义与国际主义建筑成为当代新建筑创作的主流，地域建筑色彩逐步丧失。河南许多传统城市把一些传统街区拆除，盖起了新建筑。这些新建筑的风格趋向于形体单一的现代主义，色彩体系比较混乱。在当代建设高潮中，设计师很少考虑河南传统建筑的黑、白、灰的色彩体系，在建筑设计和城市公共设施设计的过程中各自为政，大多凭自己的主观意识去设计色彩。这就造成了河南城市色彩走向两个极端：其一，建筑单体色彩个性鲜明，色彩鲜艳，过度商业化与周边环境不协调；其二，设计师过于保守，为了色彩的稳重，建筑单体色彩无个性，与周边环境完全一致，容易使人产生视觉疲劳。

从唐代、宋代至明、清两代，河南地区建筑的主色调变化甚微，一直保持着黑、白、灰为主的色系。河南传统建筑色调作为河南地域特色的一部分应保持其统一协调性，但是考虑其城市建设的现代性和未来城市发展的引领地位，应结合实际化需要，发展地域色彩（图8-3-8）。

河南各老城历史街区和建筑群体色彩应以黑、白、灰为主色调，突出河南地域建筑色彩特点。新城建设在河南地域建筑色彩的基础上结合现代建筑技术特点有选择性地选取地域建筑色彩，但色系应协调统一基本色彩还宜控制在所给河南地域分区的建筑色彩之内（图8-3-9）。

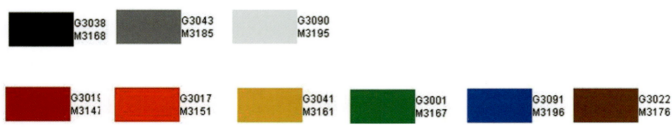

图8-3-8 河南地区的地域色彩（来源：曲天漪 绘制）

图8-3-9 河南地域色彩民居实例（来源：郑东军 摄）

下篇：河南现代建筑文化传承与实践

第九章　19世纪40年代~1949年近代建筑的转型

　　近代建筑是河南传统建筑的重要组成部分，体现了河南近代社会、经济、政治、文化的状况和时代特征。河南近代建筑文化的发展已经成为整个河南近代社会由传统走向近代化的缩影。河南作为内陆省份，在近代社会发展缓慢，近代建筑遗存主要集中在近代河南省省会开封和信阳避暑胜地鸡公山。随着近代化的进程，河南近代城市和建筑逐渐受到了近代西方文化的影响，在建筑类型、技术、功能、风格和造型等方面都有所改变，成为传统建筑向现代建筑的转型时期。河南近代建筑经历了一百多年的发展，其中既包含了延续传统建筑体系的旧建筑体系，也包含从西方引进的和中国自身发展出来的新型建筑体系。前者基本沿袭着旧有的功能布局、技术体系和风格面貌，但也会受外部的影响出现若干局部的变化。然而近代海外文化具有的新功能、新技术和新风格的影响和传播，也不同程度地结合了中国特点。旧的建筑体系在河南近代的发展过程中，占有很大比例，广大的农村、集镇、中小城市以至大城市的旧城区，仍然以旧体系的建筑为主。大量的传统民居建筑虽然局部地运用了近代的材料、结构和装饰，但是基本上还是保持了因地制宜、因材致用的传统营建方式和特色，但从整个河南近代建筑的发展趋势来看，新建筑体系逐步成为发展趋势。

第一节 近代建筑的发展背景

一、位居内陆、发展缓慢

河南地处中原，有着光辉灿烂的古代建筑文化。近代受区位和交通的影响，一时繁荣兴旺，开封、郑州、新乡、商丘、信阳、焦作等城市随之陆续崛起，建筑类型更加丰富。政治上出现袁世凯、冯玉祥等中国近代史上有影响力的人物，尤以冯玉祥将军主政河南期间关心城市建设，这些都推动了河南近代城市建设和发展。河南虽然现存的近代建筑从质和量上与沿海开埠城市相比有所差异，但作为近代中国中部省份近代化建设的一个缩影，有其特定的价值。在河南自身近代建筑的发展过程中，加之西方建筑文化传入中原，两种建筑文化相互作用、相互融合与碰撞，缓慢向前发展。

二、战争频繁、道路曲折

进入近代，河南由于地处内陆腹地，交通不便，文化保守，经济落后，制度僵化，战乱不息，水旱灾害频发等不利因素，社会发展比较迟缓。清朝末年，镇压农民起义的战争多次发生在河南。民国建立后，河南成为新老军阀逐鹿中原必争之地，战争连年不断，人民生活处于水深火热之中，严重影响社会的发展。1851~1938年间黄河水患严重，决溢50余次，万人流离失所，造成了大片黄泛区，极大地摧残了河南的经济。由于长期自给自足的传统经济模式，基础十分薄弱，近代工业始终不能有大的发展。河南本土的房屋构造形制及施工方法一脉相承，进入近代后，坡屋顶建筑、旧的木构架、青砖灰瓦等等，逐渐失去了传统的韵味，传统工艺逐渐减少。后来，加上河南近代建筑师较少，使得河南近代建筑的发展处于曲折状态。

三、传统深厚、西风东渐

从鸦片战争到19世纪末，由于黄河决口修复工程引进了新的施工工具和技术，一些建筑开始吸收新建筑的一些细部处理手法。1843年后兴起的天主教、基督教的势力传入，河南许多地区逐步建设了一批西式和中西混合式的教堂，河南近代建筑的发展开始萌芽阶段。深厚的传统文化根基，使河南许多建筑类型虽受到新文化影响，却还保持着坡顶青砖小瓦楼阁式的传统式样。而教育、医疗、工业等建筑对外来文化融入较快，中西杂糅风格开始出现，改变着近代建筑的样式和风格。

河南近代社会的发展主要是在20世纪初京汉铁路及陇海铁路汴洛段的修筑以后。铁路建设是近代技术发展的产物，又为发展近代整个社会经济创造了良好的条件。铁路交通的发展，也促进了铁路沿线中小城镇的开发建设和鸡公山避暑区的建立，为河南近代建筑的发展开辟了的道路。从这时起至20世纪30年代中期，成为河南近代社会迅速发展和提高的两个重要时期。抗日战争时期，河南传统建筑受到严重影响，许多城镇建筑被战火损毁，近代建筑的发展进入萧条时期。中华人民共和国成立后，城市建设逐步恢复并得到快速发展。

四、新类型、新材料、新结构、新技术

河南是受到西方文化冲击较晚的内陆省份。19世纪末至1928年期间，河南近代建筑有很大发展。中日甲午战争后，帝国主义列强加强了对中国的经济侵略，扩大了商品倾销和原料掠夺，开始在河南焦作等地兴办工矿企业，同时为扩大文化侵略而大量新建、扩建了一大批天主教堂、基督教堂以及附设的医院、学校、孤儿院等慈善建筑，可谓"西风劲吹"，引入的新材料、新结构、新形式对河南建筑影响很大，出现了近代建筑的繁荣景象。这个时期的建筑特点是平面自由，讲究功能，这种风格影响到省内许多城镇。此种建筑群体的兴建以西方教会建筑最为普遍和突出，主要为西式立面处理和中式坡屋顶的结合。

这期间，西方建筑文化同中国传统建筑文化的冲撞与融合，构成了新的建筑形式，已成为当时的一种必然的趋势。

这种自然形成的风格，在河南近代建筑的发展期影响很大。费正清先生认为的"中学为体，西学为用"是当时的建筑文化普遍的思想，近代城市借助外来因素影响力，已从肯定王权、秩序与伦理规范的历史"阴影"中走过来，向着以商贸、工业文化为时代主调的自由态势发展，城市的建筑文化风格，已从传统的政治理论向经济文化转移。

从建筑技术与结构看，传统建筑的基本模式是土木结构数千年一脉相承。"西风东渐"促使河南等城市建筑的技术与结构不得不发生"革命"。建筑具有简化的装饰，体量精细组合的基本特征，当"洋务"派初起时，河南各个地区一些工业类建筑以土木结构为主，但在有外资所新办的工厂与洋行等建筑中，已引进西式砖木混合结构。自19世纪60年代开始，钢结构的应用也慢慢开始流行，并且钢桁架的跨度也不断增大。

近代中国建筑文化观念，虽然接受西方建筑文化的影响，但依然不同程度地遗存着中国传统建筑的文化烙印，例如旧式商业类建筑，往往是传统的立面上加上西洋式的象征符号，线脚或者是在西洋式的整体形式上局部点缀着中国传统样式，这种生硬的建筑整体，虽然有"西洋"化，却还是中国建筑的文化传承，是中西建筑文化碰撞初期一种最大的时代特征之一，也是比较常见的建筑文化现象。在这个过程中，河南乃至全国对建筑文化趋向处于摇摆和思考中，即使是一些小小的"西化"与改动，其在中国建筑文化历程中的历史意义，仍然是值得注意的。

第二节 近代建筑的发展过程

一、1840年~19世纪末：近代建筑起步期

近代初期河南还没有专业营造组织，几乎所有的营建均为民间工匠所为，在改变河南建筑面貌的同时，仍具有民间的传统色彩。中西文化的融合处于萌芽状态，影响甚小，只发生在少数地区的教堂建筑上，多由外国人设计，由当地工匠施工，多会出现尖塔、扶壁柱、钟楼、尖穹、灰砖清水墙等建筑细部形式。这种中西文化的碰撞，是河南接受西方建筑文化的起点。

1841年前后，受季风性气候的影响，降水频繁，导致河南地区黄河多次决口、涝灾不断。为修复堵口，清政府使用了水泥等大量新的建筑材料，这些变化影响了当时城乡建筑活动。

鸦片战争后，西方国家通过签订不平等条约，取得了传教的特权，教堂建筑在河南省内开始出现。建立于1844年，有"东方梵蒂冈"之称的南阳靳岗教堂（图9-2-1）是最早的近代建筑。1870年前后，南阳靳岗教区先后建成大经堂、司铎楼、医院等中西结合式的教堂建筑群。同时，河南许多城乡集镇由传教士督工陆续兴建了一批规模较小的具有一些西洋风格或中西混合的天主教堂，对河南本土建筑风格有一定的影响。

其实这个时期许多建筑形式是受外来文化的影响，内部空间及外立面局部使用了新的建筑材料和处理手法，如清朝末年兴建的位于沁阳市内的怀庆府大盐店为砖木结构，使用了玻璃等建筑材料，为一座中西混合式建筑（图9-2-2）。

19世纪中叶至19世纪末，受外来文化和沿海城市近代建筑发展的影响下，新建筑类型、新材料和技术不断应用到各种建筑活动中，揭开了河南建筑近代化的序幕。

图9-2-1 南阳靳岗教堂（来源：张书林 提供）

图9-2-2 沁阳市怀庆府大盐店（来源：张书林 摄）

图9-2-3 鸡公山别墅建筑群（一）：颐庐（来源：郑东军 摄）

二、19世纪末～1928年：近代建筑发展期

20世纪初，清王朝覆灭，两千多年的封建专制统治被瓦解，建立了中华民国。随着铁路交通的发展，推动了对外交流，加之民族资本的发展和西方国家的殖民者直接进入河南传教、经商、开矿、避暑，新建筑活动气氛很活跃。除宗教建筑外，建筑形式多样化、建筑类型齐全以及新材料和新技术的应用更加明显，都是这个时期的特点。

此时期建筑风格的多样化的形成，除了西方展开的殖民统治服务的建筑活动，强行输入其建筑形式外，另一方面是因为一批国内军阀、官僚、富商仿照沿海城市的新建筑形式在河南建造公寓和店厂等建筑，建筑外形通常被赋予各种建筑风格，改变了当时许多城镇的建筑风貌，加速了传统建筑形式的更新。

我国延续了几千年的分散的工匠制度，到20世纪初也得到了改变，逐步组织起来。河南第一个私人营造厂是1917年获嘉工匠李德福在郑州组织兴办的巩义顺营造厂，在郑州、开封、洛阳等地承建了工程，并创造了一套企业管理经验，逐步使河南的营造业逐步发展壮大起来。

民国时期的住宅建筑类型（表9-2-1）在设计和取材上都有新的突破，既有西式公寓住宅，也有庄园式住宅建筑群，最具影响力的是规模宏大、中西结合的风格各异的鸡公山别墅建筑群数百幢（图9-2-3～图9-2-6），成为国内有名的"万

图9-2-4 鸡公山别墅建筑群（二）：小颐庐（来源：郑东军 摄）

图9-2-5 鸡公山别墅建筑群（三）：南德国楼（来源：王晓丰 摄）

图9-2-6　鸡公山别墅建筑群（四）：女信义会别墅（来源：王晓丰 摄）

图9-2-7　1923年的郑州火车站（来源：《城市记忆——郑州历史发展档案图集》）

国建筑博览区"。在这期间，木结构体系慢慢消失，砖木结构已经普及。不仅仅是居住建筑，在许多建筑中混合结构、钢筋混凝土结构、钢结构得到了使用。玻璃、水泥和搅拌机等新的建筑材料和新型的施工工具，在一部分建筑中得到了使用。

当时由于京汉铁路、陇海铁路河南段的修建，改善了交通条件，推动了河南对外交流，而且促进了建筑事业的发展。仅京汉铁路、陇海铁路河南沿线就修建几十座车站，车站建筑功能日趋完善，为以后的车站建筑设计打下了基础。借助铁路的便捷，英国福公司在焦作开采煤矿，兴建了一批煤炭开采工程，初步形成了焦作工矿城市的雏形。铁路枢纽带来了郑州繁荣，日本林重次郎考察郑州后把郑州称为"中国的芝加哥"（图9-2-7、图9-2-8）。

图9-2-8　开封兴隆车站

在河南近代建筑发展的萌芽期，工业建筑基本没有建立，然而到了此阶段，煤炭、纺织、军火等工业建筑迅速发展，建成了许多在国内闻名的大型工厂。建于1915~1921年的巩义兵工厂（图9-2-9），占地700余亩，建有枪厂、压炮弹厂、引信厂、机器厂、电厂等。同时许多城镇商店改为"洋店面"，一批新颖的金银首饰店、旅馆等商业建筑陆续建成。吸收西方和沿海地区建筑艺术特色的开封书店街、马道街（图9-2-10）、郑州大同路和德化街、新乡中山大街等大量商业街也是在此时期形成的，建筑立面出现了具有各种装饰效果的线脚雕塑以及广告牌，标新立异的效果，使当时的街景生活焕然一新。

图9-2-9　巩义兵工厂水塔（来源：王晓丰 摄）

图9-2-10 开封马道街

三、1928~1937年：近代建筑实践期

河南在1928年到1937年十年中的城市建设，几乎是在冯玉祥将军的主政下完成的。在这十年中，河南经济、文化以及建筑行业进一步获得了较大发展和提高。

1927年6月下旬冯玉祥将军，任河南省主席，宣布一系列治豫方针。1928年设立了郑州市，倡导开展新郑州活动，并1927年和1928年先后制定了《郑埠设计图》（图9-2-11）、《郑州新市区建设草案》。随后，针对首府开封制定了《开封市设计图》（图9-2-12），重新更新老城区的街道名称、增添公园及绿化带等，规划开封的新区，并对老城区功能重新做了分区划分。通过整体城市规划，两市陆续建设了一批如公园、养老院、医院等，具有近现代思想的市政设施。其规划理念基本上是以西方近代规划理论为指导结合中国实际进行规划的，是河南城市近代化的一个创举，对省内其他城市的建设具有很大影响。

随着近代工商业的发展，同时带动了金融和运输业蓬勃兴起。规模不大的钱庄、银行遍布各城镇，以及教育建筑和医疗建筑在此时是发展也比较快。由于西方教会在20世纪站稳脚跟，为了扩大影响，教会医院便由此在各个教会区建立。对于教育建筑，除河南大学等公、私立学校外，还有一批外国教会兴办的学校。仓库、道路桥梁等建筑也多是这一时期发展起来的。至此，河南近代建筑类型基本齐全。

这个时期，整体建筑技术较以往时期有了很大进步，1934年兴建的河南大礼堂以及随后同在开封建成的天主教

民国时期的主要建筑类型　　　　　　　　　　　　　　　　　　　　　　　　　　　表 9-2-1

建筑类型	建筑典型实例
工业建筑	1902年焦作煤矿，1915年的巩县兵工厂，1920年郑州豫丰纱厂
教育建筑	1904年兴建的信阳信义中学男生部，1911年兴建的开封圣安得烈学校及圣安得烈女校，1919年兴建的信阳信义女子中学，1920年在鸡公山兴建的瑞华学校，1912年在开封兴建的济汴中学等，英国福公司1909年在焦作兴建的路矿学堂（焦作工学院）
居住建筑	1917年英人在开封修建的公寓（红洋楼），袁世凯在安阳洹水修建的庄园式住宅建筑群，鸡公山别墅建筑群
商业建筑	开封马道街，郑州大同路和德化街，安南北大街，许昌南大街，新乡中山大街
医疗建筑	1906年在郑州兴建的美华医院，1915年在安阳兴建的广生医院，1919年在商丘兴建的圣保罗医院，1919年在漯河兴建的善济医院，1919年在方城兴建的眼科医院，1921年在新乡兴建的同善医院，1923年在卫辉修建的惠民医院，1926年在许昌兴建的信义医院
金融建筑	1908年10月大清银行开封分行，1909年10月交通银行开封分行，1912年建成开业的新乡同和裕银号总店，1913年建成开业的中国银行开封分行，1913年2月建成开业的交通银行郑州支行，1923年7月在开封建立的河南省银行，1923年在郑州建立的金城银行分理处
邮电建筑	1901年兴建的郑州邮政分局，1909年兴建的新乡电报局，1921年在开封兴建邮政大楼

（来源：张书林 制）

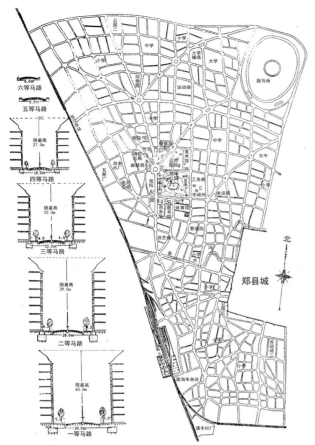

图9-2-11 郑埠设计图（来源：《河南近代建筑史》）

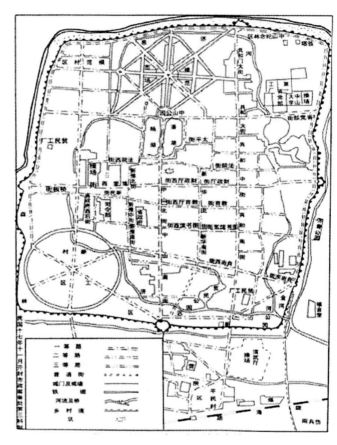

图9-2-12 开封市设计图（来源：《河南近代建筑史》）

修女院等一批优秀建筑，都为当时之佳作。在冯玉祥将军的主政期间，机场、公路、桥梁建设是近代河南发展最快的，公建建筑中除了教堂、学校、医疗等建筑类型外，图书馆建筑、体育建筑、剧场建筑、新式的花园洋房等多种新的建筑类型相继出现。这些建筑类型很多在移植欧洲古典复兴和折中主义形式的同时，出现了中国固有式建筑形态——大屋顶以及附有中国古典建筑装饰。新材料、新技术、新结构在此时期的中国特色的建筑风格和体系中充分得到了体现，其中新乡河朔图书馆（图9-2-13～图9-2-16）、开封国民大戏院（图9-2-17）、河南省体育场（图9-2-18）、刘茂恩住宅等都是各个建筑类型最有特色的建筑杰作。

1928年由于全国经济建设的需要，在20年代派往国外学习建筑的留学生相继学成回国，开始从事各种建筑活动和教育理论研究，河南的建筑教育由此开始发展。1931年，河南大学（图9-2-19）和焦作工学院（图9-2-20）先后创办了土木建筑系，后来郑州高级工业职业学校也开设了土木、建筑两个专业。这些科、系的设立，为河南建筑业打下了基础。在此基础下，建筑设计和营造活动开始活跃，仅在1927～1930年期间，郑州、新乡等地相继创办多个建筑公司和营造厂。

图9-2-13 新乡河朔图书馆（一）（来源：郑东军 摄）

图9-2-14 新乡河朔图书馆（二）（来源：郑东军 摄）

图9-2-15 新乡河朔图书馆（三）（来源：郑东军 摄）

图9-2-16 新乡河朔图书馆（四）（来源：郑东军 摄）

图9-2-17 开封国民大戏院（来源：郑东军 摄）

图9-2-18 河南省体育场

图9-2-19　河南大学礼堂（来源：郑东军 摄）

图9-2-20　焦作工学院工程馆（来源：郑东军 摄）

四、1937~1949年：近代建筑萧条期

从1937年抗日战争爆发到1949中华人民共和国成立，历经了八年抗战和三年的内战。河南地处中原地区，战争更加频繁。1938年郑州花园口的黄河大堤被蒋介石炸开，洪水泛滥，加之1944年河南省内的铁路、桥梁等许多设施也被破坏，使人民流离失所，建筑活动发展缓慢，河南的近代建筑活动处于了萧条期。

1938年日本侵略军占领新乡后，将其定为华北八大都市之一，并进行了规划建设。此外，日本还在郑州、开封、焦作等地，兴建了部分建筑工程，如兴建于1938年的郑州日寇领事馆（图9-2-21、图9-2-22），建筑面积780平方米，房屋52间。军政单位从1940年起，在多个地区建设教育建筑，另外一些大型公建项目也是在此时开始建造。1945年以后国民政府还进行了新乡市中正堂、省立郑州医院、"郑州绥靖公署"礼堂等部分建筑活动。

第三节　近代建筑的主要类型

一、宗教建筑

鸦片战争以后，从1845年天主教弛禁至1949年中国近代史结束，宗教建筑与中国近代社会的发展紧密的交织在一起，西方列强为了从精神上控制中国，进行各种各样的传教活动，宗教建筑便成为最早进入河南的近代建筑新类型，例如，始建于1904年的鹤壁集天主教堂（图9-3-1），墙体以砖石混砌，是现存为数极少保存状况较好的清代哥特式建筑；1912年的郑州天主教堂修女楼（图9-3-2）抗战后改为公教医院；1919年的开封理事厅天主教堂（图9-3-3、图9-3-4），属西欧哥特与意大利哥特的混合体。

作为宗教文化传播的先行者，天主教堂成为河南最具西方建筑形式的类型之一。在外部环境和内部条件的影响下，融入了河南地区的当地建筑特色，形成了独特的建筑

图9-2-21　郑州日寇领事馆全景（来源：王晓丰 摄）

图9-2-22　郑州日寇领事馆主楼（来源：王晓丰 摄）

图9-3-1　鹤壁集天主教堂（来源：张书林 摄）

图9-3-2 郑州天主教堂修女楼（来源：张书林 摄）

图9-3-3 开封理事厅天主教堂全景（来源：王晓丰 摄）

图9-3-4 开封理事厅天主教堂塔楼（来源：王晓丰 摄）

风格，在这种微妙的建筑形式变化中，突出表现了西式教堂本土化的特点。这是河南天主教堂的特殊性所在，它对当地的建造技术、观念产生了一定的影响，同时对当代建筑的创作具有启发意义。

二、住宅建筑

在近代时期首先受到西方外来文化影响的社会上层人士，处于各种原因，开始修建庄园、改造宅舍、新建别墅等活动。始建于1917年的张钫故居（图9-3-5、图9-3-6）坐落在新安铁门镇，各院落间设券门相连，整个院落地势前低后高，建筑高低错落有致。刘镇华庄园（图9-3-7）位于巩义南河渡，分4个院落，建有花园、祠堂，共有窑洞27孔，建筑雕饰精美、功能设施齐全。以张钫故居以及刘茂恩故居为代表的近代民居是河南官贾民居建筑的典型代表作品，其建筑功能融居住、休闲为一体，是传统的中式宅院在近代发展的产物。

抗日战争时期，在河南西部一带的居民为躲避空袭纷纷建筑生土建筑窑洞。位于三门峡陕县庙上村的窑院和洛阳市城东下窑村和顺街兴建的窑院也是当时建筑的代表。窑内为砖拱白灰粉刷、方砖铺地、木质门窗、玻璃窗扇。新的建筑材料玻璃、水泥的运用，使窑洞的采光条件改善，跨度增大，用途也由单一的居住扩展到办公等。

图9-3-5 新安县张钫故居倒座及入口（来源：郑东军 摄）

庭院
图9-3-6 新安县张钫故居内院

图9-3-7　巩义刘镇华庄园（来源：郑东军 摄）
全景　　北院内庭　　上院内庭

 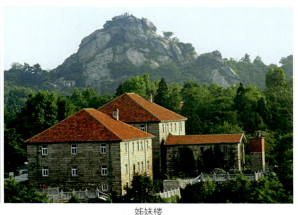

图9-3-8　鸡公山别墅建筑群（来源：王晓丰 摄）
全景　　姊妹楼

近半个世纪的鸡公山近代建筑活动，遗存了丰富的建筑实物资料，许多成为宝贵的建筑文化遗产。鸡公山别墅建筑群（图9-3-8）已经成了河南近代建筑文化的代表，在我国的近代建筑史中有着重要的位置。在别墅群中，西洋建筑占主导地位，各种形式相互渗透，派生出各种风格。别墅整体布局严谨，既巧妙地利用了地形，错落有致，又有机地与自然环境相融。最著名是1921年前第十四师师长靳云鄂所建"颐庐"和两位华人于1912～1913年建造的两座外形结构相似、材料相同的"姊妹楼"。

三、工业建筑

1898年在开封南门外卓屯由候补道李企昂兴办的河南机械局，是河南第一个制造枪械的工厂，也是第一座工业建筑。建于1907年的郑州汇沣纱厂，厂房面积1140平方米。位于陇海铁路和平汉铁路的交叉点附近的郑州机器厂，是直属北京政府交通部，也是郑州较早建立的工厂之一，该厂用于山西的铁和煤炭的运入，这对于兼具冶铁和铁器制造性质的工厂来说，提供了有利的发展条件。建于1914年的郑州电务修理厂，全厂占地4000平方米，拥有各类修配业务。郑州机务修理厂则是主要制造机车应用配件以及机车、货车的修理。自1910年代起，郑州陆续也建立一些工业企业：1913年上海大华火柴厂在郑州建立分厂，日产火柴20箱；1914年明远电灯公司成立，有75千瓦蒸汽发电机1台，供店铺、官署和富户用电；1915年筹建了贫民工厂，设织、木、席3科，收工徒23人；1916年

大门

发电车间

图9-3-9 豫丰纱厂（来源：网络）

郑州面粉厂建成投产；1917年公益营造厂成立，并承建豫丰纱厂（图9-3-9）；1918年中华蛋厂和志大蛋厂投产；1920年大东机器厂建成，有工人50多名；1922年华原兴铁工厂成立，制造轧面条机、弹棉花机等；1922年商务印书馆郑州分馆开业；1920年代后期，豫中机器打包股份有限公司、郑州大中打包厂成立。

四、交通、邮电建筑

河南近代的交通、邮电建筑包括飞机场建筑、车站建筑、桥梁和邮电大楼等。1905年2月1日竣工的郑州京汉铁路黄河桥（图9-3-10），是黄河第一铁路桥，现有南端5孔160余米作为历史文物予以保留。其他还有1921年的洛河天津桥、1936年的洛河林森桥、1936年的伊河中正桥，以及南关邮电大楼等。

开封南关邮电大楼（图9-3-11）全称河南省邮务管理局邮政办公室及营业大楼，为河南省邮务管理局邮务长阿良西（英国人）、会计长光器格（丹麦人）于1917年在开封南关购地主持兴建邮政大楼和邮务长、会计长公寓（东西红洋楼），邮务员张松友具体组织实施，1921年竣工。大楼为英国人设计，承建单位系英国在华地建筑公司，属于西方复古主义和折中主义风格。

图9-3-10 郑州黄河铁路桥（来源：网络）

图9-3-11 开封南关邮电大楼（来源：郑东军 摄）

图9-3-12 开封晋阳豫书店（来源：郑东军 摄）

图9-3-13 开封包耀记（来源：郑东军 摄）

五、商业、金融建筑

进入20世纪，商业建筑受西方建筑文化的影响愈来愈大。一些明清时期的古典式商业街店铺，如书店街、马道街、东西大街、中山路中段等商业区，开始发展为"洋店面式"。在建筑立面上采用了西方建筑手法，如平拱窗、圆拱窗、尖拱窗、竖向建筑装饰线脚、女儿墙、墙面阴阳线脚等，并和中国的古典建筑形式结合起来，造型丰富多彩，色彩鲜艳，成为开封商业建筑的一大特色（图9-3-12、图9-3-13）。1860～1870年在南书店街兴建的包耀记南货店，重新装饰了门店。二层营业楼上加了高3米左右的女儿墙，以浮雕、线脚花饰装修，立面还设了具有精致的扶墙方柱。随后兴建的晋阳豫南货店和万福楼金店等也同样通过壁墙柱来加强立面层次和丰富立面装饰效果。

六、医疗建筑

早在西方列强用洋枪洋炮打开中国的大门之前，众多外国传教士便深入内地进行传教活动。他们开办医院诊所，教会医院陆续出现，给中国也带来了全新的西式看病方式，于是近代新式医疗建筑开始在内地出现。存留至今数量较多、质量较好的是教会医院。作为联络教徒、扩大影响的手段，比起教堂来更具社会影响力的优势。教会医院从最初的施诊室到单科医疗室，逐步发展为建筑规模大、质量高、科室全的综合医院，如商丘圣保罗医院（图9-3-14）、安阳广生医院（图9-3-15）、新乡惠民医院等，显示着教会为扩大其影响的努力。

在近代，河南私立医院比较普遍，但是多数规模不大，医护人员较少，开办时间也不长。在教会医院的带动下，河南当地民众创办的医院陆续建立。民生医院、长寿医院、圣约翰医院等都是当地民众自行创办的。他们以教会医院为样板，在管理和运营上模仿教会医院，虽然这些医院在规模上和技术上都比不上教会医院，但是在一定程度上解决了当地民众的看病问题，促进了近代河南医疗事业的发展。在近代，规模较小的私人诊所，因其财力所限，均较简陋。在城市多以公寓式住宅为基地，在乡村仍沿用独户宅院，但建筑形式已与传统民居有所不同。

图9-3-14 商丘圣保罗医院（来源：郑东军 摄）

图9-3-15 安阳广生医院（来源：张书林 摄）

近代医疗建筑在平面空间组织方式上相当成熟，功能设施完善，布局合理，各种交通流线流畅。在造型方面也相对简洁，通常强调立面的亲切感和归属感，建筑色彩、比例与装饰均与医院性质非常符合。

七、文化教育建筑

早期的学校有开封双龙巷的静宜中学（图9-3-16），是当时教会针对中国国情设计的女子学校。较晚的有南阳菊潭中学、社旗县蔚文中学等。这期间，民族形式仍在学校建筑中占有一定地位，大概是为体现"中学为体，西学为用"的宗旨。学校的数量在国民党推行强制教育时期一度繁荣，但学校建筑并未得到相应发展，且这种表面繁荣也没能维持多久。

对于近代高等学府的建立，在其规划方法和教学理念上开始受西方办学体制的影响，并且无论学校规模大小，校园分区都非常的明确，功能布局合理。焦作路矿学堂（今焦作工学院，图9-3-17、图9-3-18）位于焦作市民主中路，成立于1909年，为河南省成立最早的高等院校。始建于1912年创办的"河南留学欧预备学校"是河南大学（图9-3-19、图9-3-20）的前身，当时校址择定在原清末中国四大贡院之一——河南贡院东半部旧址上。现存两通贡院碑和复建执事房是中国近千年封建科举制度的历史见证。

1927~1937年"中国固有形式的探索"是中国建筑更主动的追求中国文化象征意义的探索，这在教育建筑中表现得尤为强烈，后期大量的教育建筑采用"中国式"的建筑样式，其显著的特点是注重屋顶与屋身的结合。同时探索传统形式下新技术的运用，尝试大跨度结构与传统形式的结合。除上面所述外，河南教育建筑在不同的时期、不同的地区也还有一些特例，充分显示着这个时期建筑的多样性。

图9-3-16 开封静宜中学（来源：《河南近代建筑史》）

图9-3-17 焦作路矿学堂鸟瞰图（来源：焦作工学院 提供）

图9-3-18 焦作路矿学堂：大门、科学馆、实验楼（来源：网络）

图9-3-19 河南大学大礼堂（来源：郑东军 摄）

图9-3-20 河南大学6号楼（来源：郑东军 摄）

八、其他（园林、祠堂、会馆、陵墓）

在河南传统园林布局中借鉴中国画散点透视原理，引入运动和时间要素而形成多维空间效果，具体表现为空间序列于景点的节奏变化，游览路线的曲折、穿插、配合参差，使游人在游览中顾盼不及，应接不暇的视觉体验。步移景异之妙处还在于使有限的景物最大限度地体现审美价值，景点应与周围环境多方契合。

郑州胡公祠（图9-3-21、图9-3-22）是为了纪念民国初年曾任河南省督军、河南省省长的民主革命人士胡景翼而建。1936年完工的胡公祠是一座五楹单檐歇山式仿明清大殿建筑，有殿、亭，并有一塑像，翠柏红垣，古色古香。胡公祠虽然建于民国时期，但它完全是仿照明清建筑样式建造，距今已有80多年历史，具有一定文化价值。

袁林全称袁公林，是袁世凯墓地，建筑群位于安阳市北关区洹滨北路中段北侧，建成于1918年8月，现为全国重点文物保护单位。袁林是我国近代大型陵墓建筑之一，由范寿铭、马文盛设计，仿明清帝陵的布局与结构，吸收美国总统格兰德濒河庐墓的某些构造艺术特点而建造，墓园占地138亩，主要建筑分布在南北神道中轴线上，绵亘长达千余米。自洹水北岸的照壁墙起，沿神道北上依次有糙石桥、石拱桥、牌楼、石像生、碑亭。

袁林建筑形式基本为清末民国初官式建筑，按照明清帝王陵墓轨制而建，但规模略小，建筑群"中西合璧、古今并举"，时代特色显著，纹饰造型独特，建筑手法即秉承传统工艺，又采用现代材料技术，具有一定的唯一性和独特性。袁林区别于明清帝陵缺少方城和地宫，在宝城前建二层平台，宝城立于平台后侧，作为平地庐墓，宝城未向下深挖，而是先在地面上建成并排两个墓室，分别为袁世凯和夫人于氏墓室，再逐层封盖，最后形成巨大的圆形宝城，内部也无地宫、无墓道。袁林建筑群屋面类型有歇山、硬山等，但缺少悬山、重檐等形式，飨堂面阔七间，进深三间（含前后内廊），面积大于一般帝陵的"隆恩殿"。建筑均覆以绿琉璃瓦顶或灰布瓦，未采用帝陵的金琉璃瓦顶，就连门阔上的金色乳钉由九路改为七路，并未遵循帝陵的建筑规制（图9-3-23～图9-3-26）。

图9-3-21　郑州胡公祠（来源：毕昕 摄）

图9-3-22　郑州胡公祠细部（来源：毕昕 摄）

图9-3-23　安阳袁林墓园牌楼门（来源：郑东军 摄）

图9-3-24　安阳袁林碑亭与仪门（来源：郑东军 摄）

图9-3-25　安阳袁林景仁堂（来源：郑东军 摄）

图9-3-26　安阳袁林墓园大门与墓冢（来源：郑东军 摄）

第四节　近代建筑的特色分析

河南近代建筑的特色，体现在类型、风格和技术几方面，从近代建筑遗存看，主要集中在开封市和信阳鸡公山地区，河南大学近代建筑群和鸡公山近代别墅群成为河南近代建筑的典型代表。

一、类型多样、功能转变

从鸦片战争至1895年中日甲午战争前后，随着洋务运动的影响，外国传教势力的渗透，加上京汉铁路的修建，中西文化的融合在河南开始加剧，人们逐步开始接受新建筑、新功能等的出现和应用，新的建筑类型不断出现，尤其在公共建筑中，如厂房、图书馆、医院和学校等。如新乡河朔图书馆建筑，始建于1933至1935年，由建筑大师杨廷宝先生设计，平面呈工字形，因抗战原因，只建成一期的阅览室和办公室，面积约1300平方米，二期为书库大楼，一期为三层对称式布局，现代墙身，大屋顶为木桁架结构，外观为中式宫殿建筑风格，内部是西式设施和功能布局，是富有时代感的图书馆建筑（图9-2-13～图9-2-16）。

二、风格折中、中西合璧

20世纪初，京汉、陇海铁路汴洛段相继兴建和通车，对河南工商业及其他事业的发展起了重要作用，建筑活动迅速活跃起来，各地大量兴建了新类型建筑，引入了新材料、结构以及形式，出现了近代建筑的繁荣景象。

此时期的建筑平面自由、讲究功能、风格折中。1902～1936年期间建造的鸡公山别墅建筑群，尝试用中国古代建筑与西方近代建筑相结合，中国建筑艺术与欧洲建筑艺术互相渗透，是现存中西融合的建筑风格比较成功的例子。建筑群中运用了各种柱式的变化，西柱与中柱各种融合，墙面上开了各种中西古典门窗口的式样。

河南近代建筑最能体现中西文化融合的地方主要是在教会建筑上。建筑传入较早，分布较广，西式的平立面布置、中式坡屋顶，并结合使用了十字架等象征西方教堂的标志（图9-4-1）。这些教会建筑早期会租用中式民房加以改建，后来开始使用西方图纸、材料，采用中西结合形式加以建设。西方建筑文化同中国传统建筑文化的冲撞与融合，产生了具体的建筑成果。两种建筑文化都有着各自深层次的内涵和科学技术，为了获得各自的发展和生存，互为补充、发展，构成新的建筑形式。

三、技术进步、大跨结构

河南近代的后期，随着民族工商业的发展和新文化的传播，新建筑活动日益增多，逐步形成了中国传统加"西洋古典"的一种独特的半新半旧、新旧交替杂合性质的建筑风格。新技术、新材料的运用，在建筑高度和跨度上都较以往出现巨大的进步，如河南大学礼堂，不仅在建筑造型上堪称经典，在大跨度屋顶结构上，结合平面布局，采用了新的大跨结构技术。礼堂于1931年11月20日动工，1934年12月28日落成，耗资20万银圆。总建筑面积4700平方米，内设2700余座位。建筑呈"凸"字形布局，坐北朝南。门前设大台基，建筑主体为52.43米×44.20米。门厅东西长17.8米，南北宽12.8米；舞台为18.5~14.5米。底层和二层四周均设有宽为3.05米的围廊。整个礼堂设有6座楼梯大厅，设有7个出入口。正厅采用三角形钢屋架和槽钢檩条，其他为木结构和钢木结构，支承砖混凝土墙上。正厅8榀钢屋架南端置于0.78~0.488米的钢筋混凝土壁柱上。北端座于横跨舞台上方19米长的钢筋混凝土拱梁及横墙上。正厅二层看台为钢筋混凝土结构，由围墙和6根直径为0.6米的钢筋混凝土柱支承，其余为砖木结构。这种结构形式在当时具有先进性和创造性，成为河南近代建筑新技术的代表（图9-4-2~图9-4-4）。

图9-4-1　天主教河南总修院（来源：于莉 摄）

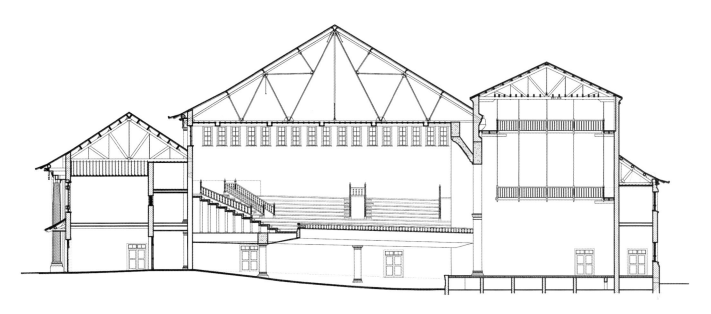

图9-4-2　河南大学礼堂剖面（来源：河南大学建工学院 提供）

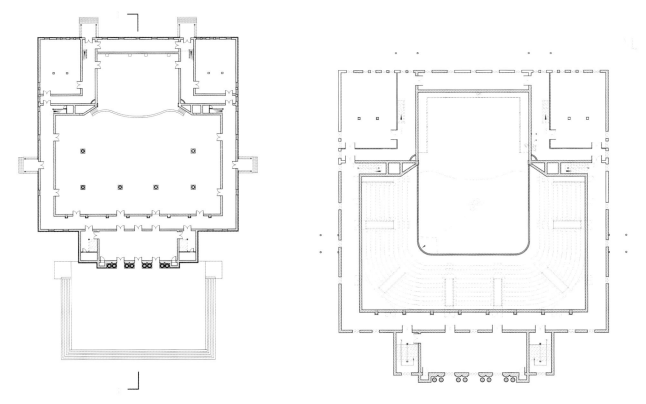

图9-4-3　河南大学礼堂一层平面

图9-4-4　河南大学礼堂二层平面

第十章　河南现代建筑实践历程

　　新中国成立后，百废待兴，河南城乡建设得到起步和发展，1953年，河南省省会从开封迁往郑州，由于省会建设和洛阳"一五"时期工业基地建设的需要，从沿海城市引进大批工程技术人才，当时在苏联专家指导下进行了城市总体规划和重点工业项目建设，为城市发展奠定了基础。此后的城乡建设在"实用、经济、在可能条件下注意美观"的建设方针指导下，各地建设了一批简洁、实用的公共建筑和住宅，形成了城乡新风貌。同时，建筑教育得到发展，1959年郑州大学开办河南省第一个建筑学专业，1964年并入郑州工学院土建系，到2000年新郑州大学成立，为河南建设培养了大批人才。进入1980年代，随着改革开放的深入，经济蓬勃发展，90年代商品经济得以发展，新技术、新材料的广泛应用，各种公共建筑和住宅建设得到快速发展，城乡面貌迅速改变。进入21世纪，随着郑东新区、大学城建设、旧城改造和中原城市群、航空港区建设的蓬勃发展，建筑创作日趋繁荣，出现了不少优秀的建筑作品，河南现代建筑在探索、创新中不断超越自我，在探索中前行。

第一节　20世纪50年代～70年代现代建筑的起步

1949年新中国成立，此前经过多年的战争使城乡遭受了巨大的破坏，许多传统建筑被战火损毁，城市建设百废待兴，新中国第一个30年的建筑，与国际现代建筑环境基本隔绝。20世纪50年代初国民经济渐渐恢复，开始了第一个五年计划，进行大规模的工业化建设和国家行政区的调整。按照计划经济的轨道运行，这30年间，遵循"实用、经济、在可能条件下注意美观"的建筑方针，包括建筑师在内的广大建筑工作者，在特殊的条件下，用智慧、勤劳和汗水，创作出时代性很强的建筑作品，也留下了许多经验教训。

一、20世纪50年代的共和国建筑

1954年10月，河南省会由开封市迁至郑州，郑州和洛阳一起开始成为河南新兴的工业基地与大型中心城市。开封规模发展逐渐停步，也正因这样，此后的几十年开封较大程度地保留了古城风貌。在此之前的1953年，在当时苏联专家穆欣的参与和指导下，进行了省会迁郑前的总体规划，后在不断完善中得以实施。

河南建筑设计行业一方面从北京、上海等城市引进工程技术人才，一方面在当时苏联专家指导下进行城市总体规划与重点工业项目的建设，开创了现代意义上的城市规划与建筑工程设计。

自1964年开始为支援河南的三线建设，有从建设部院等北京、上海的大院调来的建筑师，也有从全国各大建筑院校分配来的毕业生，省市级设计院聚集了一批优秀的建筑人才，包括1959年郑州大学开办河南省首家高校建筑学专业培养出的毕业生一起，为这一时期及后来的河南建筑设计打下了坚实基础，涌现出一批优秀工业与民用建筑。在工业建筑方面，如郑州西郊的纺织厂、印染厂、发电厂、电缆厂、砂轮厂，洛阳西郊的涧西工业区中，除了国际式的现代主义形式的大量厂房外，民族传统的印迹不断出现在辅助性建筑如大门、办公、宿舍等建筑立面设计中（图10-1-1）。

20世纪50年代末至70年代，当时的政治形势影响到学术领域，意识形态对"现代建筑"、"民族形式"等内容起到决定性的影响，在政治因素成为建筑价值判断的基本参照系的同时，经济因素又成为这个时期建筑发展中突出的矛盾，1958～1960年的"大跃进"给国民经济带来了严重的负面后果。虽然现代建筑风格受到批判，但现实国情迫使建筑领域认识并接受现代建筑的大规模自发影响，中国建筑出现了积极采用新技术、新结构、新形式的探索。与此同时，对民族风格的热爱仍表现在建筑师所设计的同时期各类公共建筑立面造型上面，尽管这些通用于全国各地的民族形式的符号与真正河南的地域性还有一段距离。

国棉三厂大门和办公楼（图10-1-2、图10-1-3）墙体为清水砖墙，细部处理采取简化的盝顶挑檐、额枋、柱式、斗栱、吻兽、雀替、花格窗中国传统建筑符号，巧妙地与新建筑功能形象相结合。大门采用长条形的平面布局、砖混结构。整座大门由三部分组成，中部为面阔5间盝顶式建筑。入口过厅面阔3间，稍间柱头使用骑马雀替。

图10-1-1　洛阳市涧西区十号街坊9号楼外立面（来源：宁宁 摄）

图10-1-2 国棉三厂大门（来源：王东东 摄）

图10-1-3 国棉三厂办公楼（来源：王东东 摄）

图10-1-4 洛阳第一拖拉机制造厂办公楼（来源：张文豪 摄）

图10-1-5 郑州铁路旅客站站舍（来源：《中原建筑大典》）

洛阳第一拖拉机制造厂（图10-1-4）办公楼侧重于以中式符号为主、西洋古典段式结合，直白式顶部山花加重了时代痕迹，宿舍楼屋脊标明了对建筑文化的符号式传承。

建于20世纪50年代的郑州铁路旅客站站舍（图10-1-5）、河南人民剧院（图10-1-6），曾都是郑州的重要地标，是当时省会政治、经济、文化娱乐活动及交通运输的重要场所。入口立面采用多种传统古建筑元素，挑檐、雀替通过与现代形式相结合的组合手法使传统与现代很好地融为一体。

图10-1-6 河南人民剧院（来源：《中原建筑大典》）

图10-1-7 安阳市工人文化宫（来源：《中原建筑大典》）

安阳市工人文化宫（图10-1-7）位于安阳市彰德路与解放大道交叉口东北角，是新中国成立后安阳市的第一个大型公共建筑。建筑跨度约21米、长度60多米，室内分楼座和池座，共1756座。建筑正面呈圆弧形，顶层主楼及副楼的门设计为挑角琉璃瓦结构，辅以朴实的水刷石墙面和高大的月台。中国银行郑州分行旧楼（图10-1-8）建于1954年，位于郑州市花园路。建筑坐东面西，平面呈"丁"字形布局，主楼为4层，两侧及后部的配楼为3层。采用中国传统的盝顶形式，主楼檐口部分采用传统建筑的装饰细部。

河南省博物馆（图10-1-9～图10-1-11）建于1958

图10-1-8 中国银行郑州分行旧楼（来源：郑东军 摄）

图10-1-9 河南省博物馆（一）（来源：《河南建筑选》）

图10-1-10 河南省博物馆（二）（来源：《河南建筑选》）

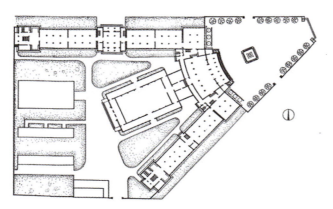

图10-1-11 河南省博物馆（三）（来源：《中原建筑大典》）

图10-1-12 河南宾馆（来源：王东东 摄）

年，位于郑州人民路与金水路交叉口，原设计为工业综合展览馆，1961年改为省博物馆。弧形主立面，对称布局，中轴面向交通转盘中心，通高柱廊，体型端庄。从入口柱廊顶部及两侧中式传统纹饰中隐约反映出"现代建筑"与"点到为止"的传统符号融入式的痕迹。

不同于20世纪20年代末到30年代的文化民族主义为主的建筑思潮，1950年前后传统建筑文化复兴，以传统屋顶表现民族形式的建筑模式在一段时间内得以运用。

建于1954年的河南宾馆（图10-1-12）和建于1955年的河南省人民医院病房楼（图10-1-13），受当时设计思

图10-1-13 河南省人民医院病房楼

图10-1-14 郑州工学院水土楼（来源：郑东军 摄）

图10-1-16 郑州工学院土建楼（来源：郑东军 摄）

图10-1-15 郑州工学院科技报告厅（来源：顾馥保 摄）

潮的影响，都采用了歇山大屋顶这样复古的中国传统形式，建筑外立面在檐下、窗间采用传统建筑元素仿古装饰细部。河南宾馆主体为砖混结构，梁架为木结构，立面采用雕梁画栋，勾栏纹饰，是目前郑州为数不多的保留较为完好的新中国成立初期宾馆类建筑之一。

郑州工学院于1963年成立，在原郑州师范学院已建校舍基础上扩建而成，水土楼和化工楼平面中轴对称，建筑高度为3层，中部4层，平屋顶，传统5段立画处理，主次分明。入口处的两层柱廊承托的通高雨篷檐部上的一些细部，如石质的雀替、霸王拳等，体现了20世纪50年代初对传统建筑符号的运用探索。建于1980年的科技报告厅，功能合理、布局紧凑，巧妙设置门廊空间，南北两侧的回廊可作为活动、交流和休息使用，造型上回廊的外挑使建筑富有时代感，花墙和室外楼梯栏板等细节设计使建筑整体中又有变化。1987年建成的土建楼设计，平面采用内庭和双面廊、入口剪刀楼梯，解决了采光和通风，建筑空间采用体块叠加的构成手法，形体高低错落的组合。东立面结合主入口雨棚处理，设置遮阳架，虚实对比，形成丰富的光影效果（图10-1-14～图10-1-16）。

二、20世纪60～70年代的城市建设

20世纪60～70年代，对传统建筑文化的思考止于政治运动和物质匮乏。一般建筑的建造多为清一色的砖混结构，红砖、灰砖、预制空心板、木门木窗木屋架，清水砖墙或水刷石外饰面，只有少量大型公共建筑采用钢筋混凝土框架结构。一系列的纪念性、标志性建筑中承担了过多的政治理念，这体现在建筑外观上大量运用隐喻政治的图形和数字符号化语言。新中国成立后首批受过专业训练的建筑师的早期作品诞生在这个时期，也产生了少数蕴含传统文化元素的经典作品。郑州二七纪念塔为这一时期标志性的仿古现代建筑。

中州宾馆（图10-1-17）建于1960年，位于郑州市金水路，主体四层局部五层，平面呈"丁"字形。立面采用传统五段式，传统线脚，虚实结合，比例匀称，水平舒展，"山"字形中轴对称。嵩山饭店建于1963年，总体

为园林式布置，分多个单体，主体风格采取盝顶角亭相结合形式，立面采用传统五段式，传统线脚、顶部及雨棚造型。

河南省体育馆建于1965～1967年，是河南省第一座现代化体育建筑，席位5521座，主体为圆形布置，直径67米，高25.55米，屋盖采用径向型钢构与9道型钢环组成，铝板屋面，是技术性与美观有机统一的大跨建筑，是郑州市20世纪的地标性建筑（图10-1-18、图10-1-19）。

20世纪70年代，在计划经济体制下，河南城乡得到一定发展。郏县广阔天地乡作为知青运动的发源地，在杨庄村建设了知青住宅和知青学校，成为特定时代的建筑记忆。

原洛阳博物馆建于1974年，采用了传统的对称布局手法与五段立面造型，主体以重檐四角攒尖顶为中心，下配以四柱牌坊，两侧是简化的双阙式牌坊，突出了入口，两端采用置顶形式。建筑色彩以洛阳唐三彩为基调，黄色的三彩琉璃

图10-1-17 中州宾馆（来源：王东东 摄）

图10-1-18 河南体育馆鸟瞰（来源：网络）

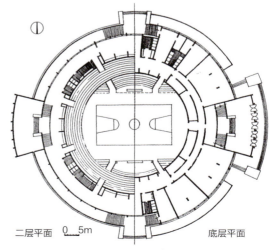

图10-1-19 河南体育馆平面（来源：《河南建筑选》）

图10-1-20 禹州宾馆（来源：顾馥保 摄）

瓦和绿色檐口，色彩协调，朴实凝重。

禹州宾馆建成于1979年，在总体上按功能分区布置，以低层大空间的门厅、接待、休息、餐厅与主楼4层客房通过连廊、小庭院相结合成整体，形成了以下主要特色：建筑内部功能分区明确，动静分离；建筑与小庭院室内、外空间隔与合，形成变化的灰空间；造型简洁、整体，立面分割比例优美、亲切（图10-1-20、图10-1-21）。

1979年建成的河南省人民会堂，是河南现代建筑风格的代表作品，整个建筑外观呈长方形，主体为钢筋混凝土框架结构，立面构图采用大片玻璃窗墙面与粗细竖向线条形成对比，简洁明快，富有韵律和时代气息，观众厅设2400余座位，内部设18个中小型会议厅，分别以河南18个地市的风格进行装修，体现了河南地域文化特色（图10-1-22、图10-1-23）。

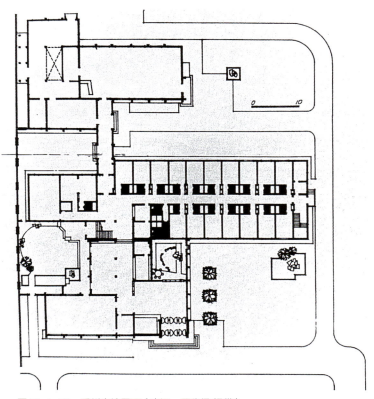

图10-1-21 禹州宾馆平面（来源：顾馥保 提供）

图10-1-22 河南省人民会堂（来源：《河南建筑选》）

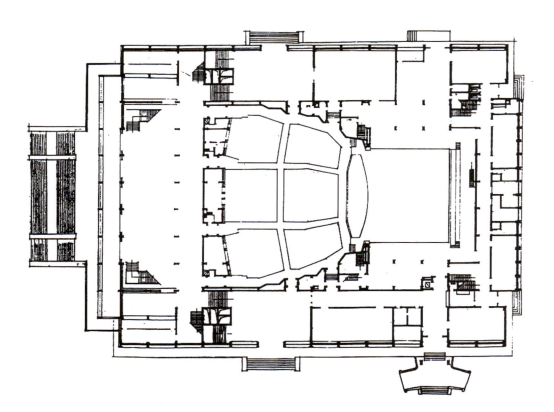

图10-1-23 河南省人民会堂平面（来源：《河南建筑选》）

第二节 20世纪80～90年代现代建筑的探索

一、20世纪80年代文化热与现代建筑创作

20世纪下半叶,世界现代建筑正处于流派众多、"主义"林立、风格多元的时代,改革开放不可避免地带来中西建筑文化思潮的碰撞、交流,影响着中国的建筑创作理念、思想与手法。在理论上还来不及梳理,文化差异上的认识还来不及消化、吸收与融合,创作手法还来不及取舍的时候,建设的浪潮已汹涌而来。经济腾飞、民生改善、城市扩展、为建筑创作提供了广阔的舞台与机遇,建筑类型之多、速度之快、规模之大、项目之丰是我国任何历史时期所无法比拟的。

1978年党的十一届三中全会以后,中国改革开放,河南也进入建筑业大发展的时代,随着经济开始繁荣、政治环境宽松、思想束缚解脱,建筑创作逐渐活跃起来。

与此同时,1980年代中后期国际国内交流频繁,建筑教育、研究、竞赛、优秀建筑的评选等各种系列活动,使建筑创作活力迅速增强,建筑师面临前所未有的创作机遇。同时,国外建筑理论以及思潮的引入伴随着国内建筑创作观念和相关政策的转变,形成了中西文化的碰撞,在学术上体现为追求"中国的"和"现代的"两种目标的并存,既有对"民族形式"话题的延续,也有超越对"民族形式"片面理解的争论,还包括了对民居建筑的考察以及其中所蕴含的地方智慧的关注。1987年的"传统建筑文化与现代中国建筑创作"学术研讨会用"传统建筑文化"取代了之前一直沿用的片面的"民族形式",认为"建筑文化不仅是建筑形式和符号问题,它包括了与建筑有关的生产、生活方式、伦理观与哲学思想、习俗、地方材料的运用等更广泛、更深刻的内涵"。

这时期,河南建筑师对传承和创新、传统和时代矛盾也有着自己的思考,伴随着对之前建筑实践的反思,不少建筑作品在继承与创新中探索。

洛阳正骨医院(图10-2-1)建于1987年,外立面高低错落,色彩清新,采用了带中国传统符号的白墙配青色小坡顶,呼应了洛阳古城的传统风貌。

1988年建成的安阳市北大街商业步行街和1994年洛阳老城西大街改造将简化的仿古形式用于屋顶和主入口处理,采用传统的盝顶为主的形式,高低错落,结合现代元素的商业街建设,反映了经济发展初期河南各中小城市的商业与建筑设计风格与水平。

开封市随着历史文化名城的建设,不少建筑设计都做了文脉方面的设计探索。开封博物馆(图10-2-2)建于1988

图10-2-1 洛阳正骨医院(来源:张文豪 摄)

图10-2-2 开封博物馆(来源:李红建 摄)

年，是当时河南省最大的地市级博物馆之一，位于包府坑中路的包公湖南岸，与包公祠隔湖相望。平面呈"山"字形，主体为单檐歇山顶，两翼为盝顶，黄琉璃瓦覆盖，以延续古城文脉。

开封市图书馆（图10-2-3）位于开封市龙亭公园东湖南路，建于1980年代中期，立面对称构图，象征"城"的实墙中间攒尖顶与两边盝顶挑檐相搭配，中轴线上方两层汉白玉勾栏强调主入口中心地位，两侧书库特有的排列竖窗隐喻传统建筑的窗棂。

洛阳古墓博物馆（图10-2-4）建于1987年，是一座新型的专题性博物馆，位于北郊邙山乡冢头村东。该馆采取传统的中轴线对称布置形式，依据自然地形分成三个台阶逐级升高，划分为地面建筑群和地下复原古墓两大部分，并以游廊、雕塑、流水等园林处理手法组成三个庭院空间。博物馆

图10-2-3　开封市图书馆（来源：李红建 摄）

图10-2-4　洛阳古墓博物馆（来源：张文豪 摄）

地面建筑以仿汉建筑为主，门阙式入口，正殿为序幕厅。汉阙、墓表、屋面、瓦件、纹饰、壁画等建筑符号与细部处理传承了汉代建筑风貌，以东西角楼为代表的开封御街现代仿宋建筑。御街中最具特色的是角楼和樊楼，二者都力求体现宋式楼阁建筑风格。

丽晶大厦是郑州早期现代主义风格的代表作品，框架结构，逐层出挑，茶色玻璃和钢筋混凝土实墙形成对比，有传统木构架的简洁、明快，檐口做小凸版处理，暗含斗栱的意蕴，同时在几何形体中体现了一定的传统象征（图10-2-5）。

二、20世纪90年代市场经济与新古典主义

1990年代是一个转折时期，随着经济的发展，建筑设计逐步走向市场化，建筑设计经历了"玻璃幕墙式""仿欧式"等一系列变化，令人目不暇接。建筑师开始冷静思考中国建筑向何处去等理论问题。

在这样的背景下，1996年5月和1997年10月先后在新加坡和北京召开的"现代化发展中的地区建筑学"研讨会，对于地区建筑文化的发掘提出了种种观点，如通过研究地方气候特征来发扬当地传统建筑文化，从挖掘地方传统风俗、工艺、生活方式等方面入手寻找失落的、有价值的建筑文化。1999年的第20次世界建筑师大会上"全球化"文化趋同与建筑发展这一课题也作为"建筑与文化"专题中的一项内容被正式提出。

这一时期河南与全国一样出现了一批优秀的建筑，建筑创作呈现了多彩、繁荣、百花齐放的局面。

河南是中华民族文化的发祥地之一，在全国历史文化名城八大古都中洛阳、开封、安阳、郑州独占四座，拥有著名古迹和文物建筑保护的城镇多不胜数，是名副其实的历史文化大省。传承历史名城风貌延续古都文化是1980年代以来河南城市建设面临和不断思考解决的问题，在这一过程中有过阻力和反复，也为一些建筑理论所困扰。如何保护和建设历史文化名城，在实践中有许多成功经验和值得反思的理论问题。

终究历史在发展，认识在提高，在文物建筑合理保护的同时，各地出现了众多优秀的仿古建筑，雅俗共赏为百姓所乐道并给城市带来了不一样的活力。历史风景园林区中传统建筑的传承是河南新时代建设中的一道风景线。这个时期开封市陆续建成了以包公祠、开封府为代表的仿古旅游建筑，开封清明上河园、金明池、天波杨府、翰园碑林、洛阳王城公园、南阳医圣祠等建筑均修建于这一时期。

郑州升达艺术馆（图10-2-6）建于1997年，位于商代城墙遗址保护区，建筑平面为非对称四合院形式，展厅采用单元式布局，通过回廊的转折、收放形成若干庭院小景。建筑造型为简化的盝顶形式，辅以坡顶，通过展厅形体的连续性，加强了节奏感，扩建后，布局进行了调整，把庭院转为中庭，延续了一期的外观特色和韵味。

图10-2-5　丽晶大厦（来源：《河南建筑选》）

图10-2-6　郑州升达艺术馆（来源：李红建 摄）

图10-2-7 郑州裕达国贸大厦（一）（来源：王东东摄）

图10-2-8 郑州裕达国贸大厦（二）

河南博物院，建于1998年，总体布局取"九鼎定中原"之势，以主馆建筑为中心，对称构图。主馆建筑以河南现存最早的天文台遗址登封元代观星台为原型，体现了中原文化的特点。郑州博物馆建于1999年，建筑以郑州出土的商代青铜方鼎为造型构思基础，配以圆形碟状屋顶，取"天圆地方、鼎立中原"之寓意，融民族文化与时代精神于一体，独具特色。

20世纪90年代，高层建筑有着突飞猛进的发展。很多业主和城市主管希望高层建筑能够成为一个城市的"标志性建筑"或者附有"现代化的象征"等角色。高层建筑强调竖向的比例构成关系，区别于传统的中国院落式布局，是一种首先进入中国的现代建筑类型。

郑州裕达国贸大厦（图10-2-7、图10-2-8）建于1999年，高199.70米，外部造型为双塔，中轴对称，采用了象征和隐喻的设计手法，形似古塔和双手合十状，为当时中原地区具有标志性的最高建筑，国际化的风格中透出中原传统文化的韵味。

开封东京大饭店（图10-2-9）建于1990年代初，位于开封古城西南角，南依古城墙，北邻包公湖，建筑风格采取简约的双坡屋顶，灰瓦，偏重古城传统民居。立面用现代材料构建组合出柱、梁、枋、栏构成的传统建筑单元意向。

图10-2-9 开封东京大饭店（来源：《中原建筑大典》）

第三节 2000年以来现代建筑的提升

一、多元化建筑观的形成

进入21世纪，河南各地新区和经济开发区建设如火如荼，郑州作为省会城市，郑东新区起到了引领作用。郑东新区所在区域具有悠久的历史和深厚的文化积淀，"东周文化"、"大河文化"、"列子文化"、"祭伯城文化"等传达着丰富的历史信息。2001年7月，郑州市对郑东新区总体规划进行了国际征集，日本黑川纪章事务所的总体概念规划方案获多数评审通过。2003年1月20日，以郑州国际会展中心开工为标志，郑东新区开发建设拉开序幕。郑东新区建设中将中原文化与现代设计完美融合的会展宾馆、河南艺术中心，以及引入我国传统的"四合院""九宫格式"的商住建筑等，彰显出浓厚的传统文化内涵。

在新世纪开启的10年中，河南省各地在城市建设中增添了一大批新的公共建筑，无论在类型上，还是规模和数量上都进入了一个新的发展时期，大型建筑如河南艺术中心、郑州国际会展中心、中国文字博物馆、安阳殷墟博物馆、洛阳市博物馆等，这类建筑使各地的文化博览设施得到了空前的发展，凸显了河南地处中原丰富的历史文化传承与区域优势，为新世纪河南地域性的建筑文化发展作出了里程碑式的贡献；宾馆、酒店建筑如河南天地粤海酒店、开封开元名都酒店、格拉姆国际中心、洛阳钼都利豪国际饭店、栾川县伊水湾大酒店等，在建筑功能趋于综合，拥有现代化的设施和完美的功能同时，建筑造型兼具形象性与地域文化性。

郑州郑东新区城市规划展览馆（图10-3-1、图10-3-2）是一座具有代表性的新世纪当代建筑，该建筑位于郑州郑东新区，其空间采用公共性设计策略，上部私密和下部开敞，体现于城市环境与建筑的良好融合关系。同时，建筑上下形体间的虚实关系变化多样，上部方形体块较为封闭，但采用轻型立面材质，又给人轻盈的视觉感觉。下部结构外露，结构表现力极强。

21世纪以来，郑州在全国核心交通枢纽的地位进一步加强，随着高铁通车和航空港区建设的加强，郑州的商业氛围更加浓厚，二七商圈及其外延部分的新商业建筑迅速建成（图10-3-3），同时分布于各区域的其他商圈也都呈现规模，新型商业模式带给这些商圈新的建筑形式与空间模式。多层室外商业空间将城市空间立体化，用建筑手段在有限的空间内完成高密度的商业聚集，同时给使用者更佳的空间体验感，如位于郑州市花园路的建业凯旋广场（图10-3-4）。

图10-3-1 郑东新区城市规划展览馆（来源：陈伟莹 摄）

图10-3-2 郑东新区城市规划展览馆模型（来源：《郑东新区城市规划展览馆》）

图10-3-3 郑州大卫城（来源：王晓丰 摄）

征，如河南艺术中心对陶埙的象形、郑州市图书馆新馆对青铜容器的阐释、绿地千禧广场（郑州会展宾馆）对密檐塔、郑州会展中心对坡顶、灰瓦、红柱的形似符号运用等。

郑州国际会展中心、郑州绿地会展宾馆、河南艺术中心（图10-3-5、图10-3-6）均坐落于郑东新区CBD中央公园内，代表了同一年代不同建筑师运用不同手法对三个不同性质的地标性建筑的地域性现代建筑的不同诠释。

三、本土化的新地域主义探索

河南省政府办公楼（图10-3-7）建于2007年，位于金水东路与农业东路交界处，设计采用方正合院式布局，建筑

图10-3-4　建业凯旋广场（来源：郑东军 摄）

图10-3-5　河南艺术中心、郑州国际会展中心、郑州绿地会展宾馆（来源：网络）

二、全球化背景下的外来设计观

河南省城乡建设进入新世纪的第二个10年后，国内外、省内外建筑师在实现建筑与环境、建筑与文化、建筑与地域特色的融合上有新的突破，对新风格作了不同程度的探索。河南建筑界和建筑师在对建筑地域性的再认知中逐步走向成熟，建筑创作形式风格趋于多样化。

河南虽地处内陆腹地，但随着中原经济区建设上升为国家战略，与国际接轨的项目越来越多。在郑州，随着郑东新区尤其是CBD的高起点建设，出现了一批现代技术应用的大型公共建筑，这些建筑大多含有河南地域文化特

图10-3-6　郑州国际会展中心（来源：李红建 摄）

图10-3-7　河南省政府办公楼（来源：白一贺 摄）

轮廓清晰、简洁，主体突出、庄重、对称。体形处理上运用我国传统三段（台基、屋身、屋顶）手法，并通过对传统大屋顶的抽象以及东部"城市之门"的大红框与主体墙面所形成的鲜明对比，表达了中原文化的恢宏大气。

郑州格拉姆国际中心（图10-3-8）建于2007年，位于郑东新区商务外环，高120米，33层，是一座集展示、商务、购物、娱乐、餐饮等功能于一体的综合性双塔楼建筑。设计结合了中式古塔和西方哥特式建筑的风格意蕴，塑造出现代、新颖的地标性建筑。

建于2009年的郑州市节能环保产业孵化中心绿色建筑示范楼，位于郑州经济开发区，采用中庭式布局，南北两排建筑。南侧为三层，北侧为五层，中庭顶部为斜面玻璃采光顶，可有效解决北侧建筑的日照和采光问题。为了实现节能环保的目标，建筑中运用了多种可再生能源技术和建筑节能措施，基于节能技术和措施演变出的民居外廊造型，也是对地域性建筑可传承性的信息支持。

许昌市许都大剧院（图10-3-9）建于2010年，位于市内东城区。大剧院设计追求中国传统建筑元素和现代建筑元素的结合，现代化的钢结构屋顶，被设计成极具中国传统特色的挑檐状，而外墙又由厚重的梯形外扭曲和轻盈、通

图10-3-8　郑州格拉姆国际中心（来源：李红建 摄）

图10-3-9　许昌市许都大剧院（来源：李红建 摄）

透的玻璃幕墙组成。梯形外墙寓意汉代古城墙，显得极为古朴、庄重；青绿色的玻璃幕墙则使这座建筑处处洋溢着现代气息。

安阳市图书馆、博物馆综合大楼建于2008年，是安阳市标志性建筑，锥台形的造型体现殷商文化内涵和现代建筑设计风格的结合，为安阳古城文化的延续写下了浓重一笔。新乡市平原博物院建于2010年，地处城市核心区的科技文化广场，是一座集博物馆、档案史志馆、城建档案馆于一体的大型公建项目。总体规划依据广场的中心轴线，采用对称式布局，构建出有序的传统城市空间。在建筑设计表现"华夏之光"——文明精神的传播，借助规划形式的放射状规划图景与建筑形象上的独特个性，通过以竖向线条为主的石材巨大实体尺度，以及其富于韵律的排列，形成了博物院震撼人心的整体气势。平原博物院建筑形象强调地域性与竖向上的生长感与层叠起伏的态势，外形硬朗、刚毅。建筑端部以饕餮纹饰收尾，中部向上向前升起的粗壮线条象征滔滔黄河、记忆年轮、牧野大地、太行山势等表现新乡作为夏、商、周中国最早王朝的中心、中华文明的发源地的文化积淀。

郑州大学新校区始建于2002年，综合管理中心主楼、大门吸取了汉代建筑文化的元素加以抽象化片段化，体现厚重中原的文化底蕴。图书馆和工科组团采用现代建筑手法，体量穿插变化、虚实对比，注重细部处理，形成现代的教育氛围（图10-3-10~图10-3-14）。

开封开元名都酒店（图10-3-15）建成于2007年，位于开封市郑开大道，与原址复建的北宋皇家园林金明池相邻，主体建筑为中式坡顶组合，淡雅的色彩搭配，与水面景观相互衬托，建筑化整为零高低错落，一定程度上体现了传统建筑意味。

栾川县伊水湾大酒店（图10-3-16）2007年建成，屋顶采用中式坡顶组合，建筑在外部造型上使用高低错落的坡顶、粉墙黛瓦，结合园林绿化，营造出良好的环境。

图10-3-10　郑州大学新校区鸟瞰（来源：王晓丰 摄）

图10-3-11 郑州大学新校区综合管理中心（来源：毕昕 摄）

图10-3-12 郑州大学新校区图书馆（来源：毕昕 摄）

图10-3-13 郑州大学建筑学院（来源：毕昕 摄）

图10-3-14 郑州大学新校区钟楼（来源：郑东军 摄）

图10-3-15 开封开元名都酒店（来源：李红建 摄）

开封建业铂尔曼酒店（图10-3-17）建于2015年，采用现代设计理念，对中式建筑进行新解读，反映出建筑师对城市文脉的尊重、提炼与创新。建筑群低矮平缓，围合成多个整体下沉的庭院空间。建筑采用抽象的黑色宇式屋顶，表现出浓重的民居聚落意境，建筑从柱廊、屋顶、色彩等方面营造中原传统建筑韵味。

绿地中心双子塔（图10-3-18）建成于2017年，位于郑州高铁东站西广场，是高铁广场建筑群的标志建筑，由2栋280米高楼组成。两栋超高层大厦楼体采用交错参差的塔形结构，轻巧精致而又动感十足，柔和的圆弧风车状外形与层叠的建筑元素使整个建筑外观既高贵优雅、轻灵通透又富于禅意。

进入高铁时代，一批高铁站建筑应运而生，设计往往考虑体现代表性的地方文化元素，不少都带有河南地域特征，设计主要选用传统建筑屋顶、梁枋等元素以及代表中原古文明特色的"竹简""鼎"的造型符号，如郑州东站（图10-3-19）、开封北站、洛阳龙门站、新乡东站、驻马店西站等。

2017年落成的开封博物馆、城市展览馆（图10-3-20～图10-3-22）设计理念结合古城开封历史文脉和特色，将古都、古城意向和古典建筑构成元素高度概括，使古代匠心转化成现代意蕴。

图10-3-16　栾川县伊水湾大酒店（来源：栾川县住建局 提供）

图10-3-17　开封建业铂尔曼酒店（来源：李红建 摄）

图10-3-18　绿地中心（来源：李红建 摄）

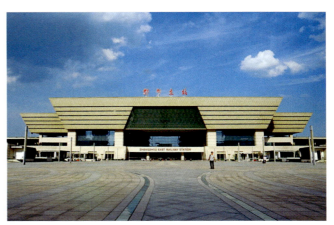

图10-3-19　郑州东站（来源：白一贺 摄）

图10-3-20 开封博物馆(来源:王晓丰 摄)

图10-3-21 开封博物馆外部空间(来源:王晓丰 摄)

图10-3-22 开封博物馆内部空间(来源:王晓丰 摄)

四、居住建筑

进入21世纪，同全国一样，河南住宅建设经过几十年住宅商品化和城市化的快速发展，从多层到高层，从注重室内到室外居住环境的提升，迅速改变着城市和乡村形象，从经济适用到商业化的仿欧风格，伴随着经济实力的增强，民族意识逐渐复苏。在中国传统文化复兴的大时代背景下，现代居住建筑也走向对传统民居建筑元素的提炼和运用，具有所谓新中式风格和新地域风格的现代居住建筑改变着城市形象，增添了传统文化的风貌。

郑州正弘山小区建成于2010年，被称之为后中式建筑。小区设计着力体现中国建筑文化的内涵，"九宫格局、十字路网、四坡屋顶、一城多园"的构思和布局，中式园林景观、山形天际线暗含的水墨意蕴，特有的黑、白、灰立面勾画出静谧的居住生活意境。利用中国古典建筑风格与现代建筑处理手法相结合的方式，采用古典建筑榫卯构造形式，形成进出错落的特色造型。

郑东新区美景东望小区，建成于2016年，也采用新中式居住建筑风格，还原了中原院落式的生活方式。小区突出北方传统住宅的格局气度。通过解读城市文化、创造现代中式社区、设计手法使院落、人与自然发生联系，院落强化内向围合的领域感，营建对传统生活方式的回归。中牟雁鸣湖绿地香颂小区（图10-3-23、图10-3-24）建成于2015年，为新亚洲风格的居住建筑，在建筑造型和居住环境等方面均有所创意，这些居住建筑设计具有时代性和文化性。

郑州市政府于2015年7月发出《关于切实做好拆迁改造村庄历史文化保护传承工作的通知》，要求对村庄现有已经确定等级的文物保护单位依法予以保护。

在以加快郑州都市区建设，全面实施合村并城战略的背景下，郑州航空港区安置房建设出现了一批重视和尊重建筑传统地域文化的居住建筑，当地拆迁的村落中一些传统民居在各方努力下被易地保留了一些，在新建安置小区中，建筑师也努力抽象提炼出特有的中原地区建筑形态符号。

郑州航空港大马、小河刘安置区（图10-3-25）充分考虑原生居民生活形态的延续性和邻里关系的构建。建筑造型和细节处理体现中原特色，采用富于地域性传统民居造型手法和符号，提升安置房形象品位，且完成度较高。小区内以住宅为主的各类建筑风格统一中有变化，且都具有优雅、简洁、中原特色的外观造型。

河南现代建筑经过近70年的发展，与河南经济、文化和社会发展相同步，在城乡不断现代化的同时，各地建筑设计逐步提高了对地域文化的重视与保护，结合本省建筑教育的进步，建设水平和设计观念也面向未来，充满希望。

图10-3-23　中牟雁鸣湖绿地香颂小区（一）（来源：李红建 摄）

图10-3-24　中牟雁鸣湖绿地香颂小区（二）（来源：李红建 摄）

图10-3-25　郑州航空港大马、小河刘安置区（来源：郭明 摄）

第十一章　河南传统建筑传承原则与策略

传统建筑如何传承？主要有两方面的内容：一是对传统建筑有价值的部分进行保留、保护和修复，如河南各地的传统民居建筑，通过对当地传统民居建筑的结构构造、施工工艺、材料做法等营建技术的研究、总结和遵循，来达到原真性保护的目的；二是把传统建筑的思想、理念和造型手法及形式、风格，有机地在当代建筑设计中运用、发扬和体现，使建筑文脉得以传承。因为，这些传统建筑是地域文化的重要构成，现代建筑创作必须尊重具体地域环境和历史因素，结合时代变迁和社会发展进行传承和创新。河南传统建筑是整个中国传统建筑发展链条中不可或缺的部分，随着社会经济的迅速发展，地域建筑的传承与创新包含多层内涵，如何将传统风貌融入现代建筑创作并营造具有归属感和认同感的建筑场所，是我们对现代建筑传承提出的原则和策略。

第一节 河南传统建筑传承原则

一、地域性原则

地域性是通过地域的自然、人文、技术经济条件相互作用形成的建筑与环境特征，地域性建筑则是产生于这一环境并能体现其基本特征的建筑。建筑的时代性与地域性并不矛盾，地域性建筑的显著标志体现在对区域环境的特殊性与客观性的回应，面对时代的复杂与多元，地域性已经成为指导我们建筑创作的重要依据。正如吴良镛院士所说："所谓地域性即指最终产品的生产与产品的使用一般都在消费的地点上进行，房屋一经建造出来就不能移动，形成相对稳定的居住环境，这一环境又具有渐变和发展的特征。"[1]

地域性建筑创作来源于对持续不变的环境与气候的尊敬，建筑师从人类传统的智慧中找寻方向，超越对地理特征简单的依附进而开拓出更能够引起人类共鸣的建筑。因此，河南现代建筑的传承设计中，更需要从自然的、文化的、地域性的角度去研究、创造，寻找传统与现代的结合点，发掘地方特色，融入传统精华，体现人文关怀，满足精神需求，创造出令人认同的情感空间，以此提升建筑文化，完成设计创新。

河南地域性建筑最具有代表性的作品当属位于郑州中心城区内的河南博物院，在其设计中以登封元代古观星台作为建筑原型。这座古观星台是我国历史上留存最早的天文观察台，其造型对称、两侧倾斜、长条测绘石摆放中央，整体造型简朴优美，其古代科技建筑独特的形象成为建筑创作的来源。

建筑师将其建筑形态符号加以抽象转换并融入原型本土特质，经艺术演绎后其造型宛若一座顶部如翻斗的金字塔，上扬下覆，取上承甘露、下纳地气之意象，形象鲜明、结构严谨、气势恢宏，寓意中华文明融汇四方。博物馆主馆外观以灰白色花岗石贴面而成，加以门钉造型细部装饰，线条简洁道劲，体现出中原文化特点，意喻华夏文明出自中原，使得建筑产生浓厚的本土意向，是建筑隐喻手法体现中原文化特色和时代精神的地标建筑（图11-1-1～图11-1-3）。

二、适应性原则

"适应性"原本为生物学中阐释生物为求生存发展，顺应环境变化，而改变自身行为与机能的一种生物现象。

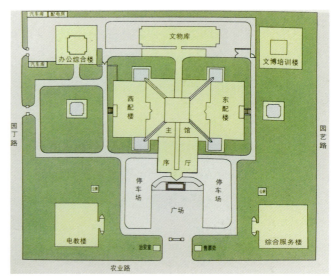

图11-1-1 河南博物院平面图

图11-1-2 河南博物院顶部造型（来源：许继清 摄）

---

[1] 吴良镛. 广义建筑学[M]. 北京：清华大学出版社，1989：27.

图11-1-3　河南博物院外观图（来源：来源：河南省建筑设计研究院 提供）

在《辞海》中，"适应"即为"生物在生存竞争中适合环境条件而形成一定形状的现象，它是自然选择的结果。"在建筑学研究视角下，适应性主要指人工空间环境与其所处的自然山水、人文以及气候环境间相互影响、协调的特性。

随着外界条件的变化，建筑形式特征也应相应地随之变化，人类在通过建筑活动实现与自然的适应和补偿的同时，也完成了环境反作用于人类自身的适应和补偿的过程。河南传统建筑在其时代背景下体现出与自然、社会和人工环境的适应和共生关系，在现代建筑创作过程中既要传承传统建筑的文脉特征，又需适应现代社会经济环境背景，还要符合未来社会发展趋势。

比如位于河南巩义市河洛镇柏沟岭的天然山庄，是河南著名书法家陈天然的故居和工作室，从外形看山庄整体布局呈长方形，坐西朝东，除南侧建筑为三层外其余部分均为两层。山庄以当地自产的红石为主体材料砌筑而成，山石之间以水泥为石缝黏合材料，其门窗皆为实木结构。建筑墙体厚重，入口朝东，四面封闭，仿似一座坚不可摧的中式城堡，庄重质朴，浑然厚重（图11-1-4～图11-1-6）。

图11-1-4　巩义天然山庄（来源：王晓丰 摄）

图11-1-5　天然山庄内院（一）（来源：王晓丰 摄）

图11-1-6　天然山庄内院（二）（来源：王晓丰 摄）

三、绿色生态原则

绿色生态设计是可持续发展原则在建筑创作中的反映，其目标是要使建筑本体成为人与自然、人与建筑、建筑与环境、生态与建筑构成有机的运行体，坚持人与自然和谐共生，通过组织建筑空间的各种因素，使能源在建筑系统内部有序的循环，获得高效低耗、少废多用、生态平衡的建筑空间和环境。

河南传统建筑适应气候、利用环境、与自然环境共生，并达到良性的平衡，创造出相对适宜的舒适室内外环境，体现出整体的生态特性和生态观念。现代建筑创作必须传承其朴素的生态经验，提倡注重环境意识的绿色生态原则，选择适合基地环境的建筑形式、技术策略、建筑材料和建造方式，以期达到新旧环境共生的目的。

如由旧粮库改建的信阳新县西河粮油博物馆及村民活动中心，是由20世纪五六十年代遗留下来的旧粮库改造而成，是西河村公共活动的主要场所，其建筑在保留原有建筑布局和空间特征的前提下，植入新的功能，调整原有空间，局部改造外立面，使之对外能更好地与河道景观、北岸古民居群进行视线和行为的互动，对内增加新的功能服务，按照当地习俗和传统工艺流程布置展品，营造出"真实"的农作场景。在材料选择和营建技术上，尽量选择当地砖木材料和本地工艺，用灌沙的方式固定瓦片，用当地砖花的顶支做法设计变体花墙，保证了项目的低造价和低成本，对于改造中拆除下来的废料，也进行了再利用，尽可能做到"内部消化、旧物利用"（图11-1-7~图11-1-11）。

四、保护再利用原则

传统建筑的发展是自然、经济、文化和社会等因素的综合反映，它承载了丰富的历史文化内涵，记录了一个地区人民的生活方式、经济发展水平、审美意识、风俗习惯等各个角度的历史，是社会发展进程中不可割裂也无法忘却的部分，更是宝贵的历史文化遗产。

河南传统建筑的遗存非常丰富，具有时间上的连续性、类型上的多样性、技术上的先进性以及独特的地域特色，在中原文化形成与建筑文化演进中占据着不可或缺的地位。因此，在对历史古迹及其周边环境进行建筑实践时，更应遵循保护再生的原则，让建筑空间形态和脉络延续下去。

如位于许昌禹州的冀村，是河南省历史文化名村，村内著名的张花圣母庙始建于明末，院落格局完整，飞檐石雕精美，拥有佛堂、圣母殿、碑刻等遗存，是民间庙宇。在对其保护维修过程中，采用地方性的材料和施工工艺，以保持建筑的原真性和可持续性，注重乡村文化遗产形态的真实性和传统文化的延续性，保留村落庙宇的传统选址、格局、风貌以及自然和田园景观等整体空间形态与环境（图11-1-12）。

图11-1-7　西河粮油博物馆外观图（来源：陈伟莹 摄）

图11-1-8　西河粮油博物馆餐厅（来源：陈伟莹 摄）

图11-1-9　西河粮油博物馆花墙（来源：陈伟莹 摄）

图11-1-10 西河粮油博物馆外立面细部（来源：陈伟莹 摄）

图11-1-11 西河粮油博物馆室内（来源：陈伟莹 摄）

图11-1-12 冀村张花圣母殿维修前后对比（来源：郑东军 摄）

五、多元创新原则

当代建筑寻求地域文化特色已经逐渐成为共识，地域建筑创作没有固定模式，其表达方式和建筑内涵也多种多样，不拘一格。有的是以较为含蓄的手法来表达地方内在的精神和场所感，有的则是以更为直观的方式来表达地方风貌和民俗民情。因此在地域建筑创作的过程中，应当强调多元发展，保持创新活力，既要继承传统，更要变化更新，构建出具有河南特色的地域建筑创作之路。

绿地中心·千玺广场位于河南郑州市郑东新区CBD中央公园内，在其设计中抽取距今已有1400多年历史的我国现存最早的密檐砖塔——嵩岳寺塔作为建筑原型。在设计中抽取挖掘原型符号的传统内涵并提炼，最后通过现代技术手段对其演绎实现。主楼平面核心筒布局采用八边建筑体与古塔内核一致，寓意八卦通乾坤，呼应CBD太极吉祥格局，平面外轮廓与古塔同为十二边形，外遮阳板匀分为十二节，对应十二地支，每节五层，衍生五行风水；立面曲线与古塔吻合，各部分组合对称、平衡，在湖水倒影中呈现出双倍高度，既很好地融入了周边环境，又展现出挺拔的身姿，具有极强的标志性，形象地向世人展示着河南传统文化中的艺术与审美（图11-1-13~图11-1-15）。

图11-1-13 千玺广场外观图（来源：郑东军 摄）

图11-1-14 千玺广场细部（来源：郑东军 摄）

图11-1-15 千玺广场细部（来源：郑东军 摄）

第二节 传统建筑传承中的自然与生态策略

尊重所处地区的山水格局和自然地形特征，继承历史形成的山水城市风貌，在与地形地貌的巧妙因借中，挖掘并彰显潜在的场所精神，是当代建筑设计传承中的主要策略。与自然环境相关联是自古就遵循的建筑设计手法，河南传统建筑师法自然，顺应风土，显示极强的自然和生态设计智慧，值得在现代建筑设计中借鉴。结合自然与生态因素的传承设计策略主要涉及顺应地形地貌、适应气候条件、呼应建成环境等方面。

一、顺应地形地貌的建筑设计策略

地形特征是影响建筑形态的基础因素之一，人类建筑活动的首要步骤就是选址，在气候条件适宜的情况下，面对复杂多变的自然地貌形态，建筑只有和当地环境场地融合、契入和创造性地综合在一起，才能实现人工环境与自然地形之间的和谐共生。顺应地形是利用与创造环境的重要方面，优秀的建筑创作必须立足于建筑与基地自然环境和场所精神的关系，探索人工建筑与自然地貌之间的模糊性，尝试使建筑与大地的重新统一。

河南地处我国第二阶梯向第三阶梯的过渡地带，地形地貌丰富，结构多样，地势西高东低，北、西、南三面分别由太行山、伏牛山、桐柏山、大别山环绕，东部为广阔的平原，山地和丘陵占全省的总面积接近一半。境内不仅有绵延高峻的山地，也有坦荡无垠的平原，既有波状起伏的丘陵，还有山丘环抱的盆地，复杂的地形地貌造就了多种多样的建筑形态，体现在村落空间格局、建筑宅院营建、百姓风俗礼仪等方面都有明显的差别。

河南传统建筑大多置于地基稳固、水源充足、环境优美、日照时间长、通风顺畅的地带并规避寒风洪水的自然灾害，且建筑选址大多利用不宜农作的地段，体现出明显的耕地为先的农业范式。如传统窑洞大多依照地形建造，沿崖或沿山边及沟边开凿，尽量不占耕地，节约良田。而地坑院采取向下挖土筑窑的方式，更是因地制宜，巧妙利用地形、保持生态和水土的典型代表。

建筑的建造环境有自然和人工两种，但都追求与建筑环境原貌格局和自然特征的和谐统一。传统建筑中的营建智慧，体现在根据区域地形特点因地制宜，尽量减轻对环境的负面作用，最大限度地维持生态环境的原始风貌，这些理念和做法，是现代建筑设计策略的依据，目的是使建筑与环境有机地融为一体。

（一）依山就势，模拟环境

此种创作方式大多利用和模拟地形的起伏状态，不对其进行过多改变，塑造与地形形态同构的建筑形态，取得同构的和谐效果。

王屋山地质博物馆位于河南省济源天坛山主景区内一个面向西南的坡地之上，场地窄小竖向复杂。建筑设计从保护地形、地貌及自然植被出发，依山就势融于自然，与天坛峰遥相呼应。基地内狭小的平坦区域无法容纳整座博物馆，在设计过程中将建筑拆分为四个独立单元，将建筑体量打散并分置于各台地之上，与当地地质生态巧妙结合，台阶、广场、建筑外墙以不同地质年代岩石铺砌，既满足地质学家提出的按地质年代分设展馆的要求，又创造出丰富的户外空间，同时减少填、挖土方量。在设计中还注重对原有大型乔木的保留，为生硬的建筑空间增加的柔和的景观层次，最大限度地保留了自然状态（图11-2-1~图11-2-3）。

图11-2-1　王屋山地质博物馆（一）（来源：《中原建筑大典》）

图11-2-2 王屋山地质博物馆总平面图（来源：栗小晴 描绘）

图11-2-3 王屋山地质博物馆（二）（来源：《建筑学报》）

大别山干部学院位于河南省信阳新县商务中心区北侧，基地地势高差较大，保留自然山体绿化约18.3万平方米，建筑布局沿山体顺势展开，组合错落，在保证功能的情况下利用地形高差创造出丰富的景观视觉效果，保护自然环境的同时形成连续多变的群体形态，营造出诗意和理性的文化地标建筑群（图11-2-4、图11-2-5）。

净影山庄位于河南省焦作风景优美的世界地质公园云台山风景区核心区，山庄坐落在全天然形成的百亩山间盆地之中，四周山环水绕，峰峦叠翠，与千年净土圣地净影寺毗邻，建筑形态结合传统民居形式和现代功能要求，平面为庭院式布局，其间将自然山水景观要素引入，形成山、水、建筑的融合与呼应（图11-2-6～图11-2-9）。

（二）复原地表，环境消隐

此种创作方式以消隐的手法将建筑体量局部或大部分藏入地形，减少对环境的干扰，使建筑与周边环境浑然一体，最大限度地维持原有环境的地貌形态。

安阳殷墟博物馆位于世界文化遗产河南安阳城区西北的殷墟遗址中心地带——洹河西岸的宫殿宗庙区东侧，用来展示殷墟考古发掘出土的建筑遗迹和自然遗物。因遗址范围太大，博物馆需设置于遗址区中心，设计中为尽量减少对于近在咫尺的遗址区的干扰，在设计时采用负空间手法将博物馆主体沉入地下，其平面形状与甲骨文中的"洹"字极其相似。建筑地表用植被覆盖，地上部分仅露出一米多高的青铜墙面，使外部环境风土依旧，尽量淡化和隐藏新建筑的

图11-2-4 大别山干部学院外观图（来源：《河南最美建筑》）

图11-2-5　大别山干部学院全景鸟瞰（来源：《河南最美建筑》）

图11-2-6　焦作净影山庄鸟瞰图（来源：郑东军 摄）

图11-2-7　焦作净影山庄外观图（来源：郑东军 摄）

图11-2-8 焦作净影山庄（来源：郑东军 摄）

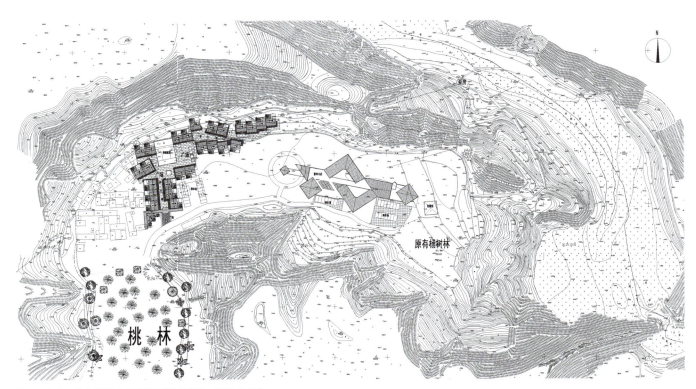

图11-2-9 焦作净影山庄总平面图（来源：李炎 绘制）

体量，建筑与周围环境地貌浑然一体，最大限度地保护了原有地貌，体现出对商代遗址的尊重，实现了建筑与环境的和谐共生。整体建筑彰显深沉的色彩和端庄的气质，利用方正的中心下沉庭院和长长的回转坡道展示出不同空间的变化和体验，庭院设计不但起到组织交通和空间序列的作用，也成为空间的中心和景观中心，水面和变化的光线相交织，创造出文化建筑的礼仪性和神圣感（图11-2-10～图11-2-12）。

（三）尊重基地，融合环境

此种创作方式主要运用于城市空间中，自然和人文的各类要素叠加使得城市空间设计更为复杂，城市建设过程中人工环境的嵌入不可避免会对所在场地环境造成影响。因此建筑和场地设计要兼顾节地原则，在场地内使建筑空间有序融入，尽量减轻对重要环境的负面影响，使得建筑与环境有机融为一体。

大河宸院体育馆位于河南郑州主城区内，毗邻索须河而建，巧妙利用现有城市水空间，在狭小的三角形基地内塑造"临水而居"的人文格局。大河宸院体育馆的设计追求与场地关系的呼应，力图产生"建筑本身应像土里面生出来一样"的视觉感觉。

场地呈三角形，长边临河，建筑采用一种较为简单的方式来呼应场地：用一个线性空间的转折来呼应三角形场地，同时内凹的体量强化滨水景观的渗透，体量起于临河大坡道，止于两层高的室外灰空间。整个形体简洁而有力，灵动而富有变化，犹如一把巨刀镌刻在中原大地上的铭文（图11-2-13～图11-2-15）。

开封建业铂尔曼酒店连绵的坡屋顶与简约的现代风格完美结合，彰显出城市悠久的历史，起伏的屋檐与轻盈通透的外墙相得益彰。酒店以半岛的布局方式被湖水环抱，场地内以园林为主题进行设计，建筑形式是由仿宋建筑演化而来的简约主义建筑形态。围合与半围合庭院设计，在不失于私密感的同时追求空间的层次和趣味性（图11-2-16、图11-2-17）。

林州红旗渠展览馆在一个设计中同时采用滨水与跨水两种顺应水系的设计手法。该展览馆有多个组团体块构成，建筑主体部分横跨红旗渠，展厅则被拆分为多个小体量散布于红旗渠两侧，单体体量之间用滨水长廊连接。该建筑在有限的狭长基地内化整为零，实现与水系景观的相互呼应（图11-2-18～图11-2-21）。

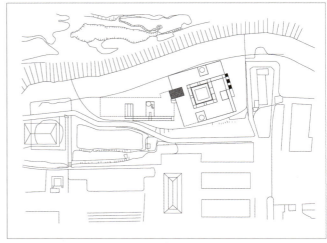

图11-2-10　殷墟博物馆总平面图（来源：桂平飞 描绘）

图11-2-11　殷墟博物馆中心庭院（来源：陈伟莹 摄）

图11-2-12 殷墟博物馆鸟瞰（来源：王晓丰 摄）

图11-2-13 郑州大河宸院体育馆入口（来源：毕昕 摄）

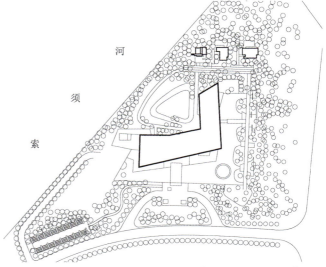

图11-2-14 郑州大河宸院体育馆总平面图（来源：桂平飞 描绘）

图11-2-15 郑州大河宸院体育馆滨河庭院（来源：陈伟莹 摄）

图11-2-16 开封建业铂尔曼酒店（一）（来源：《河南最美建筑》）

图11-2-17 开封建业铂尔曼酒店（二）（来源：《河南最美建筑》）

图11-2-18 林州红旗渠展览馆（一）（来源：陈伟莹 摄）

图11-2-19 林州红旗渠展览馆（二）（来源：陈伟莹 摄）

图11-2-20 林州红旗渠展览馆（三）（来源：陈伟莹 摄）

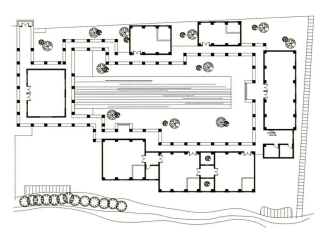

图11-2-21 林州红旗渠展览馆一层平面图（来源：刘娇 描绘）

（四）塑造形象，环境重构

此种创作方式利用地形塑造与建筑主题相关的建筑形象，强化其视觉效果，根据项目功能形态的要求，对环境进行解析重构，在一定程度上赋予了环境新的形态与意义，使得建筑与环境相得益彰。

仰韶文化博物馆位于河南省渑池县仰韶村遗址保护区外，建筑设计以彩陶为灵感，在平面布局中设置冥思空间作为标志性体量形成视觉中心和高潮对环境进行呼应，结合基地地形，与遗址共同形成参观、展览、收藏、研究的空间序列，使人体验到"仰韶文化"原始质朴的文化特征。基地现状由南至北有两级高台，总高差达9米，设计通过室内外的坡道，使不同标高的空间自然融为一体，同时采用先上再下的流线来组织参观人流，形成一组富有戏剧性的空间序列（图11-2-22～图11-2-25）。

河南洛阳小浪底公园茶室位于小浪底大坝脚下的一段原河道区域，其部分河道被拓宽为湖面，因此在湖与原河道相交处安排了一座茶室。从该处西望正对大坝及其脚下的湖中岛屿，向北是供游泳者使用的湖滨沙滩，东面为高十多米的小山丘，沿基地南面全长则是原来的黄河。该茶室色彩取自洛阳白马寺的暗红色，建筑根据地形条件进行设计，由四个条型体块互相穿插，针对周边景观在建筑的西、北、南三面界定出三个高度不同的室外用餐区域。其中建筑西面的室外平台可容纳大量的快餐顾客，屋顶设置咖啡座。建筑南面的一个小型屋顶餐厅不仅提供了安静的气氛，还可以正对黄河胜景，在暗红色的梁柱衬托下，河对岸古老的黄土峭壁及苍翠的草木显得分外夺目，形成独特景致（图11-2-26、图11-2-27）。

河南中医药大学图书信息中心位于河南中医学院新校区中轴南广场的西侧、天一湖的东北角，是图书馆与若干小型博物馆和学术报告厅的综合体。建筑设计借鉴中国园林的空间布局手法，与外部湖景相互渗透，结合建筑底层的学术报告厅、中医药博物馆、校史馆等功能空间的设置，在基座部

图11-2-22 仰韶文化博物馆总平面图（来源：谷歌地图）

图11-2-23 仰韶文化博物馆北侧（来源：郑东军 摄）

图11-2-25 仰韶文化博物馆外观图（来源：郑东军 摄）

图11-2-24 仰韶文化博物馆西侧（来源：郑东军 摄）

图11-2-26 小浪底公园茶室外观图（来源：网络）

分以灵活多变的体量组合柔化了主体建筑濒临湖面的界面，通过朝向湖面的室外露天剧场，营造出尺度宜人的亲水游憩场所。不但在平面维度上营造出层次丰富、室内外空间相互融合、富有传统园林意境的空间体验，而且对环境进行重构，结合使用需要营造出师生喜爱的、具有明确场所感的校园空间（图11-2-28～图11-2-31）。

武陟示范区中心建筑所处基地内并没有作为参照的山势，该建筑在过于平整的基地上创造出一整片连续起折的屋宇悬浮覆盖在场地上，使场地被置于屋宇下的场地空间整体庇护之下。曲折的屋宇构成山势起伏的人造"山形"天际

图11-2-29　河南中医药大学图书信息中心西侧（来源：陈伟莹 摄）

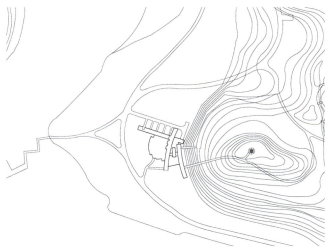

图11-2-27　小浪底公园茶室总平面图（来源：栗小晴 描绘）

图11-2-30　河南中医药大学图书信息中心南侧（来源：陈伟莹 摄）

图11-2-28　河南中医药大学图书信息中心鸟瞰（来源：网络）

图11-2-31　河南中医药大学图书信息中心露天剧场（来源：陈伟莹 摄）

线，在场地中与原有的水域形成"山水呼应"的自然格局。连片的屋宇中间开启前后两个洞口，界定了前庭与后院，也划分出了左右功能空间，西侧布置读书沙龙、餐饮、泳池，东侧布置体验中心。两个功能空间通过门厅和连廊联系起来（图11-2-32、图11-2-33）。

二、适应气候条件的建筑设计策略

作为自然环境的重要因素，气候是最稳定长久的要素，对地域建筑的形式、类型和细部构造都有着极大的影响。传统建筑在建筑布局、形式处理、材料运用乃至色彩的选定上都体现出良好的气候适应性，气候也是建筑创作中传统与现代结合的共同点。

河南气候主要有以下特点：一是地区差异显著，区域间过渡性明显，我国温带与亚热带的地理分界线为秦岭、淮河一线，正好穿过河南境内的伏牛山脊和淮河干流，气候有明显的过渡性特征；二是河南气候温暖适宜，兼有南北两方气候特征，四季分明；三是季风性气候特征显著，风向随季节变化大，降水量分布差异也较大，豫南、豫东南年降水量明显高于豫西、伊河、洛河一带。气候在河南的传统村落中的影响也很明显，尤其是体现在宅院类型和营建上，院落的空间尺度南北差异大，营建材料上东西差异明显，与气候息息相关。

河南现代建筑创作中的气候关注也已经成为重要的地域性表达策略，基于自然气候的地域表达重点在于自然要素利用，而现代社会对新技术、新材料的运用则采用更为综合的手法，包括可再生能源利用、雨水回收等一系列复杂系统结合适当的低技术解决对环境的回应。

（一）基于自然要素的适应性策略

基于自然气候的地域表达重点在于对风、光、温度、雨水等自然界要素的理解和关注，从日照遮阳、自然通风、建筑围护等方面回应气候进行被动式建筑设计。

郑州市节能环保产业孵化中心绿色建筑示范楼位于河南省郑州市经开区，建筑设计主要采用被动式设计手段，建筑

图11-2-32　武陟示范区中心建筑（来源：网络）

图11-2-33 武陟示范区中心建筑内部庭院（来源：网络）

平面呈"回"形，形成南低北高相差两层的坡形采光中庭，加强自然通风和采光，实现生态、舒适的室内环境，体现出反映地域气候特征的建筑形象。

在利用日照方面，屋面坡度均为33°，适合郑州地区太阳高度角，为屋面上太阳能光电板、集热器提供最佳日照效果。在自然通风方面，从热压通风角度看，使得风道上层屋面板、玻璃板、加热舱受阳光照射温度升高，将夹层中空气加热，气流上升，与下部中庭中的冷空气形成热压差，加速气流上升，强化自然通风；从风压通风角度看，南坡屋面的"喇叭口"，作为进风口，起"捕风窗"的作用，通过风压将气流引入中庭。风压与热压共同作用下可使中庭内自然通风得到加强，成为建筑内部自然通风的"发动机"，而将捕风口、风道、风筏、风塔加热舱等通风设施使得建筑外观形态丰富。在自然采光方面，中庭采光顶，利用蓄水隔墙、光导管采光，利用中庭玻璃顶采光、内部蓄水玻璃隔墙等措施改善室内光环境，强化自然采光的效果，减少室内照明耗电。在可再生能源方面，采用太阳能集热及光伏系统，利用太阳能将空气加热后直接送入室内的采暖系统。太阳能热水集热系统为厕所和淋浴间提供热水。两种太阳能系统均为被动式技术，可减少设备耗电。在建筑雨篷、南立面和中庭双层玻璃顶屋面上安装非晶硅和多晶硅光伏电池系统。另外，中庭布置有绿化、水池和休息设施，起到"绿肺"的作用调节室内环境（图11-2-34～图11-2-36）。

（二）基于绿色改造的适宜性策略

绿色改造就是针对气候和地域环境等因素对既有建筑采取适宜性手段进行改造再生，达到节约资源、健康舒适和保护环境的目的，尤其是针对传统建筑进行绿色改造，不但能够保留原有建筑的历史价值，还能够改善建筑内部环境，提高舒适度。

郑州邙山黄河国家地质博物馆位于黄河风景名胜区榴园餐厅原址上，南面正对岳山，北面远眺黄河。原址建筑由多口靠山窑洞所组成，设计依据博物馆建筑的功能要求，充分利用这组连续重复的窑洞空间，运用新旧结合的"再生型"创新方式将窑洞和新建筑有机融合，同时通过对自然要素的有效利用解决窑洞式博物馆物理环境问题。在保温隔热处理中，通过木骨泥墙、植草屋面以及双层中空玻璃处理，解决

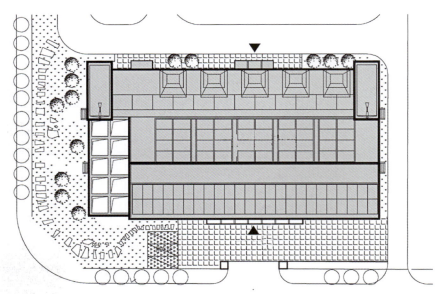

图11-2-34 郑州市节能环保产业孵化中心绿色建筑示范楼平面图（来源：郑州大学综合设计研究院有限公司 提供）

图11-2-35 郑州市节能环保产业孵化中心绿色建筑示范楼中庭（来源：韦峰 摄）

图11-2-36 郑州市节能环保产业孵化中心绿色建筑示范楼（来源：韦峰 摄）

了建筑的热损失问题；在日照遮阳处理中，将多余水泥墙体拆除露出黄土层，使得阳光直射黄土形成蓄热墙，为博物馆提供部分冬季夜间供热，宽大的挑檐和良好的植被可以提供必要的遮阳措施，而窑洞北侧的缓冲空间可以解决内部温湿度不稳定的问题；在自然采光处理中，通过顶部天窗的特殊构造设计使得夏季太阳光通过漫射方式进入室内，并经过水池反射进入窑洞深处，玻璃穹顶的设计也可以为建筑增加有趣的节点空间，另外，新建的大厅以黄土为材料，采用传统技术建筑夯土墙，与钢木结构融合后增加了热舒适性能并体现出黄土高原特有的自然气息。这种黄土窑洞与现代建筑相结合的独特建造工艺，极富有河南地域特色，在国内也属首创（图11-2-37～图11-2-39）。

图11-2-37　黄河国家地质博物馆外观图（来源：毕昕 摄）

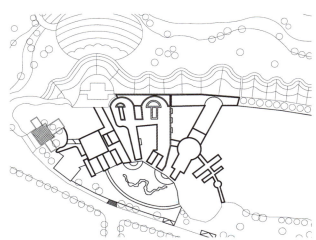

图11-2-38　黄河国家地质博物馆平面图（来源：李岚阳 描绘）

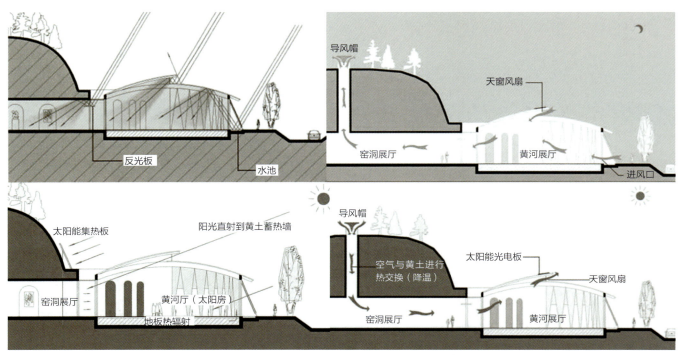

图11-2-39　黄河国家地质博物馆技术策略图（来源：《绿色生态策略在传统生土建筑改造中的应用》）

（三）偏向现代技术的综合性策略

现代高技术建筑提倡地域回归，一方面借助先进的建筑构造和电脑控制技术，将绿色生态系统移植到建筑系统内部，创造适宜的建筑物理环境，另一方面采用高效节能技术，如高效节能玻璃、太阳能利用及热回收装置为节约和利用资源提供了更多的可能性，从而表达出对自然的尊重，其最终目的是人与自然的和谐、技术与文化的共生。

五方科技馆项目位于郑州市二七区"西岗建筑艺术体验园"，总建筑面积3550平方米，含展示交流、会议、培训、办公及体验式公寓等功能，通过高效外围护结构保温隔热体系、良好的气密性、高质量门窗、高效新风热回收以及地源热泵等技术，打造出河南省首栋被动式超低能耗建筑。科技馆屋顶采用汉瓦等薄膜发电组件，总装机量共计31.15千瓦，相当于在屋顶种了1264棵树，每年可发电35560多度，节煤3.4吨，碳减排约30吨。在减少建筑能耗的同时，极大地提高了建筑屋面的美观效果，提供能源支持，为建筑赋能（图11-2-40~图11-2-45）。

三、呼应建成环境的建筑影响策略

乡村郊野环境中建筑的形态，主要和自然发生关系，而在城市中，新建建筑除了要考虑对地形地貌的呼应以外，在材料、形态上还应和周围的建筑环境发生更多的回应。强调建筑与城市的互动关系，新的城市化追求的是建筑环境的连续性，即每一座建筑物不再是孤立的，而是一个连续统一体中的一个单元，它需要同其他单元进行对话，从而完整其自身形象，同时保持城市组织结构的连续性。

历史建成环境中的新建筑设计应根据特定的环境特征，结合现代功能使用要求，因物制宜地制定设计策略，巧妙将新旧建筑进行整合。河南现代建筑创作应从建成环境的整体历史氛围出发，保留环境中历史的印记和植被，寻求可能的新的形态，使其获得整体统一的效果，让新建的建筑成为该区域的有机组成部分，同时保持部分差异性，运用新材料、新技术保持历史建成环境的可识别性。

图11-2-40　五方科技馆鸟瞰（来源：河南五方合创建筑设计有限公司 提供）

图11-2-41　五方科技馆中庭（来源：河南五方合创建筑设计有限公司 提供）

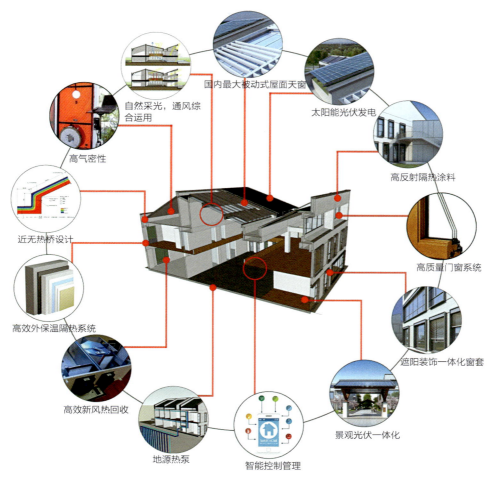

图11-2-42 五方科技馆技术体系（来源：河南五方合创建筑设计有限公司 提供）

图11-2-43 五方科技馆技术细部

图11-2-44 五方科技馆外观

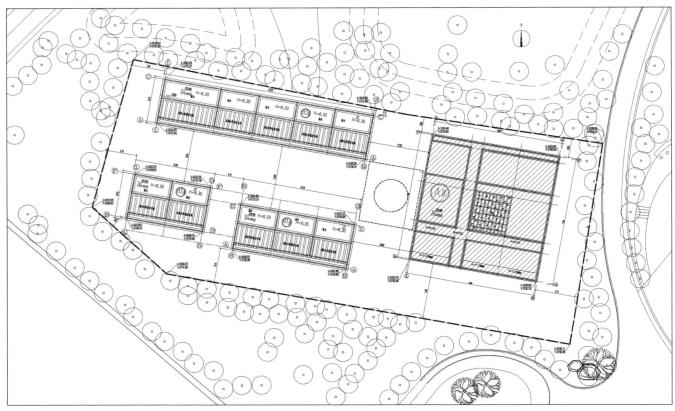

图11-2-45　五方科技馆总平面（来源：河南五方合创建筑设计有限公司 提供）

郑州万科世玠接待中心位于老城区南阳路与黄河路交叉口西北角，沉寂多年的郑纺机老工厂用地内，通过文脉的提取、现代肌理的表达和景观的渗透等设计语言，将传承与现代融为一体，体现出对工业遗产和既有建筑的再利用。项目的保留建筑武装部办公楼是由一个两层建筑组成的三合院，在更新中在内庭院和厢房外侧加建玻璃盒子，其他外饰面予以保留。新建建筑运用坡屋顶形式呼应原有建筑，通透的玻璃材质和钢结构设计，使原有建筑的风貌得到充分的展示。另外还有保留的两栋两层老建筑改造为会所，其南北间距约10米，更新中加建钢结构与玻璃幕墙形式的连接体，中间两层高、两侧一层高，屋顶采用坡屋面的处理手法，从材质和外观与原有建筑相呼应，建筑设计以消隐的姿态对原有建筑表现了尊重，使得传统文脉得以传承（图11-2-46～图11-2-49）。

图11-2-46　万科世玠接待中心外观图（一）（来源：毕昕 摄）

图11-2-47 万科世玠接待中心外观图（二）（来源：毕昕 摄）

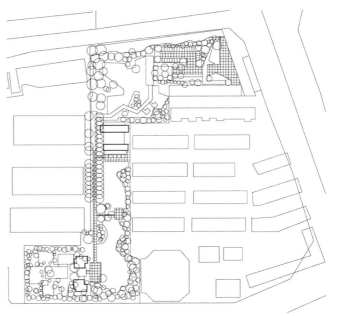

图11-2-48 万科世玠接待中心总平面图（来源：韩韦吾 描绘）

图11-2-49 万科世玠会所外观图（来源：毕昕 摄）

昆仑望岳艺术馆位于郑州二砂文创园内，其建设目的为让老厂房再生，使之承载起城市历史传承的意义。设计采用创新理念引入"凸变"的概念，结合次入口形成富有韵律感的当代符号，在其设计中保留了原来的红砖墙建筑，北侧主入口部分采用"缝合"的手法，将13.2米高的梦幻玻璃体镶嵌于原有建筑的夹缝中，唤醒了沉睡的空间，形成新旧对比，既冲突又兼容。项目包含三个各自独立的建筑，设计营造了一个通道，在不破坏原建筑外墙的情况下，将三个空间串联起来，引导参观者完成在不同时空下的转换。东侧木构建筑作为整个空间序列体的高潮，原汁原味地保留了整个硬山式建筑，没有增加多余的手法，设计过程中非常克制地使用现代手法，真实地还原历史场景，形成最为质朴的情感宣泄，延续了古老建筑的历史传说（图11-2-50~图11-2-53）。

图11-2-50　昆仑望岳艺术馆（来源：河南徐辉建筑工程设计有限公司 提供）

图11-2-51　昆仑望岳艺术馆内景（来源：河南徐辉建筑工程设计有限公司 提供）

图11-2-52　昆仑望岳艺术馆内院（来源：河南徐辉建筑工程设计有限公司 提供）

图11-2-53　昆仑望岳艺术馆室内（来源：河南徐辉建筑工程设计有限公司 提供）

第三节　传统建筑传承中的人文与社会策略

地域建筑是地域文化在物质环境和空间形态上的体现，在漫长的历史过程中，人们把积累的经验和智慧沉积于建筑营建过程中，创造出大量优秀朴实的传统建筑。现代建筑设计迫切需要与历史文脉、特色风俗和传统习惯相融合，使建筑有效地激发人们的认同感和归属感。

发掘河南传统建筑人文与社会层面的精髓，在现代建筑设计中传承文化命脉，是维护人类文明、彰显城市底蕴的关键。河南传统建筑记录了中原文明发展演化的过程，是城市文明和发展的重要依托。因此，研究探寻河南传统建筑的人文和社会内涵，才能构建完整的河南建筑体系，使得河南建筑文明源远流长。结合人文与社会因素的传承设计策略主要涉及符号意象的模仿演绎、建筑形态的延续演化等方面。

一、符号意象模仿演绎的设计策略

人类为了生存创造了建筑，建筑就是人和自然和谐相处的体现，对于一切建筑都可以提取出不同的建筑符号，建筑符号让建筑更加富有文化与内涵意义。通过对建筑符号的探索，可以开启一种看待建筑的新视角，理解建筑想要表达的意义与内涵，让建筑的表达得到具体体现。建筑符号凝聚了文化的力量，厚积薄发的建筑成果为人们展现了传统文化的博大精深。在创作中运用类型学的方法将传统建筑中人文和社会层面表达的意境具象化，再通过简化、抽象、缩放、变形等手法对符号意象进行模仿和演绎是河南现代建筑设计对传统建筑传承中最常用设计手法。

（一）具象模仿

模仿是以视觉获取模仿目标的形态和行为信息并加以学习的过程，具象模仿也是建筑领域较为常见的创作方式，最常应用于宗教纪念建筑中。此种模式采用较为初级的原型模仿方法，一般以建筑形式语言为主，不过多改变模仿目标造型，而是通过模仿本土原型形态表现文化诉求。

郑州因其商城遗址而成为历史文化名城，如何体现"商城"的历史文化成为建筑设计努力的方向，而最为成功的就是郑州市博物馆设计。该建筑以出土于郑州杜岭商城的"商代青铜方鼎"造型为模仿对象，又称杜岭方鼎。郑州市博物馆主展馆以其为造型意向，取"天圆地方、鼎立中原"的寓意而配以圆形碟状屋顶，方鼎本身四方的容器形态体量恰好与展示空间的功能匹配，整体建筑采用具象模仿的建筑手法，通过建筑主体方正的体量，和红铜仿制青铜器的装饰肌理和纹样，创作出一座现代的"青铜鼎"，依此，作为郑州市博物馆的象征，形成地标建筑符号（图11-3-1、图11-3-2）。

邓州编外雷锋团展览馆位于河南南阳市邓州市东入市口，采用具象手法，直接通过网架形成一面巨型的红旗。红

图11-3-1　郑州市博物馆青铜纹样（来源：陈伟莹 摄）

图11-3-2 郑州市博物馆外观（来源：王晓丰 摄）

旗造型高30米、上宽2.8米、下宽10.8米，象征雷锋精神。建筑入口处用一颗红色的大五角星和四颗小五角星代表着雷锋团从中国人民解放军这座大熔炉中走来，将永远在学雷锋的道路上走下去，通过红色和黄色的搭配，使建筑语言具有政治内涵和象征意义（图11-3-3）。

（二）抽象转换

建筑领域的抽象转换更能够体现思维活动和认知的理性价值，按照抽象的方式对建筑固定原型进行简化和归纳，符合人类的视觉认知规律，可以使人更加直观地感受原型的形体特征并形成简洁的印象模型，产生个性化的创作表现。

禹州钧官窑址博物馆位于河南许昌禹州市钧官窑路北段，国家级重点文物保护单位宋钧官窑遗址保护区内，建筑设计以宋代建筑为蓝本，展现出纤巧秀丽装饰精美的风格。博物馆建筑群均为仿宋风格，青砖灰瓦，雕梁画栋，坐南向北为仿宋双层斗栱重檐雕梁画栋门楼，依次向里为左右九开间明柱带廊画栋厢房，宽16米须弥座三间式大理石影壁，中大殿，左右偏房，东西殿，东西跨院等。建筑门楼、厢房、展厅、影壁和钧官窑保护房与院内的草木山石、鸟语花香交相呼应，构成了一组庄严、肃穆、完整的仿宋建筑群，再现了北宋皇家钧窑的建筑风貌（图11-3-4）。

南阳汉画馆位于河南南阳市汉画路，坐落在卧龙岗南端的龙首处，北倚南阳名胜武侯祠，南临白河游览区，是一座主要陈列汉代石刻艺术的展览馆，其建筑原型为汉代建筑风格，造型严谨，布局对称，主立面为五段划分，主次分明，着意突出汉代特征，以具有"汉风"的建筑符号、细部来表现汉画馆的个性，使"形似"与"神似"得到较好的结合。坡顶的孔雀蓝瓦与白色的屋脊、墙面色调和谐，古朴典雅，气势壮观，把南阳悠久的历史与现代文明融合得恰到好处，构建起了一座富丽堂皇的汉代石刻艺术殿堂（图11-3-5～图11-3-7）。

图11-3-3 邓州编外雷锋团展览馆外观（来源：闫冬 摄）

图11-3-4 禹州钧官窑址博物馆外观图（来源：《中原建筑大典》）

图11-3-5 南阳汉画馆全景（来源：《中原建筑大典》）

图11-3-6 南阳汉画馆（一）（来源：闫冬 摄）

图11-3-7 南阳汉画馆（二）（来源：闫冬 摄）

河南世界客属文化中心位于河南郑州郑东新区商鼎路，东临七里河公园，由客家历史博物展览馆、客家溯源纪念馆、客属商会会馆三个建筑组成，是世界客属恳亲大会的永久会址。"唯唯客家，系出中原"，中原大地是客家人的根基，在文化中心的建筑创作中以客家圆形土楼作为建筑原型，摘取中原文化天圆地方之灵气，将客家文化与中原特质融合，通过对基地周边环境的梳理，将建筑群体加以基座覆土层，抬高整个建筑群体，运用一条连绵曲线，既加强中心广场的围合感，又突出客家文化与中原文化一脉相承，同时缩影了客家人5次迁徙的历程。在建筑外形上，采用客家土楼相近的土黄色石材墙面，搭配现代化的玻璃幕墙和金属构件；通过对客家土楼代表性构件元素与构图比例的整合提炼，创造特有的窗洞模数，这些元素的重复和叠加的利用，既体现出客家历史的回归，又代表客家人与时俱进的精神面貌（图11-3-8～图11-3-11）。

（三）意象隐喻

意象隐喻是通过建筑形式或其他语言探寻建筑本土文化的表现方法，以此种方式使建筑获得一定情感并完成本土特质的生成，既关注主观感性表达又注重逻辑理性思考。此种创作方

图11-3-8 世界客属文化中心鸟瞰（来源：河南省城乡规划设计研究总院有限公司 提供）

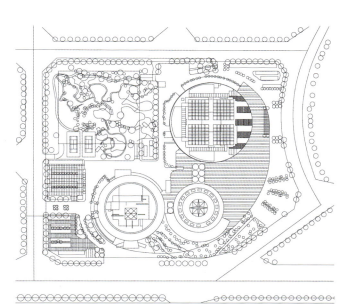

图11-3-9 世界客属文化中心总平面图（来源：韩韦吾 描绘）

图11-3-10 世界客属文化中心（一）（来源：河南省城乡规划设计研究总院有限公司 提供）

图11-3-11 世界客属文化中心（二）（来源：河南省城乡规划设计研究总院有限公司 提供）

法同样依托本土原型，但其所借鉴原型并非固定具体的传统建筑，而是更加丰富多元化的形式、事物或情境等，通过隐喻使得原型和作品形成类似影像或变形重组的映像关系。

1. 以乐器为原型

音乐是人文艺术中主要组成部分，是最擅长抒发情感、最能拨动人心弦的艺术形式之一。乐器是产生声音的媒介，也成为一个地区人们抒发个人情感的介质。古乐器作为代表性文物因此可作为建筑意向符号在设计中加以应用，通过这些物质文化遗产在建筑中的表达体现河南人文艺术的博大精深。坐落于河南郑州郑东新区中央商务区内环的河南艺术中心，其建筑造型就是取意于河南出土的三件古代乐器的外形，五个椭圆形单体模仿6500年前古乐器陶埙的外形，艺术墙模仿2500年前古代管乐器石排箫的造型，广场中心晶莹剔透的装饰柱形似8700年前的中华第一笛——骨笛，这些古乐器外形经过抽象演化重组，体现了中原古老文化与现代建筑艺术完美结合的设计理念。每当夜色降临，伴随着动感的灯光，整个建筑组群仿佛随着音乐的律动而起舞，为人们时刻奏响着历史缠绵的乐章（图11-3-12～图11-3-15）。

同样以骨笛作为设计意向的还有河南郑州新郑国际机场新塔台。塔台造型的文化意象取自河南省博物馆的镇馆之宝——"贾湖骨笛"的弧线外形。"骨笛"出土于河南本土，历史悠久，暗喻建筑为凝固的音乐，其修长优美的外形恰巧符合塔台的功能需求。塔台建筑采用非线性的曲线造

图11-3-12　河南艺术中心鸟瞰图（来源：网络）

图11-3-13　河南艺术中心大堂（来源：郑东军 摄）

图11-3-14　河南艺术中心（来源：郑东军 摄）

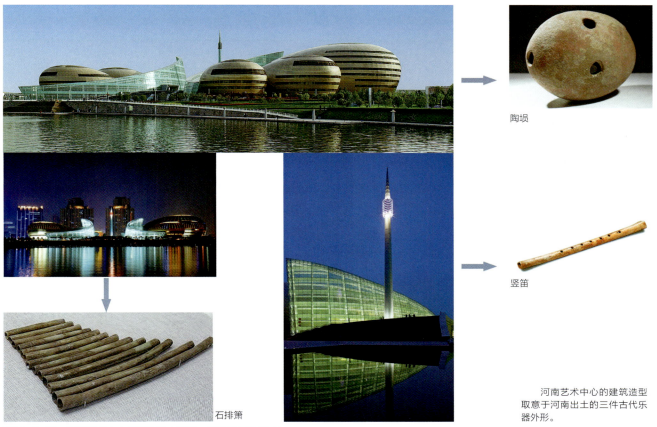

图11-3-15 河南艺术中心乐器原型（来源：郑东新区规划局）

型，与航站楼的流线型设计相得益彰、相辅相成，提高了新郑机场总体环境的整体性和协调性。塔台另一立面两端粗中段窄的形式意象则取自商代青铜酒器"觚"的形态。"觚"具有端庄典雅、大气尊贵的气质，且其酒具用途贴切地契合了机场迎来送往、分别与欢聚时觥筹交错的城市空间特性（图11-3-16）。

2. 以历史文物为原型

历史文物是一个人类在社会活动中遗留下来的具有历史、艺术、科学价值的遗物和遗迹，它是人类宝贵的历史文化遗产，也是一个地区物质文化的精髓。青铜文化象征着河南鼎盛时期独特的古典文化底蕴和厚积薄发的屹世雄心。

以出土文物作为构思原型的建筑作品是河南鹤壁的鹤壁市联合大厦，其构思来源是出土于河南新郑李家楼郑公大墓的春秋莲鹤方壶。方壶是一种春秋中期青铜制盛酒或盛水的器皿，建筑设计以方壶为蓝本加以抽象提取，运用纯粹简约的现代线条，塑造出具有独特寓意的优雅造型。古今风采交相辉映，展示了深厚的文化底蕴和朝气蓬勃的城市活力（图11-3-17）。

3. 以文字及书写工具为原型

象形文字是早期的表意性文字，中国自6000年前已存在表意的象形文字，文字是记录历史的工具，可看做呈现历史的载体之一。甲骨文发现于中国河南省安阳市殷墟，因此文字已成为河南特有的一种文化符号和文化象征。

中国文字博物馆位于甲骨文的故乡河南安阳，是中国

图11-3-16 新郑国际机场新塔台(来源:于雷 摄)

图11-3-17 鹤壁联合大厦与莲鹤方壶(来源:《河南最美建筑》)

首座以文字为主题的博物馆，由字坊、广场、主题馆、仓额馆、科普馆、研究中心、交流中心等组成。主题建筑源于殷商甲骨文、金文所概括的最富哲理、最经典、最神圣的建筑形象——象形文字"墉"字造型，整体建筑蕴含浓厚的文化特色。博物馆门前屹立着高大的字坊，取甲骨文、金文中"字"字之形，显示了文字在中国文化发展史中举足轻重的地位。屋顶形式运用殷商时期的高级宫殿建筑形象的基本要素——饕餮纹、蟠螭纹图案浮雕金顶，使人们产生殷商宫殿"四阿重屋"的联想。建筑的雕墙和雕柱采用红黑图案以呼应殷商文化辉煌的装饰艺术效果，而通向主题馆干道两侧分列28片铜质甲骨组成的碑林隐含了殷商时期最具代表性的两种元素——甲骨文和青铜器，也代表着二十八星宿，象征人与自然和谐统一（图11-3-18）。

平顶山市博物馆位于平顶山市新城区，其设计方案力图寻找一种文化载体——竹简，体现中国传统文化特征，鲜明地反映平顶山市的地域文化特质，同时创新地表现地方博物馆的文化个性，以体现其在神、形、性、意等方面的文化契合。建筑东立面采用"展简"的形态，形成层层错开之感，如徐徐翻开之巨著，动态十足。"竹简"表面有阴刻文字，在展开的同时略向内弯曲，且弯度不尽相同，既表达一种开放、包容的气度，又给建筑带来了一种具有张力的现代感。

建筑南北立面的设计采用"束简"形态，形成密集排列的封闭界面，"束简"之间星星点点的铜片，就像历史长河中的繁星，朴素而又充满活力。建筑西立面采用间隙较大的"晾简"形态，模糊的空间给人一种过渡感，同时兼顾了幕墙对功能和节能的需要（图11-3-19、图11-3-20）。

4. 其他

艺术创作常常抽象于生活并凝练成为更加概括和典型的新形象，抽象之后的形态包含更多内涵，更为符合新材料新技术的新时代审美需求。河南现代建筑创作中有许多作品的隐喻原型也源自自然界的各类事物，产生出丰富多彩的建筑作品。

图11-3-18 中国文字博物馆（来源：郑东军 摄）

图11-3-19 平顶山市博物馆鸟瞰（一）（来源：张文豪 摄）

图11-3-20 平顶山市博物馆鸟瞰（二）（来源：张文豪 摄）

郑州裕达国际贸易中心位于河南郑州市中原中路南侧，毗邻市政府及城市中心广场，楼高199.7米，意为香港1997年回归。建筑形式为双手合掌的双塔形体，包括5A级智能写字楼、精品购物广场、五星级酒店、文奇中餐厅及国际会员俱乐部等功能部分，是河南郑州的第一个超高层建筑。建筑造型以"中原佛手"为原型，佛手即如来手掌，天地万物一切变化皆离不开如来佛的手掌，象征着掌握现在、开创未来，表达中原是中国文化的发祥地，双手创造中原的新气象的意象（图11-3-21）。

南阳姜营机场位于河南省南阳市宛城区，新航站楼为大跨度钢结构体系，平面采用前列式一层半布局，建筑长115.8米，进深57米。外观屋顶取意汉瓦和竹简，意喻中原文明源远流长，前后墙面以南阳汉画浮雕点缀，整个建筑风格简约，突出体现了南阳楚风汉韵的浓厚文化底蕴（图11-3-22）。

中原福塔建筑采用双曲抛物线结构，总高达到388米。塔楼部分以五瓣蜡梅的形态意向，作为河南省省花的蜡梅有"五福"之意，"中原福塔"的称谓也由此而来。蜡梅花抗热性强，开花期长，色彩鲜艳，生长迅速，寓意着生机与朝气，向到来的宾客展示出河南的欣欣向荣（图11-3-23）。

二、建筑形态延续演化的设计策略

（一）文脉延续

文脉是历史发展过程及特定条件下人、自然和建成环境以及相应的社会文化背景之间的动态的、内在的本质联系总和。建筑传统文脉依赖建筑作为载体体现出地方风俗历史、价值观念和审美情趣等要素，是一个动态发展的历史进程。保持优秀的历史文脉，调整和更新不合时宜的文脉特征是河南现代建筑创作和地域性建筑设计的核心。

开封市博物馆新馆位于河南开封新区第五大街和第六大街之间，郑开大道北侧，是目前河南省建成的面积最大的地级市博物馆。建筑总体设计突出北宋开封城三重城格局

图11-3-21　郑州裕达国际贸易中心远景（来源：董奇峰 摄）

图11-3-22 南阳姜营机场（来源：郑东军 摄）

图11-3-23 中原福塔（来源：毕昕 摄）

特点，由外围、环形内院和中心主体三部分组成，遵循开封城市建设"外在古典，内在时尚"原则，中轴对称，分段明确，建筑四周以较低建筑拥簇着中央高耸的殿阁，体现宋代建筑组群的特征。造型设计延续地方传统风貌，还原传统空间意境的神韵，传承出具有中原地方特色的雄浑大气、古朴苍劲的建筑风貌（图11-3-24～图11-3-26）。

安阳市图书馆博物馆综合大楼坐落于河南安阳东区行政中心文明大道上，与安阳市党政综合大楼南北呼应，造型为正方斜体建筑，庄重典雅，气势恢宏，是殷商文化内涵和现代建筑设计风格的完美融合。主体建筑地上四层，总高度

图11-3-24 开封市博物馆新馆鸟瞰（来源：网络）

图11-3-25 开封市博物馆新馆内院（来源：王晓丰 摄）

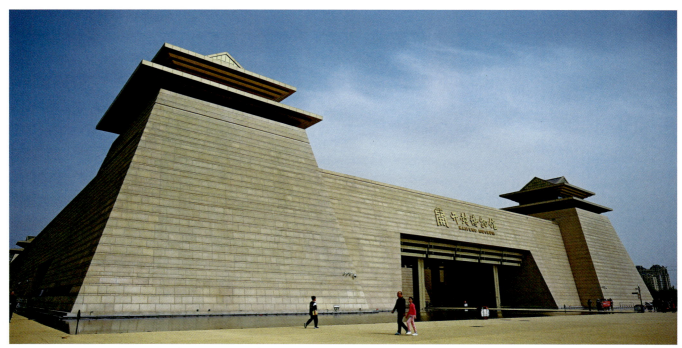

图11-3-26 开封市博物馆新馆外观（来源：王晓丰 摄）

25.8米，中央设贯通三层的共享大厅，采用锥台形的造型与斜支撑结构的结合，上小下大，向上收聚，以八卦屋顶构架的造型主体，随着光线的变化，镂空的架构产生丰富的光影效果。设计中充分吸收了安阳历史文化精髓，使建筑本身在充满时代特征的同时，又散发着地方历史文化的味道。城市空间与建筑入口台阶的设置灰空间进行引导，成为富有文化个性的安阳标志性建筑，为安阳古城文化的延续写下了浓重一笔（图11-3-27～图11-3-29）。

（二）寓意于形

传统建筑极为注重内涵，寓意赋形，意趣盎然，在现代建筑创作中应该构建承载时代和地域精神特质的蕴涵建筑意境的作品，寻求"形式"与"意境"的有机结合，赋予建筑生动有机、有血有肉的形象和特质。

许都大剧院位于河南许昌市内东城区，是许昌市唯一一座能同时满足会议、展览、电影放映、文艺演出的综合性剧场。建筑整体敦厚又不失精巧，既传承汉魏故都的文化魅力，又表达现代建筑特质。钢结构屋顶借鉴传统檐椽形象，极具中国传统特色，梯形外墙寓意汉代古城墙，极为古朴庄重，凸显对传统的延续，青绿色的玻璃幕墙则使这座建筑处处洋溢着现代气息，彰显建筑阳刚气质（图11-3-30）。

民权县庄子文化馆位于河南省商丘市民权县县城东部，建筑布局采用天圆地方的设计理念，简洁的石材墙体穿插明快的玻璃面，建筑稳重而不失灵气。内部展馆空间丰富、色彩斑斓，是集群众文化、图书阅览、文博展示等功能于一体的大型综合场馆（图11-3-31）。

新县图书馆位于河南信阳新县，设计灵感来源于大别山绵延不绝的山脉轮廓所形成的天际线，通过明确的体块切削和形体扭转，形成了与城市环境以及文化活动相适配的多样化室内外空间体验。图书馆造型从底到顶分别为三部分有机组合，一是暗示原始地形特征并围合地面院落空间的底部草坡，二是被具有柔和光线作用的竖向百叶包裹的中部方形体块和第三部分顶部连续起伏的折板造型。建筑材料除底层采用部分深灰色铝板，其他部分通体罩白色真石漆，结合顶部造型，塑造出与周边山体相似的脉络和韵律（图11-3-32～图11-3-35）。

图11-3-27　安阳市图书馆博物馆综合大楼（一）（来源：郑东军 摄）

图11-3-28 安阳市图书馆博物馆综合大楼（二）（来源：郑东军 摄）

图11-3-29 安阳市图书馆博物馆综合大楼鸟瞰（来源：网络）

图11-3-30 许都大剧院外观图（来源：《中原建筑大典》）

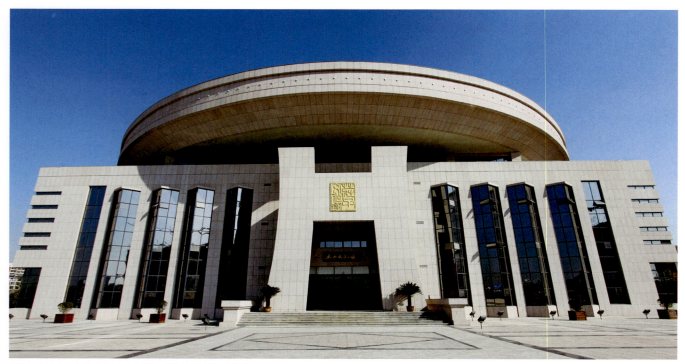

图11-3-31 庄子文化馆（来源：《河南最美建筑》）

图11-3-32　新县图书馆鸟瞰（来源：邓皓 摄）

图11-3-33　新县图书馆外观（来源：邓皓 摄）

图11-3-34　新县图书馆庭院（来源：邓皓 摄）

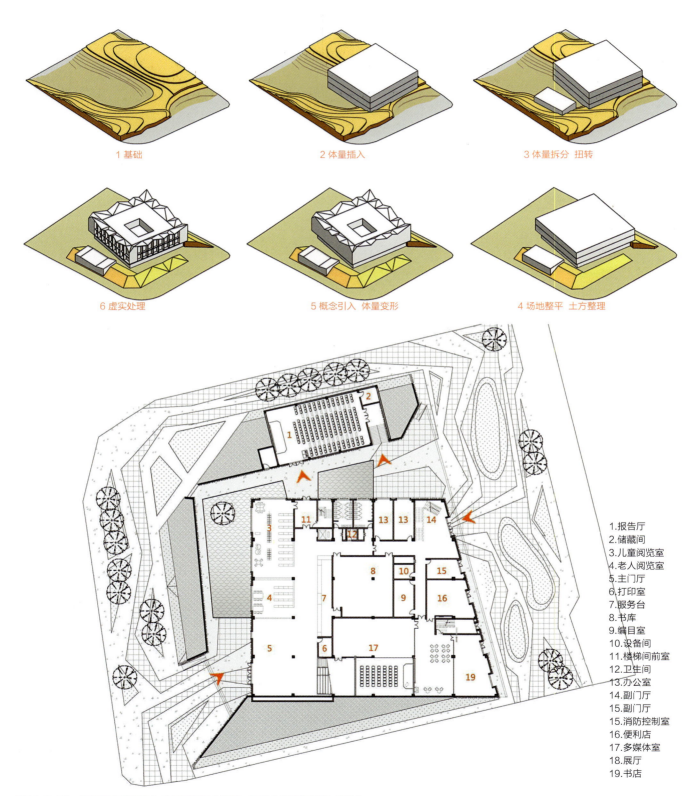

图11-3-35 新县图书馆概念生成与平面图（来源：东南大学建筑学院 提供）

浚县文化艺术中心位于河南省鹤壁市浚县浚州大道与新华路口，建筑创作以"仓盛黎阳"为设计理念，用矩形和圆形作为建筑语汇，庄重规则。整体布局居中对称，符合"天圆地方"的中国传统时空观念，营造出多层次的立体空间。建筑色彩主要采用灰、暖白等中性色彩，选材突出土、木、砖、石等传统建筑材料。在主题空间设计上，采用了以传统手工艺品中提取的泥咕咕立面语言、楷树阵、儒商始祖端木子贡人物雕像来突出浚县的地方特色，别具一格（图11-3-36～图11-3-38）。

图11-3-36　浚县文化艺术中心北侧（来源：刘超杰 摄）

图11-3-37　浚县文化艺术中心东侧（来源：刘超杰 摄）

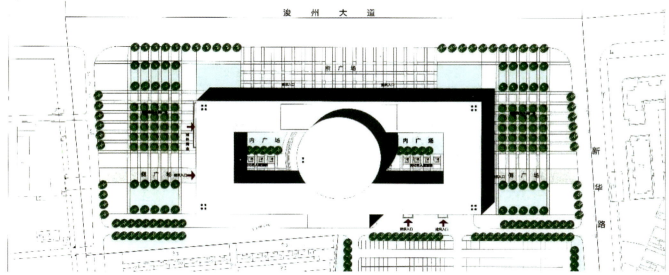

图11-3-38　浚县文化艺术中心总平面（来源：浚县文化局 提供）

第四节　传统建筑传承中的营建与技艺策略

材料和建造方式影响并决定了建筑的基本形式，材料与建造所依据的真实性、表现性、非过渡性以及其转化时依据的抽象化、平面化、层次化等手法都是来自传统、依托传统而又超越传统的。随着建造方式改变，传统材料的结构属性发生改变，从承重作用蜕变成塑形表皮，材料获得更大自由度，可以通过材料本身发现可能的形式从而呼应传统。因此，现代地域性建筑创作对于材料和建造方式的重视和挖掘就成为必然，在现代建筑创作中应该从新材料和新工艺的角度出发寻求传统建筑文化的延续发展，充分利用当地传统建筑材料和当地长期留存下来的"土生土长"的建造技术，"古为今用"突出现代建筑的地域性和乡土性。

一、传统营建方式的保留与传承策略

传统建筑技艺既包括材料选择、构造设计、施工工序等营造技术，同时也包括堪舆理念、空间布局、视觉审美、建造仪式和对传统思想文化的体现等建筑的文化性与艺术性。对于传统建筑的保护和修缮以及对传统建筑营造技艺的传承是延续地域文化、体现乡土情怀的最直观表达。

窑洞建筑是为适应我国西北部以及黄河中下游黄土高原地区的特殊地质地貌和干旱少雨的气候特征而兴建的乡土建筑，特殊的地理环境造就了独特居住理念和营造方式，尤其在豫西地区民居多依靠黄土塬开挖窑洞居住，地坑窑成为当地最为典型的居住方式，被称为中国北方的"地下四合院"。随着对传统村落、乡土建筑的重视，对遗存至今有一定规模的地坑院进行整体的保护、修缮和整治以及复建，延续其传统的营建方式是现今保护和传承地方传统建筑的重要手段。

河南三门峡陕县庙上村地坑院，距今已有1500~2000年的历史，属于黄土高原地域独具特色的民居形式，有着"进村不见房，闻声不见人"的奇妙景象。地坑院一般占地1~1.5亩，院落大多呈12~15米的长方形或正方形，深7~8米。通常在窑院一角挖出一个斜向弯道通向地面，作为居民出入院子的门洞。每座院落大多有七八孔窑洞，分主窑、客窑、厨窑、牲畜窑、门洞窑和茅厕窑等。主窑多为九五窑，宽3米、高3.1米开三窗一门，其他窑为八五窑，宽2.7米、高2.8米，开二窗一门。窑洞的窑脸不但开窗户，还要用泥抹壁，院子四周用一圈青砖砌成。屋檐上砌起一道40~50厘米高的拦马墙，可防雨水倒灌院内，也可起到装饰作用。地坑院具有冬暖夏凉的特点，而且防尘、防风、隔声、安静，并且很干燥，适合人居。地坑院的窑内一年四季气温始终在0℃~20℃之间，盛夏三伏在洞内睡觉要盖棉被，数九隆冬仍然暖气融融。地坑院的修建可以就地取材、易行施工，没有特别的技术要求，只用挖土整理即可，且造价低廉，现今许多民俗餐厅、休闲体验村舍等就是利用原有地坑院加以改造利用，既保护了这种珍奇的居住方式，也传承了民间的生活体验（图11-4-1~图11-4-3）。

河南冢头古镇位于河南郏县县城13公里处，始建于汉代，古镇依靠蓝河发展，分东西两个寨堡。镇内有明清建筑群，涵盖商业店铺、传统合院、公共建筑等，建筑多采用青砖灰瓦和红石装饰。冢头镇传统建筑营造多就地取材，木材采用当地密度稍大的乔木，砖瓦也是直接烧制的，镇内民居墙体材料多选用当地红石、夯土、土坯砖和黏土砖修建，屋面多仰瓦灰梗，檐口安装滴水瓦。在对传统建筑保护和营造工艺的传承时，设

图11-4-1　庙上村地坑院俯瞰（来源：王晓丰 摄）

图11-4-2　庙上村地坑院入口（来源：王晓丰 摄）

图11-4-3 庙上村地坑院航拍（来源：王晓丰 摄）

计师尽可能多地保留原构件，杜绝鱼目混珠的做旧和不可逆性的加固，经过简单的加固、除垢、复原残存门窗和室内装饰，使建筑回复昔日原貌，尽可能地实现传统材料与营建方式的传承（图11-4-4～图11-4-7）。

浚县古城西大街历史片区位于浚县古城城西，涉及区域东以古城中心文治阁为界，西到西城门，北至南小门里街，南至电影院南侧。西大街片区历史遗存丰富且较为集中、古时商贸活动最为繁荣，紧邻大运河，范围较小而可实施性强，又是连接浚县西部各村落的重要关口，对其进行保护和修缮、恢复古城风貌是延续地域文化的重要手段。

从保护更新策略来看，首先是对历史遗存进行原真性保护。通过对城墙的修整使得很多原本隐藏在小巷深处或者私家院落的文物得以露出水面。同时另外一些如县衙遗址、翰林院等遗址、古民居也在修整中得以完好修复，除了县衙是原址复建外，其他的仅是做了加固和修整而已。文庙的主体建筑修复前保存有棂星门、泮池、状元桥、戟门、大成殿和左右厢房，修复时也基本做到了修旧如旧，明清特点浓郁。文庙与县衙毗邻，县衙依据嘉庆县志中的县衙图原址复建已完工，庙貌巍峨，县衙中间还保存下来的四个硕大的极有时

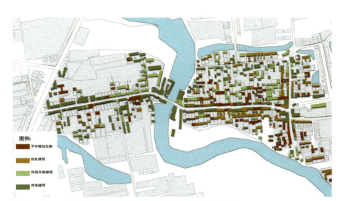

图11-4-4 冢头镇总平面图（来源：郑东军 提供）

图11-4-5 冢头镇民居（一）（来源：郑东军 摄）

图11-4-6 冢头镇民居（二）（来源：郑东军 摄）

图11-4-7 冢头镇民居（三）（来源：郑东军 摄）

代感的粮仓也得到了很好的保护。其次是对协调区建筑进行小尺度、小地块复建，延续古城肌理。风貌协调区的建筑形式以坡屋顶为主，色彩以地方主色调黄褐色、原木色、黑、白、灰和局部彩绘为主，鼓励采用一些传统的建筑要素和符号，在造型上可以采用体量分割、院落组合、建筑符号等手法与整个古城风貌取得协调。再次对建筑高度进行控制，突出西城门——文治阁视廊轴线。有区别地控制古城区建筑物高度，保证古城区有合适的尺度感，并凸显具有古城景观价值的文化古迹，保持两山轮廓的自然形态和传统特征（图11-4-8～图11-4-11）。

图11-4-8 浚县古城航拍（来源：王晓丰 摄）

图11-4-9　浚县古城西大街改造前后街景对比（一）（来源：郑东军　王晓丰　摄）

图11-4-10　浚县古城西大街改造前后街景对比（二）（来源：郑东军　王晓丰　摄）

图11-4-11　浚县古城西大街改造前后街景对比（三）（来源：郑东军　王晓丰　摄）

二、新材料新技艺展现传统肌理形态的表达策略

相对于传统材料而言，钢、玻璃、混凝土以及其他改良后的新型建材因其材料特性和建造技术的优势在现代建筑中被更为广泛应用，技术和生产方式的全球化导致了人与传统地域空间分离，城市和建筑的标准化和商品化导致建筑特色逐渐隐退，建筑文化和城市文化出现了趋同现象。在这样的大趋势之下如何使用现代材料和现代建造技术创造出继承和发扬中原地区地域特征和场所精神的建筑，促进现代地域性建筑语言更新和发展，是现代建筑创作亟待解决的核心课题。

郑州国际会展中心位于郑东新区 CBD 中央商务区中心，是郑州市中央商务区三大标志性建筑之一，也是集会议、展览、文娱活动、餐饮和旅游观光为一体的大型会展设施。建筑主体为钢筋混凝土结构，屋顶为桅杆悬索斜拉钢结构，会议中心运用直径154米的中心桅杆斜拉、12个三枝树柱支撑的桁架拱结构共同组成叠圆锥状的空间斜拉系统，营造出浪漫轻盈的建筑形态。展览部分平面为端头呈扇形的条式布局，屋顶为102米跨的桅杆桁架拱结构。建筑沿如意湖水面蜿蜒伸展，面向湖面的一侧立面采用轻快色调的玻璃幕墙、环水面设置观景走廊与水面相映生辉。钢结构屋盖、清水混凝土外墙和玻璃幕墙完美结合，展览中心立面传统的朱红色调与波浪形屋顶的青灰色调共同渲染出具有东方神韵和地域特色的建筑风格。表达出浓厚的时代特征，探讨着历史与现代、人类与自然、文化与生命在建筑载体的哲学意义（图11-4-12～图11-4-14）。

太极客厅位于焦作陈家沟景区太极拳祖祠北侧，与太极博物馆、太极祖师堂、太极祠前街对应形成南北空间轴线，总建筑面积约为16000平方米。其主体建筑中华太极馆面积

图11-4-12　会展中心鸟瞰图（来源：网络）

图11-4-13 会议中心外观图（一）（来源：陈伟莹 摄）

图11-4-14 展览中心外观图（二）（来源：陈伟莹 摄）

10400平方米，以"建筑空间的太极"为设计理念，将陈家沟特色的民居风格建筑以街巷布局形成"实"，以现代玻璃、钢结构架构出的大空间展厅作为"虚"，形成了"虚"与"实"相应相生的拓扑关系。太极客厅整体定位是"具有传统情韵的现代建筑"，建筑材料的选用也是传统与现代结合，使用青砖、钢、玻璃、石材、木材等建筑材料营建一座兼具本土文化和科技感的文旅建筑（图11-4-15～图11-4-18）。

图11-4-15 太极客厅外观（来源：张峰 摄）

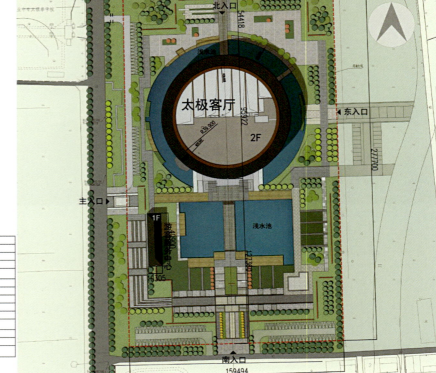

图11-4-16 太极客厅总平面图（来源：泛华建设集团有限公司 提供）

图11-4-17 太极客厅内景（一）（来源：张峰 摄）

图11-4-18 太极客厅内景（二）（来源：张峰 摄）

第十二章　河南当代建筑的创作方法与手法分析

　　如何在当代建筑设计中对河南传统建筑的特色进行传承和应用，是建筑师在创作中长期实践和探索的课题。建筑设计作为一种文化的表达方式，需要建筑师理解和把握地域文化的特色和建筑的传统，在设计中创造一种空间，使其延续并充满希望，因此，本章从创作方法和设计手法两方面进行理论分析和总结。建筑创作方法是建筑师的建筑观、创作态度和思维方式的体现，与建筑创作的规律和建筑本质相关，就河南当代建筑创作而言，可以从河南地域建筑空间的特色、地域性建筑形式的重构、地域性建筑语言的更新三方面进行探究；建筑创作手法是具体的建筑设计手段和处理方式，与具体的建筑功能、类型、空间、材料以及结构、构造等问题相联系，使建筑创作多元化、地域化和全球化发展。

第一节　研究和创造河南地域建筑空间的特色

建筑的本质在于空间，空间的具体感知形式又是通过时间来实现的，而人是时间的真正体验者。人生存在时间之中，而时间又以空间作为形式，所以人也就必然生存在空间之中。建筑师要把"空间"和"场所"结合起来，通过建筑物理空间的塑造，引导使用者的心理和精神空间向某一目标靠近。传统建筑遵循传统空间意识中"天人合一"和"时空一体"的时空观念，其空间场所显示出多元复合的时空状态和天人感应的时空精神，是独特生活环境下生存条件综合作用的结果，构成了中国传统诗意栖居的本质内涵。河南的现代建筑创作中传承和发展了传统空间意识，贯彻以人为本的设计思想，以本土化和多元化的手法演绎出体现传统空间特色的建筑作品。

河南传统建筑是河南地域文化的重要组成和载体，如何在当代建设中创造河南地域建筑空间的特色，从城市空间、街巷空间和院落空间三个方面进行总结和提升。

河南地域建筑空间从宏观到微观可分为：城市空间、街巷空间、院落空间三种。河南拥有洛阳、开封等古都，古代的城镇、街巷体系发达，具有中国传统城镇与街巷空间的典型形式（图12-1-1）。同时，河南院落空间，尤其合院空间是传统民居建筑的主体。颇具特色的各类传统空间形式也被很多现当代建筑师研究、借鉴与传承。

图12-1-1　清明上河图局部（来源：《张择端和他的〈清明上河图〉》）

一、城市空间的符号隐喻

（一）城市空间形态的隐喻

建筑形式的隐喻是把建筑广泛视作一种形式语言来进行创作和交流，建筑以符号的形式在意义表达上取得了与语言在其本性上的一致，并且通过建筑语言阐释的形式意义在本质上反映了建筑所依附主体（人类）的精神生活内容和存在的文化价值等深层意义。

城市历史空间格局是城市发展的见证，以物质景观遗产的形式客观记录着人们探寻理想生境的历程，对独特的空间格局和文化脉络进行保护和传承是城市记忆和情感延续的根基。

河南城市的现代规划在新中国成立初期大多是泾渭分明的方正格局，而随着城市规模的逐步扩大，也呈现出沿主要交通朝局部方向外延的趋势，逐步出现非对称、自由的城市空间格局。

这样的格局演化过程与河南地区城市空间形态在历史发展的演变过程极其类似：隋唐以前的城市格局是严格的"中正对称，方正规矩"，宋以后开始"非对称、自然空间"的逐步演化。以北宋东京（现开封）为例，其宫城、里城、外城三套方城的平面空间格局均未严格按照正南北东西向设置。除方形的宫城外，内外城城墙和里坊采用菱形布局，面积不一，自由多变。开封地区传统城市空间的道路系统发达、层级丰富，连接主要城门且横贯内外城的商业大街，由御街或商业大街延伸而出的其他街道形成城市的普通街道连接坊与坊间的街道，坊内小街巷是层级最低的道路系统。丰富的道路系统串联起城市各级（阶层）空间体系。河南地区现代城市空间规划、城市设计与改造更新中依然延续这样的多层级交通系统。

景观环境的塑造对于改善建筑风貌起着至关重要的作用。通过构建景观环境所形成的微缩城市空间是建筑师回应地域建筑文化的有效途径。

商丘位于海河平原和淮河平原之间的黄河冲积平原，地势低平。该地区古代城镇为抵御黄河泛滥的威胁，长久以来形成了居高筑台、城墙护堤、蓄水坑塘的洪涝适应性建造。商丘博物馆位于河南省商丘睢阳区商丘古城西南1.5公里，西部紧邻华商文化遗产主题公园，建筑整体空间布局对商丘归德古城为代表的黄泛区古城池典型形制和特征进行提取和再现。博物馆主体由三层上下叠加的展厅组成，周围环以下沉式的景观水面和庭院，水面和庭院之外是层层叠落的景观台地和其外围高起的堤台，使得建筑主体犹如被发掘出来一样，与黄泛区古城城墙、坑塘和护城堤等要素呼应。上下叠层的建筑主体喻示"城压城"的古城考古埋层结构，同时体现出自下而上、由古至今的陈列布局。参观者由面向阏伯路的大台阶和坡道登临堤台，沿引桥凌水而由中部序言厅入"城"，自下而上沿坡道陆续参观各个展厅，最后到达屋顶平台，建筑在不同方向均设置眺望台，凭台远眺阏伯台、归德古城、隋唐大运河码头等遗址，怀古思今，意境绵绵（图12-1-2~图12-1-7）。

（二）城市空间布局的提取

洛阳博物馆新馆位于河南洛阳，北临风光旖旎的洛浦公园，南接初具规模的隋唐城遗址植物园。设计将场地特质与建筑概念融为一体，建筑格局采用"鼎立天下"的设计理念，整体外观为大鼎造型，以非对称的空间结构为支撑，建筑形体的彰显与空间的沉静融合、外部的凝重与内部的虚空共存。

洛阳博物馆新馆的主展馆、附楼及路网格局沿中轴对称，依据隋唐洛阳城宫城偏西的格局，博物馆主入口偏向西侧设置。新馆阙楼的东侧高高矗立着一座华夏图腾柱，其造型取自武则天时期的"天枢"，整个道路的规划设计呈现出一个"国"字，巧妙地暗示了中国历史上的首个朝代——夏在这里诞生，而"天枢"造型的观光塔正好是"国"字中的一点。

洛阳博物馆主展馆楼前建有两座阙楼，寓意"伊阙"；附楼则犹如隆起的大地，抽象地暗示了邙山的意象；主展馆与附楼的形体组合，生动地展现了洛阳城"北据邙山，南值伊阙，以洛水贯都"的地理大势。整个设计体现出对洛阳城的隐喻。

图12-1-2　商丘博物馆鸟瞰图（来源：张文豪 摄）

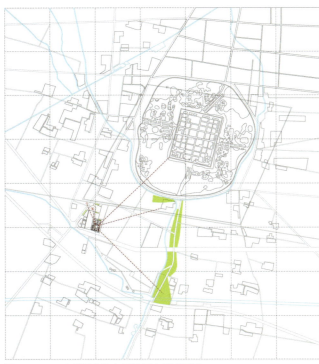

图12-1-3　商丘博物馆与周边历史景观要素

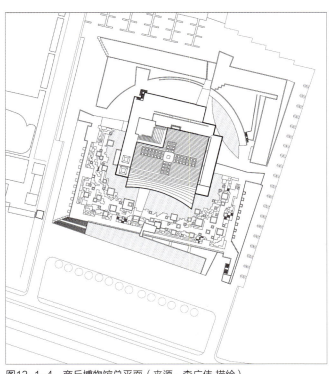

图12-1-4　商丘博物馆总平面（来源：李广伟 描绘）

图12-1-5　商丘博物馆（一）（来源：陈伟莹 摄）

图12-1-6　商丘博物馆（二）（来源：毕昕拍 摄）

图12-1-7　商丘博物馆室内（来源：陈伟莹 摄）

新馆通过对展馆主体的第五立面进行拓扑组合的设计创作，将河图和洛书的意象抽象地表达出来，将洛阳建都史上的13个朝代表现为13个遗址基坑，屋面设备空间巧妙地利用了屋顶的跌宕起伏，在隋唐洛阳城遗址的真实背景中营造出遗址的意象（图12-1-8～图12-1-11）。

图12-1-8　洛阳博物馆鸟瞰图（来源：网络）

图12-1-9　洛阳博物馆（来源：王晓丰 摄）

图12-1-10　洛阳博物馆入口（来源：王晓丰 摄）

图12-1-11　洛阳博物馆室内局部（来源：毕昕 摄）

二、街巷空间的文脉延续

街巷是城市和乡村中的线形空间，街巷系统串联空间中各区域与建筑。河南传统街巷空间的当代阐释只要包括两方面内容：历史街巷空间的保护与更新、传统街巷风貌的再现。

（一）历史街区空间的保护与更新

历史地段是城市传统文脉的记忆，在对历史地段中传统街巷空间的建设与修复中充分做好前期考察工作，对原有街巷空间的保护现状、商业模式、居住特点进行把握，同时，对地方传统文化进行解读，制定合理的发展策略。对临街界面风格特征进行综合考察，对重点建筑进行重点保护，对景观环境进行综合治理，对标识设置进行合理布局，从而完整展现地域传统风貌。

河南是全国地上与地下文物大省，现有世界文化遗产5处，国家级文保单位363处，国家级传统村落99个，国家历史文化名城8座。这些历史区域内存在大量的传统街巷空间，在历史进程与社会动荡中被破坏、损毁，对既有城市和村落历史街巷空间进行保护与修复是当代河南城市与乡村建设的重要任务。

神垕镇是中国历史文化名镇，神垕老街较完好地保存了清末以前的老街道，如东大街、西大街、北寨街、红石桥街、老大街、白衣堂街、祠堂街、杨家楼街，总长度约4公里。老街有多座寨门，寨墙高大坚固，且均设有炮楼，古时主要用作军事防御和防范洪灾。每个寨子都有一个文雅的名字，如西寨为"天保"、东寨为"望嵩"等，且和城门一样，用青石丹书镶嵌在寨门之上。神垕老街现存宗教建筑有文庙、老君庙、伯灵翁庙、关帝庙、白衣堂等；清代民居现存郗家院、白家院、温家院、霍家院、王家院、辛家院等。此外，还有钧瓷一条街、天保寨、古玩市场、驺虞桥、望嵩门、邓禹寨等其他建筑或设施。老街两旁鳞次栉比的民居和商业店铺，深宅大院，望门富户，门第高大，几进几出的四合院。钧瓷一条街位于神垕老街中心行政街，是神垕镇最繁华的地段，近年来通过对神垕老街的多次整修、更新使其再次焕发活力，成为古镇最具活力的公共区域（图12-1-12～图12-1-16）。

开封书店街全长近620米，宽15～20米，以徐府街东口与河道街西口东西一线为界分为南、北两部分，现存建筑可分为清末建筑、民国建筑、现代仿古建筑三类。清末建筑：多为两层，砖木结构为主，楼梯内置，屋面以大小花脊硬山出檐小瓦坡屋面为主，兼有出檐筒瓦卷棚屋面、大小脊筒瓦坡屋面及筒瓦代正吻走兽的坡屋面；屋脊式样有灯笼花、双皮钱、双锁链等；建筑装饰如雀替楼板、栏杆等做工精细，别具风格。民国建筑：多为两至三层，结构形式均为砖混结构；建筑风格多为中西合璧式，西方建筑符号居主要地位；建筑立面简洁又富于变化。现代仿古建筑：1987年通过改造

图12-1-12　神垕古街更新后现状（一）（来源：毕昕 摄）

图12-1-13　神垕古街更新后现状（二）（来源：郑东军 摄）

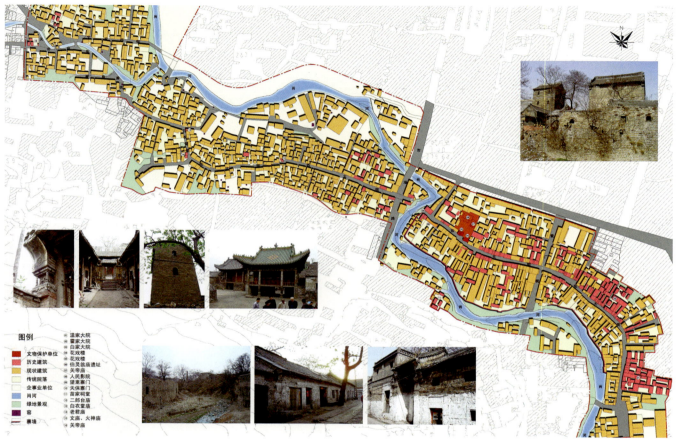

图12-1-14 神垕古街总平面图(来源:神垕镇人民政府 提供)

图12-1-15 神垕古街寨门(来源:毕昕 摄)

图12-1-16 神垕古街更新后现状(来源:郑东军 摄)

和后期修建形成的仿明清样式的古典类型的建筑，瓦顶、飞檐、雕梁画栋、木格栅门窗都依照明清样式仿制，建筑多为两层，部分一层或三层，结构多为砖混结构，部分为框架结构，建筑立面丰富，色彩鲜艳。

（二）传统街巷风貌的再现

传统街巷是连接建筑物、公共空间和村落各组成部分的重要空间，具有功能性和景观性，是城镇外部空间中最为丰富的部分，体现出地方民俗风情、自然和人文景观。在河南现代建筑创作中以传统街巷空间的营造为参考，结合现代人居环境和功能空间的设计手段是地域性表达的重要方式。

当代特色风貌街区的规划建造，彰显出地方传统文化魅力，推动地方社会经济发展。此类街区定位于商业，但通过挖掘地方传统文化内涵，进行空间组织与设计。由于用地状况与周边环境的差别，对传统街巷空间的再造不能完全照搬现有街道形式或建筑风格，应提取街区立面特征，形成风格协调统一、收放有序的空间形态。

在传统街区空间节点的塑造中，应考虑传统要素的综合运用：传统街巷一般较为狭窄，应注重按照人流方式进行场地规划、创造交流空间、合理设置标识与景观设施、合理运用传统要素。

作为北宋都城的开封历史底蕴深厚，但大量古迹文物深埋地下，无法展现其古都的风采，因此，改革开放后的20世纪80～90年代，随着经济发展，在此时期修建了大量空间形制与建筑外观都模仿宋朝形制的建筑群。今天这些仿古建筑群虽然在一定程度上体现了开封的地域建筑文化的特征，但作为古城保护和建设的方式一直是建筑界的议题。

北宋张择端的《清明上河图》再现了北宋时期东京（现开封）的街巷空间组织形式，以及繁荣的商业街市，此画作中的建筑、店铺和桥梁等场景在当代街巷空间设计中常被作为灵感来源。更有直接截取《清明上河图》片断、利用现代建造技术进行打造的案例，例如清明上河园与建业东京梦华七盛角文化民俗街就是其中的代表。

清明上河园坐落于开封市西北的龙亭湖风景区，对《清明上河图》局部以1∶1比例进行复原再现。整个清明上河园以双亭桥为界划分为南苑、北苑两部分。南苑以"如意结"为设计意向，分四区八景，由汴河连为一体，以虹桥为"如意结"中心，苑区向四周延伸（图12-1-17、图12-1-18）。

图12-1-17　清明上河园局部（来源：《河南最美建筑》）

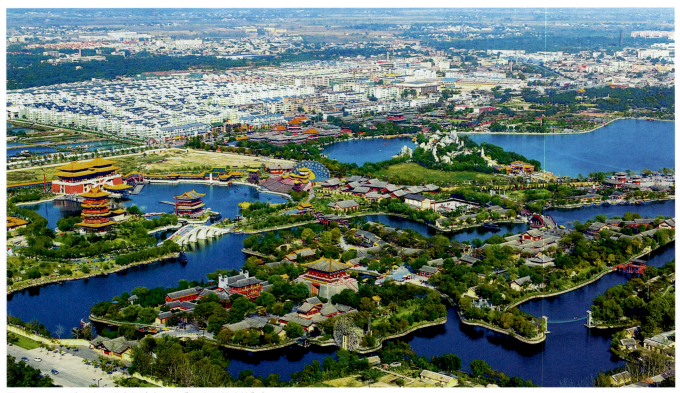

图12-1-18 清明上河园全景（来源：《河南最美建筑》）

开封建业东京梦华民俗文化休闲街是开封文化特征鲜明的仿宋建筑群，建筑群规划范围与清明上河园相连，西邻主河道和新建水城门，南临开封水系二期工程主河道，东靠龙亭西路天波桥及龙亭湖。休闲街呈带状分布，规划面积26000平方米。园区设计以宋代风貌与现代化街区相融合，注重商业模式与历史文化传承的协调统一。

整体规划及建筑设计以《清明上河图》宋代街肆城市段肌理为蓝本，沿街建筑因地制宜地采用平坡式，满足地形现状。古街上包含仿宋公共建筑、街巷景观及民居宅院等多种功能，古朴典雅、交相辉映（图12-1-19～图12-1-21）。

开封宋都御街建筑群是在原御街遗址上复建的仿古建筑群，位于中山路北端，南起西大街口，北至龙亭公园午门前，全长400米，街长30米，虽不及原古御街的规模，但在国内仍属少见。

御街现定位为商业街，两侧建筑南高北低，多为二、三层，各种店铺、餐饮等50余家。御街南端竖立高大的牌坊，两侧每楼对称而立，为三层仿宋形式，一式两栋，对称而立，沿街每座建筑相对独立，又相互贯通，体现出宋式楼阁建筑风格。楼阁店铺鳞次栉比，匾额、幌子、楹联、字号均取自宋史记载，古色古香。50余家店铺经营开封特产、古玩字画，传统风味，各具特色。漫步御街，仿佛一步跨进历史，令人充满对昔日宋都繁华景象的遐想（图12-1-22～图12-1-24）。

图12-1-19 开封建业东京梦华民俗文化休闲街局部（一）
（来源：设计单位提供）

图12-1-20 开封建业东京梦华民俗文化休闲街局部（二）
（来源：设计单位提供）

图12-1-21 开封建业东京梦华民俗文化休闲街全景（来源：设计单位提供）

图12-1-22 开封宋都御街建筑群（一）（来源：李红建 摄）

图12-1-23 开封宋都御街建筑群（二）（来源：黄华 摄）

图12-1-24 开封宋都御街建筑群（三）（来源：黄华 摄）

三、院落空间的语言转换

（一）庭院及群组空间演绎

传统建筑院落空间布局受中国礼制文化和宗教观念的影响，大多展现对称庄严、强调轴线处理具有强烈的空间秩序感。河南传统院落空间历史悠久，在仰韶文化时期河南偃师二里头宫殿遗址内就可以看到秩序井然的廊院存在，在现代建筑创作中院落空间逐渐成为象征中国传统建筑营造的符号。河南现代建筑实践中演绎出了多元化的院落组群布局特征，院落空间从传统的对外封闭的平面形式，演变成当代的封闭和开敞相结合、平面与立体相结合的布局方式。

河南省人民政府办公楼位于河南省郑州市金水东路与农业东路交界处，整座建筑轮廓简洁，主体突出、庄重、对称，散发着清新、和谐的时代气息。建筑整体布局结合基地特点，采用方正的合院式布局，在东侧设置城市之门将封闭院落打开，形成空间和视觉的渗透创造多空间的层次。在体形处理上运用我国台基、屋身、屋顶的传统三段式设计手法，通过对传统大屋顶的抽象以及东面的"城市之门"的大红框与主体墙面所形成鲜明对比，表达出中原文化的恢宏大气（图12-1-25～图12-1-27）。

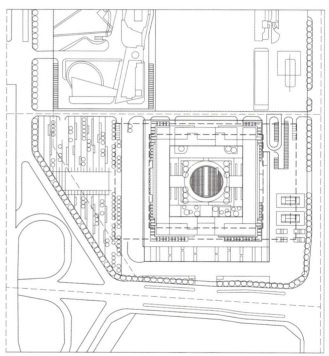

图12-1-25 河南省人民政府办公楼平面图（来源：汤俊霞 描绘）

图12-1-26 河南省人民政府办公楼内院空间（来源：《中原建筑大典》）

图12-1-27 河南省人民政府办公楼（来源：《中原建筑大典》）

图12-1-28 河南出版大厦（来源：郑州大学综合设计研究院有限公司 提供）

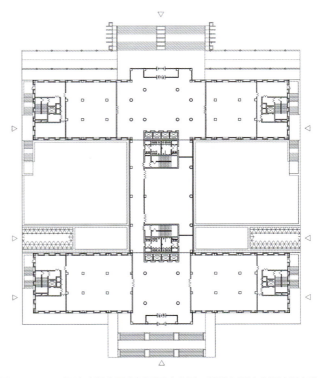

图12-1-29 河南出版大厦总平面图（来源：郑州大学综合设计研究院有限公司 提供）

河南出版大厦位于河南郑州市郑东新区金水东路与农业东路交汇处东南侧，是河南出版产业基地的核心工程，整个产业基地采取九宫格图形伸展放缩，同时根据办公建筑所需的基本空间尺度得出规划总平面，而河南出版大厦占据九宫格正中心。作为园区的标志性建筑，建筑平面形势呈"工"字形，与东西北三侧建筑形成围合的院落空间，可以获得更大的良好朝向和自然通风采光。建筑立面进行对称处理，"工"字形平面向上整体拉伸后，挖掉左右侧端块体拐角部分，并向上斜向推进，使得建筑整体形象在统一中求变化，特别是竖向方型开窗暗合中国文字——方块字，体现了出版行业的特征，既富含文化气息，又具有时代精神（图12-1-28、图12-1-29）。

郑州大学人文社科建筑组团位于郑州大学图书馆北侧，群组设计采取与对面工科组团大体规模类似又不雷同的原则，在整体布局中采取大小组团有分有合，以各个院系建筑组成若干个小院而自然形成曲折有变化的中心大院，具有典型的中国庭院意味。各院系均有对组团外侧有标识的独立出入口，亦有通向公用大院的内部出入口，各院系（或两个相邻院系）入口内均设有师生公众休息交往空间和室外空间，互相串套一样，以鼓励不同院系间的学科交流（图12-1-30～图12-1-33）。

（二）合院空间的演绎

合院式院落空间是河南民居建筑中的常见形式，不仅体现了当地的生活伦理，也具有良好的功能性。三合或四合的围合、半围合院落空间给予建筑和环境充分的融合。合院空间表现出赋予逻辑的空间秩序、空间形态、空间联系和比例关系。

图12-1-30 郑州大学人文社科建筑组团庭院空间（一）（来源：陈伟莹 摄）

图12-1-31 郑州大学人文社科建筑组团庭院空间（二）（来源：陈伟莹 摄）

图12-1-32 郑州大学人文社科建筑组团庭院空间（三）（来源：陈伟莹 摄）

图12-1-33 郑州大学人文社科建筑组团布局图（来源：王晓丰 摄）

传统民居中的庭院空间将景观内置于建筑中，与相应的功能结合，居者能在建筑与景观中穿梭。开敞与封闭空间的彼此穿插构成了特有的传统合院空间序列。

现当代合院式建筑形式在长久的发展中已不局限于在居住建筑中使用，公共建筑等大尺度建筑空间中也常植入围合或半围合的中庭空间，并延续了传统民居中庭院的休闲、交通功能和景观作用。

围合与半围合中空间的植入使建筑内部形成环形的连通空间，这是单一的从外到内的空间序列。同时介入庭院可产生从外到内（从建筑外部进入建筑内部）、从内到外（建筑内部进入中庭空间），再从外到内（从中庭过渡至建筑另一侧）的动线。建筑将围合与半围合庭院与城市空间阻隔，减少城市对于庭院中行为的干扰，创造宁静的交流与交通环境。

郑州高新技术孵化器大楼一期、二期项目由东、西两期组成，均为四合围院形式，庭院全围合，私密性较好。东侧一期平面为正"回"字形，正方形的中庭空间，建筑入口朝东开向城市主干道。二期建筑平面为锥形，尖角朝西，庭院窄长，空间较一期更为紧凑（图12-1-34～图12-1-40）。

图12-1-34 郑州高新技术孵化器大楼一期庭院空间（来源：毕昕 摄）

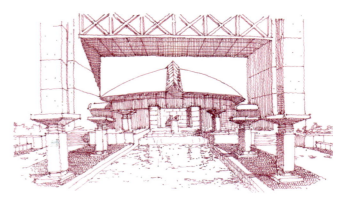

图12-1-35 郑州高新技术孵化器大楼一期庭院空间手绘（来源：《传统·现代·融合:彭一刚建筑设计作品集》）

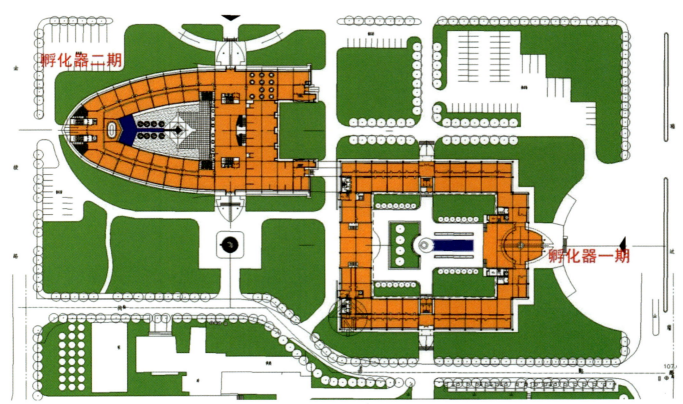

图12-1-36 郑州高新技术孵化器大楼一期、二期总平面图（来源：《传统·现代·融合:彭一刚建筑设计作品集》）

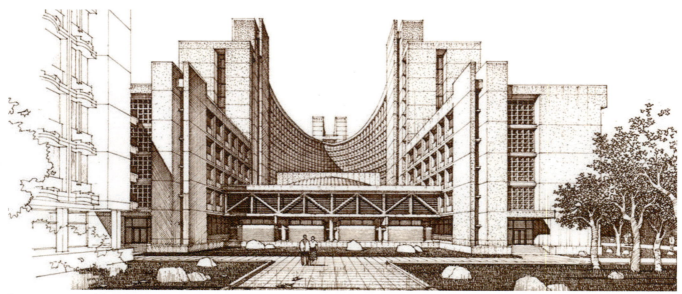

图12-1-37 郑州高新技术孵化器大楼二期庭院空间手绘（来源：《传统·现代·融合：彭一刚建筑设计作品集》）

图12-1-38 二期庭院空间入口（来源：毕昕 摄）

图12-1-39 二期南入口（来源：毕昕 摄）

图12-1-40 二期南立面（来源：毕昕 摄）

第二节　地域性建筑形式的重构

一、地域性建筑形式的移植

新中国成立后整个20世纪的下半世纪内，河南地区对建筑设计的创新一直在本土化创作与借鉴外来理念创新之间探索。因经济原因，河南地区出现了大量简约主义风格的现代建筑，同时也涌现出大批模仿中国古典风格的复古风貌建筑。这些古典建筑形式、传统形制和符号的直接移植与借鉴，见证了该时期建筑师对于传统建筑当代传承的一种探索。

屋顶被称作建筑的第五立面，矗立在建筑的最顶端，是人的视线最易捕捉到的建筑结构部分，中国古典屋顶形式以其远伸的屋檐、富有弹性的屋檐部曲线、稍有反曲的屋面和微翘的檐角，以及硬山、悬山、歇山等众多形式的变化，加上绚丽的琉璃瓦，使建筑物产生强烈的视觉效果和艺术感染力，因此，古典的屋顶形式成为被最频繁移植的古典建筑要素（表12-2-1）。

河南地区的博物馆建筑是采用古典主义风格最多的建筑类型，其中较为著名的是位于古都开封和古都洛阳的博物馆建筑。

开封博物馆始建于1988年，是当时河南省最大的地市级博物馆之一，博物馆位于包府坑中路的包公湖南岸，与包公祠隔湖相望。是平面呈"山"字形的仿古建筑，建筑主体直接移植单檐歇山顶形式，两翼为盝面，黄琉璃反盖，以延续古城文脉（图12-2-1～图12-2-3）。

位于洛阳市中州大道的洛阳博物馆老馆建于1987年，整体布局上采用传统的对称手法和五段式立面造型，屋顶部分以重檐四角攒尖顶为中心，下配以四柱牌坊，两侧是简化的双阙式牌坊，突出了入口，两端采用盝顶形式。在建筑色彩上，选用了洛阳唐三彩为基调，即黄色的三彩琉璃瓦和绿色檐口，色彩协调（图12-2-4、图12-2-5）。

图12-2-1　开封博物馆老馆（一）（来源：王晓丰 摄）

图12-2-2　开封博物馆老馆（二）（来源：王晓丰 摄）

图12-2-3　开封博物馆老馆入口（来源：王晓丰 摄）

图12-2-4　洛阳博物馆（老馆）（一）（来源：《河南建筑选》）

图12-2-5　洛阳博物馆（老馆）（二）（来源：王晓丰 摄）

河南地区其他移植古典风格屋顶形式的主要建筑　　　　　　　表12-2-1

建筑名称	照片	建成时间	位置	建筑风格
驻马店市公安报警指挥中心综合楼		1999年	驻马店市开源大道	屋面及入口门头采用金色琉璃双坡，配现代主义半玻璃幕墙建筑立面，具有时代特征的中西合璧的建筑风格
郑州大塘水上餐厅		1971年	郑州市二七路金水河山	呈长条带状布置，横跨于金水河上，结合拦水坝建设，丰富了金水河的景观。水上餐厅分两层，外墙施以中国红，两端入口分别采用了"十字脊"和"攒尖顶"，经多次装修改观

续表

建筑名称	照片	建成时间	位置	建筑风格
洛阳正骨医院		1987年	洛阳市启明南路	主楼整体呈L形，西侧设庭园，外立面采用了带中国传统符号的白墙配青色小坡顶。高低错落，色彩清新
河南宾馆		1954年	郑州市金水大道	建筑整体坐北朝南，主体为砖混结构，梁架为木结构，采用中国传统元素如歇山屋顶，雕梁画栋，勾栏纹饰，是目前郑州为数不多的保留较为完好的新中国成立初期宾馆类建筑之一
郑州嵩山饭店一号楼		1986年	郑州市伊河路	建筑线形布置，采用古典与现代结合的设计手法：屋面与入口门头采用金黄色琉璃瓦坡屋面，立面则匀质布置方形与拱形窗洞
登封宾馆		1980年		四合院式客房格局，围绕水池的单元组合。深绿色盝顶，以现代功能与传统布局、形式相结合
鹤壁东方国际酒店		1998年	鹤壁新区淇滨大道	建筑群高5层，立面造型简洁，在反映时代特色的同时，借鉴传统民族建筑造型特点，在屋顶、口、色彩等细部处理上体现出中西合璧的建筑特点
新乡国际饭店		1978年	新乡市中心广场	多功能综合性现代化园林式酒店。主体建筑呈非对称布局，与配楼围合成前庭院作为绿化及停车，建筑中部采用中式尖顶与旁侧盝顶部分相结合

（来源：毕昕 制作）

郑州市嵩山少林寺武术馆是国内第一所现代化综合性演武建筑,坐落在嵩山风景名胜区内"功夫摇篮"少林寺东500米,主体建于1988年7月竣工并投入使用。武术馆周围群峰环抱、环境然雅。群体组合吸收传统建筑院落组合经验,呈左右连环、高低错落之势。主体建筑矗立在第二台地上,使人联想到"突兀竣峙、萃然山出"的汉代未央宫或唐代大明宫含元殿的形象。

总平面依山就势,建筑层数被严格控制,以一层平房为主,部分两层,使建筑整体不"突出"于环境。根据地形的变化设计时将多台阶合并平整为三大台地:附属旅游营业性建筑(商店、办公接待、放映厅)在第一台地外围;主体建筑演武厅及露天演武场在第二台地,对称布局,中央体量主体突出,四周屋顶呼应全局被化整为零;生活、后勤建筑(国内外学员住宿、餐厅、生活服务)在第二台地,其主轴与一、二台地主轴偏转45°,自由布局。建筑为传统风格的继承,并加以变化,总体风格追求朴实,加上与演武厅有关的砖石、碑刻、唐三彩壁画等环境装饰,体现出少林武术刚健有力、朴实无华的特点(图12-2-6~图12-2-8)。

图12-2-6 登封少林武术馆内庭(来源:郑州市建筑设计院 提供)

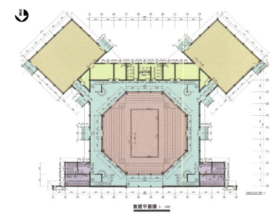

图12-2-7 登封少林武术馆演武厅立面(来源:郑州市建筑设计院 提供)

图12-2-8 登封少林武术馆入口(来源:郑州市建筑设计院 提供)

二七纪念塔落成于1971年，1986年被河南省人民政府公布为河南省文物保护单位，是郑州城市地标建筑，2006年被列为全国重点文物保护单位。

二七纪念塔平面设计为两个东西相连的正五边形，寓意为双五角星，一边为主交通核，设计有电梯及楼梯，作为垂直交通；另一边为展厅，共设有十个塔层展厅和一个地下层展厅，中间水平相接处作为水平交通。底层设计基座，顶层设计有双座钟楼，内收后设室外环廊，可眺望郑州全景。造型设计吸取了我国古代传统古塔的特色，古朴稳重。双塔设计富于变化，从南北方向看为双塔，而东西方向看为单塔；设计采用三段式处理：基座、塔身和钟楼三部分组成，推敲整体造型的比例关系。底部基座三层阅台，层层退台处理，稳重大气；而塔身设计在平面尺寸尽量不变的情况下，采取逐层减低层高和减小外墙体厚度等手段，达到少许收分的效果；顶部为内收的钟楼，从下到上，形成逐步的收势，达到了刚劲挺拔，如英雄般屹立细部层层做挑檐，顶角为仿古挑角飞檐，起翘平缓稳重；绿色琉璃瓦顶，红漆的方格窗，白水泥栏杆和墙面，色彩对比鲜明和谐，中国民族风格浓郁。双座钟楼，顶部为重檐方角攒夹顶，四面各设六面直径2.7米的大钟，整点报时演奏《东方红》乐曲，钟楼上有9米旗杆，上置红色五角星一枚。南北两门楼歇山顶处理，绿琉璃覆顶，各有实榻大门两扇，和整个双塔风格和谐，配合门楼两边的古柏，古朴典雅（图12-2-9、图12-2-10）。

图12-2-9　郑州二七纪念塔（来源：郑丹枫 摄）

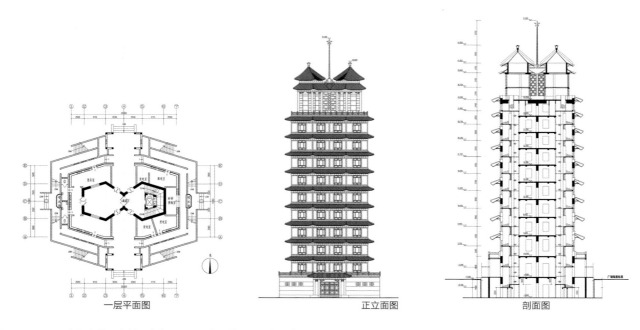

图12-2-10 二七纪念塔平立剖面（来源：郑州市建筑设计院 提供）

二、地域性建筑形式的简化

中国传统建筑复杂的木构形式因其特有的比例、尺度及结构逻辑，难以完全仿照运用在现代建筑设计中。现代建筑讲求简洁、抽象、意念化，而中国传统建筑元素的则较为烦琐与具体，过多的细节对于氛围营造没有意义，通过抽象提取的方式将其按照当代的建造逻辑加以简化，同时又能体现文脉的传承与发展。

传统建筑元素形体的简化处理是对形态的整体性把握，忽略小的细节形式，运用简单明确的形体概括出传统建筑元素的构成关系，或者介入现代的形态构成手法，由此同样可以表达出其代表的文化内涵。

行政办公建筑追求庄重、肃穆的外部形象，经过简化的歇山顶既不失古典建筑的厚重，又去除了古典木构建筑繁杂的装饰，具有独特的现代主义气息。

驻马店市新中心区行政中心在设计中运用人工建筑与自然环境相结合的中国传统处理手法，在地块北部边缘处堆起小山，借地块南部现存的冷水河，形成山水环抱的形势。方案布局采用园中有园的处理手法，以行政与公共活动两种不同的空间来突出主体。在布局划分时，利用地形、绿化、小品和建筑、道路等分隔空间，有开有合、曲折多变，使整个中心区既有变化又有统一，使人感觉有不穷之景、不尽之意。建筑群体依托山体为背村，布置疏密有致、层次丰富。建筑群格调统一，将传统与现代手法相融合。两个主楼采用传统的对称布局，中轴与南面的会展中心相接，象征着行政机构的庄严与权威，而其他建筑则采用活泼简洁的建筑语汇。

驻马店市建设委员会办公楼遵循以人为本的设计原则，传统布局与现代功能相结合，组团灵活，空间层次丰富，尺度适宜。立面造型设计将中式传统风格与现代风格相融合，庄重、实用、朴素，典雅又不失现代感。平和内敛的总体布局使各个建筑立面都有均衡的比例尺度，照顾到四周的视觉效果，每个体块的立面力求简洁，追求特有的建筑风格。交通组织考虑不同人员的使用需求，多种交通流线互不干扰。总体环境设计涉及每一处细小的硬质景观，如围墙、大门、岗亭、庭院等，使之融入整个建筑环境中；而室内设计则避免了烦琐的装饰，旨在进一步强化这种空间关系。建筑材料既充分考虑到经济性，又考虑到材料的质感、色彩与相应功能的协调性，力求体现公共建筑朴实庄重的风格（图12-2-11、图12-2-12）。

许昌市行政中心位于许昌市建安大道西段，是集市委、市政府及各职能部门于一体的多层办公建筑群。中轴线对称的严谨布局，两侧并列的多层楼房围合成半开散庭院，各座建筑的塔楼和高低错落的红瓦四坡屋顶、灰色花岗石基座以及浅黄色主色调墙面使建筑整体风格清新，朴实无华，完整统一（图12-2-13）。

三、地域性建筑形式的转译

地域建筑形式的转译手法是通过调研、分析具有代表性的河南古典建筑物（构筑物）形式特征，抽象提取其整体建筑形式符号运用于现代建筑设计中。形式转译建筑通常与建筑原型在功能上没有关联，但因建筑原型通常是河南地区的知名建筑或代表性建筑，为人熟知，因此转译的当代建筑容

图12-2-11 驻马店市新中心区行政中心（来源：《中原建筑大典》）

图12-2-12 驻马店市建设委员会办公楼（来源：《中原建筑大典》）

图12-2-13 许昌市行政中心（来源：《中原建筑大典》）

易使人产生联想,进而增加建筑的可识别性。

河南知名的嵩岳寺塔、观星台等代表地域特征的建筑形式都成为被转译的对象。

河南博物院与长葛国家气象观测站办公楼的设计意向均来自于河南登封告成镇观星台,登封观星台由元代天文学家郭守敬设计建造,是我国现存时代最早、保护较好的天文台,在世界上也属最早的天文建筑之一,也是世界上最著名的天文科学建筑物之一,它反映了中国古代科学家在天文学上的卓越成就,在世界天文史、建筑史上都有很高的价值。

位于郑州市农业路的河南博物院是中国建立较早的博物馆之一,也是首批中央、地方共建国家级博物馆之一。主展馆主体建筑以古观星台为原型,由"台体"与"台顶"两部分组成,方形覆斗状"台体"成为博物馆建筑主体部分,"台顶"与之分离,经艺术夸张演绎成"戴冠的金字塔"造型。台顶为方斗形,上扬下覆,取上承"甘露"、下纳"地气"之意,寓意中原为华夏之源,融汇四方(图12-2-14、图12-2-15)。

长葛国家气象观测站办公楼设计上根据"观星台"意象,采用嵌入式的构成手法,将古观星台的高耸体量与斜

图12-2-14 河南博物院(来源:河南省建筑设计院 提供)

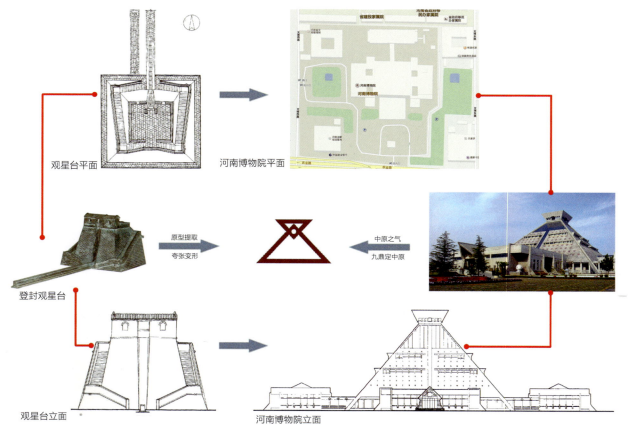

图12-2-15 河南省博物院概念生成分析图(来源:河南省建筑设计院 提供)

墙元素嵌入到新建筑功能体型中，达到形神兼备的统一，虚实对比之间完成远古与未来的想象，使建筑归于唯一属性。布局中轴对称，体块组合简洁。造型方面关照各方向的视觉关系，丰富的空间层次体现"气象"建筑这一特色。建筑总体三层，建筑立面材质以石材为主，点缀玻璃幕墙，为突出与观星台的形似性，主入口上方正立面中轴线上开竖条形长窗。屋顶采用与河南博物院相似的台顶屋面造型，但线条更柔和，与建筑体量相协调。建筑体块之间互为进退、明暗色调相搭配，形体有收有放，给人标识性的视觉效果（图12-2-16～图12-2-19）。

窑洞建筑是河南西部山区、丘陵地区常见的民居建筑形式，窑洞建筑依山而建的特征，使其可有效应对复杂地形，尤其是山地地形带来的设计与建造问题。随着建筑设备及工艺的进步，处理建筑基地地形的手段更为多样，但窑洞建筑仍是较少开挖土方量的适宜建筑形式。

郑州黄河国家地质博物馆位于郑州黄河地质公园内邙山脚下，是一座综合性科普地质博物馆。建筑整体采用河南地域性母子窑洞的空间形式，内部空间层层递进，形成多个串联与并联的窑洞空间。建筑外立面窑脸清晰，用原石砌筑，既起到了护坡的作用也保留了河南窑洞特色。博物馆内部采用黄河泥沙的黄土色，饰面光滑犹如夯土，体现窑洞室内的传统特色（图12-2-20、图12-2-21）。

河南登封嵩岳寺塔建于北魏，是我国现存最古老的砖塔，也是中国唯一一座十二边形平面古塔，2010年联合国教科文组织世界遗产大会审议通过，登封"天地之中"历史建筑群入选世界文化遗产，嵩岳寺塔位列其中。作为中原文化的杰出代表，其独特的造型承载着悠久的历史和文明。

作为郑东新区地标的绿地广场以嵩岳寺塔为原型，利用现代化技术加以转译，主楼造型比照嵩岳寺塔进行三段式划分：塔基、密檐、塔刹，传承密檐塔层层叠檐的肌理，采用玻璃幕墙等现代材料，赋予建筑时代感，同时保留了塔身柔和优美的抛物线轮廓，独一无二的立面轮廓成为主楼立面的灵感源泉（图12-2-22、图12-2-23）。

图12-2-16　长葛国家气象观测站办公楼鸟瞰图（来源：河南大建设计有限公司 提供）

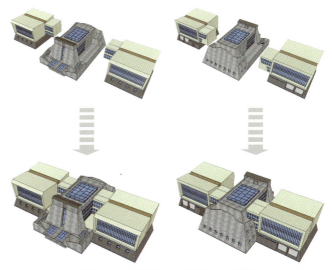

图12-2-17　长葛国家气象观测站办公楼形态生成图（来源：河南大建设计有限公司 提供）

图12-2-18　长葛国家气象观测站办公楼（来源：河南大建设计有限公司 提供）

图12-2-19　长葛国家气象观测站办公楼与观星台对比图（来源：河南大建设计有限公司 提供）

图12-2-20　郑州黄河国家地质博物馆室内（来源：毕昕 摄）　　图12-2-21　郑州黄河国家地质博物馆（来源：毕昕 摄）

图12-2-22　绿地中心千禧广场（来源：设计单位 提供）

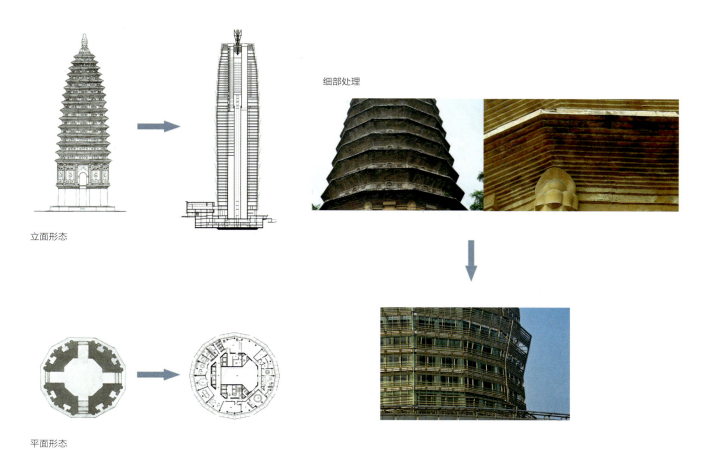

立面形态　细部处理　平面形态

图12-2-23　绿地中心千禧广场概念生成分析图（来源：设计单位 提供）

第三节　地域性建筑语言的更新

一、地域性建筑细部要素应用

直接运用传统符号，唤醒传统风貌印象。建筑细部是最易被辨认的建筑因素之一，门、窗、雕刻等细节的处理不影响建筑功能需求的同时，还能彰显建筑的古典内涵。由于现代技术材料、工艺的进步与社会文化的发展，一些传统细部要素不宜直接应用于建筑外部造型中，需要通过抽象、简化、变异等手法，使传统元素在现代建筑外部形式中得以融合再生。

河南现代建筑设计中最常被演绎、借用的传统细部要素有门、窗、柱头、挑檐等结构构件。

开封北站用现代的建筑语言和材料技艺来诠释北宋时期的建筑风格，将玻璃、石材与坡屋顶、花格窗完美结合，叙述古建筑延续的精神，向所有来客展示开封沉淀的历史美，其朱红色花格窗在保证有效采光的同时，给予建筑立面传统要素的点缀（图12-3-1~图12-3-4）。

新乡市平原博物院是地处城市核心区科技文化广场的大型公建项目，总体规划依据广场的中心轴线，采用对称式布局，突出广场庄重、大气、包容的风格特征，构建出有序的城市空间。建筑布局沿规划道路呈弧形展开，与环境有机融合，形成了"对话"式的趣味空间，同时也表达出自身独特的文化气质与建筑特征。周边单体建筑各具独特的风格，形成开放式的文化广场。建筑外立面为仿灰砖的表皮，侧立面配以整面砖雕墙，产生传统与现代的融合（图12-3-5）。

图12-3-1　开封北站（来源：王晓丰 摄）

图12-3-2　开封北站进站口（来源：王晓丰 摄）

图12-3-3　开封北站屋顶（来源：王晓丰 摄）

斗栱挑檐被视为中国传统建筑的最显著细部特征，体现了中国古人卓越的审美能力和匠人高超的建造水平。当代河南建筑中的优秀建筑通过现代手法和材料将其简化应用于当代建筑设计中。

开封海汇中心是一座位于开封汴西新区的新中式风格办公建筑。该建筑获得中国建筑业协会2018～2019年度第一

图12-3-4 开封北站门窗细部（来源：王晓丰 摄）

图12-3-5 新乡市平原博物院外墙面砖雕（来源：郑东军 摄）

批中国建设工程鲁班奖（国家优质工程）。建筑屋面层层叠叠，斜屋面坡度和面层坡瓦非常稳固和准确。塔楼屋面的装饰斜构架与四周双层挑檐打造出的第五立面，也极具开封古城气质（图12-3-6～图12-3-9）。

许昌文博馆是集博物馆、图书馆、规划展览馆为一体的综合性展览建筑。建筑将传统宫殿建筑挑檐抽象简化与现代建筑的体量和材质巧妙结合，造型宏伟端庄，具有时代感而不失历史韵味，为古城许昌增添了新的精神气质和文化底蕴（图12-3-10）。

安阳市图书馆、博物馆主体采用镂空构架的正方锥体自下而上收聚，屋顶采用隐喻斗栱的混凝土构件层层挑出，用现代材质演绎传统构件，形式上古今结合、建筑结构统一，也符合现代公共建筑的大跨度空间需求（图12-3-11）。

二、地域性建筑材料的应用

建筑表达中地域材料的运用是最容易使人们感知和唤起记忆的途径。地方材料的使用是传统建筑与环境协调一致的

图12-3-6 开封海汇中心（一）（来源：王晓丰 摄）

内在原因之一，它同时也可以降低建筑的造价，是传统建筑赖以存在的基本物质条件。选取地域材料有利于使建筑融合与周围的环境之中，减少建筑与环境之间的冲突，同时节省运输、加工费用，具有较低的内涵能量，并可循环利用，起到降低建筑成本、减少浪费的作用。河南地区许多地方的建筑材料都具有适应地方气候特征的特征性质，在建筑中使用利于节能和创造舒适的建筑内外环境。地方材料的使用也有

图12-3-7 开封海汇中心(二)(来源:王晓丰 摄)

图12-3-8 开封海汇中心细部(一)(来源:王晓丰 摄)

图12-3-9 开封海汇中心细部(二)(来源:王晓丰 摄)

图12-3-10 许昌文博馆檐口细部（来源：《河南最美建筑》）

图12-3-11 安阳博物馆檐口细部（来源：郑东军 摄）

技术的不断发展更新，现代建筑创作中对石材的运用更为多样化和精细化，各种大小色彩的石材以及不同砌筑方式构成了形态多样的肌理特征。安阳殷墟博物馆博物馆采用水刷豆石作为博物馆外观的基本材料，用于面积有限的外墙和下沉坡道的侧墙。这种圆角的豆石取自当地，价格便宜、工艺简单，但却很好地演绎了博物馆古朴而内敛的表情。青铜墙体出现在中央庭院，四壁稍高出周围的地面，肌理颗粒粗犷，朴素而厚重（图12-3-12）。

王屋山世界地质公园博物馆使用的材料均为100公里范围内生产或开采的，有些就是当地的天然材料，因而建筑的运输能耗较低。博物馆山墙上使用了大尺度的太行红花岗石，而被梁架自由分隔出的小块墙面则使用灰绿色片状砂石。王屋山始

利于统一的地方建筑风格，形成特有的地域建筑特色。在现代建筑创作中对传统建筑材料的使用及对传统构造技术及施工方法的再现，能更有效地体现建筑的地域性文化内涵。

（一）石材运用

建筑被人们誉为用石头写成的史书，石材具有良好的生态性，是人类加工和利用时间最为悠久的传统材料。在传统建筑中的运用非常广泛，其应用方式有叠砌叠涩、石拱与石穹窿、湿铺、石柱梁、干挂、雕刻等。伴随着建造工艺和

图12-3-12 殷墟博物馆墙面肌理（来源：毕昕 摄）

图12-3-13 王屋山世界地质公园博物馆山墙（来源：网络）

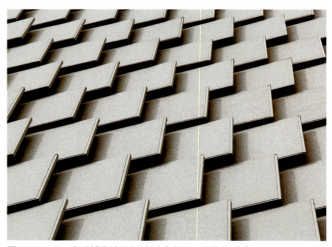

图12-3-15 商丘博物馆石材挂板（来源：陈伟莹 摄）

图12-3-14 商丘博物馆墙面肌理（来源：陈伟莹 摄）

终保留石作传统，石匠技艺得以延续。按照建筑师的建议，由当地石匠完成了博物馆的砌筑工作（图12-3-13）。

商丘博物馆大量采用了一种廉价的"鲁灰"石材，作为建筑内外空间的主要界面材料，但受到博物馆汉画像石藏品的启发，每块石材均作了磨切外边+中间烧毛的处理，错缝拼挂，使细节显得考究。在室内加入了树脂实木面板材，与石材采用统一规格，增强了室内空间的温暖和舒适感（图12-3-14、图12-3-15）。

（二）砖的运用

砖由黏土烧制而成，具有良好的耐久、防火、抗压性能，但其抗拉抗剪能力较弱，故砖的使用以堆砌方式为主。砖在传统民居中应用较多，主要作为墙体承重结构及围护结构，此外，砖也可作为重要的装饰材料，发挥其表皮特性。砖在技艺上的发展大都体现在砖砌筑类型、砌筑方式、几何拼花和砖雕等方面。砖材质本身拥有丰富的表情，在现代建筑创作中常常会使用当地的泥土和工艺烧制砖，所以会因土质和做法不同而产生不同的质感、色彩、规格和类型。另外，将传统砖砌工艺与数字技术结合，通过砌筑方法的变换，也能够形成丰富的表面肌理。

砖（青砖）、石、土、木、瓦是河南传统建筑中较为常用的五大建筑材料。由于钢筋混凝土结构坚固，施工迅速、价格低廉的优势逐步展现，自20世纪60年代后至今，我国各类建筑都大量采用钢筋混凝土作为主要建筑材料，从而在很长一段时间内缺乏对传统材料应用的深入探索。

此前青砖、灰瓦、琉璃瓦等传统材料基本在复古建筑与传统建筑保护与更新中的应用较多，而进入21世纪后，建构文化与建筑地域性的探索成为部分建筑师的主要研究方向，材料自身的形式与肌理被作为建筑形式表达的重要组成部分。美景美境销售中心、许世友将军纪念馆新馆在设计时都是看到青砖的粗糙质感与当代材质接触后产生的巧妙建构关系，分别采用青砖砌体墙面加大面积玻璃幕墙的做法，突出材料之间的冲突感，同时体现出现代与传统的碰撞（图12-3-16~图12-3-19）。

红砖并非河南地区的传统建筑材料，而在20世纪70年代作为砌体结构被广泛应用，位于信阳大别山区的别苑是一原有民居的改造项目，建筑采用红砖作为主要建筑材料，但墙体采用传统方孔花墙的砌筑方法，形成与原有建筑的和谐统一。郑州二砂集团南配楼也采用红作为外墙的主要材料（图12-3-20~图12-3-24）。

楷林汇位于河南郑州郑东新区农业南路与祥盛街交叉口，整栋建筑由23万块耐火砖砌筑而成，将传统工艺完美的运用到新建筑中，温和质朴又巧夺天工。建筑需要在原地下结构已施工完成的条件下重新设计地上建筑，"叠盒子"的空间组织方式将功能所需封闭空间以独立可辨识的形态呈现，形成"中庭—空场—凹龛—盒子内部"的空间序列，对于"明亮的天光—侧向直射光—直射光中的阴影—稍暗的漫射光"这一光的序列。外立面采用耐火砖与玻璃砖结合形成一系列花格砌筑方式，通过几何形体的组合及立面材质的虚实对比形成独特的韵律及诗意的质感，赋予盒子独特的外观和室内的漫射光线（图12-3-25）。

图12-3-16 许世友纪念馆新馆（一）（来源：毕昕 摄）

图12-3-17 许世友纪念馆新馆（二）（来源：毕昕 摄）

图12-3-18 美景美境销售中心(来源:毕昕 摄)

图12-3-19 美景美境销售中心细部
(来源:毕昕 摄)

图12-3-20 别苑(来源:网络)

图12-3-21 别苑室内(来源:网络)

图12-3-22 郑州二砂集团南配楼墙体细部(一)(来源:郑东军 摄)

图12-3-23 郑州二砂集团南配楼墙体细部(二)(来源:郑东军 摄)

图12-3-24　郑州二砂集团南配楼（来源：郑东军 摄）

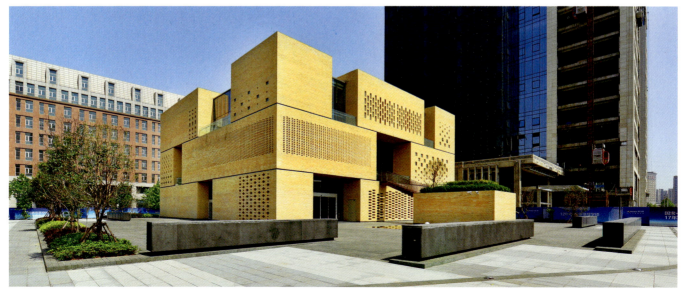

图12-3-25　楷林汇（来源：《河南最美建筑》）

图12-3-26 亚星金运外滩体验中心（来源：网络）

除了直接运用传统材质的传承方式，现代新材料在传统工艺中的置换体现了现代材料技术与传统形式的结合与传承，亚星金运外滩体验中心立面采用100毫米×400毫米×2.5毫米成品铝板，通过有序的"编织"反映出传统"砖墙"的材料意象（图12-3-26）。

（三）木材运用

木材在中国建筑历史的地位是举足轻重的，传统建筑以木材作为承重结构由来已久，采用构件的形式模块化，然后批量制造搭建起来，其重要程度甚至不亚于西方的石头在建筑中的地位。现代建筑创作中常常利用木材亲切温暖、天然朴素的本质和快速建造且可重复使用的特性，结合钢和玻璃等新材料进行创新设计。

珑府生活体验中心位于河南濮阳县长庆路与富民路交叉口西南，以国内现有的常规标准木材和普遍性加工工艺、建造技术创造出使用空间。建筑根据单柱截面尺度、适宜高度、便捷施工空隙等因素进行单元化设计，水平单元形态采用了近圆形的正十二边形、直径1米、木截面120毫米×180毫米的"集束柱"，垂直方向采用"树"的生长形态，分成五段每段2米左右，由内向上也向外慢慢挑出生长，最终形成高度4.5米、边长8米的方体边界空间，这样下部达到了使用的相对最大空间，整体又得相对最大结构强度。整体建筑由16个单元组成，所有部件都采用螺栓连接，建筑本身未来也可以完全被拆分消解，通过"可逆建造"重回到材料的初始状态为其他建筑施工行为所用，达到一种空间和材料都能普遍运用的最大可能（图12-3-27）。

图12-3-27 濮阳珑府生活体验中心室内空间（来源：网络）

三、地域性建筑色彩的应用

在所有建筑形态的构成要素中，色彩是最能使人产生视觉冲击的要素，也是最能使人产生不同的联想，我们认为色彩是拥有感情的，其中处于暖色区的红色因其可见光谱中波长最长，给人的视觉冲击最强烈，表达的感情也最为强烈。红色是自然界中最常见的颜色，多种动植物都是红色，因此，红色也是除黑色与白色以外人类最早使用的颜色之一。

中原传统文化中红色具有不可替代的地位，赋予其更多的含义。古时的红色有"丹""朱""绛"等称谓。红色在中国文化中始终代表着尊贵与至高无上。"阴阳五色"学说中的红色属于"正色"，其拥有夏天、南方、炎帝、苦味、太阳、心脏、阳气等含义。"炎帝火德，其色赤"，古时的"赤色"也是"红色"，红色象征着火，更代表生命力。据考证，中国古人是自周代开始将红色作为尊贵的象征而大面积用于建筑装饰中。《礼记》有记载："楹，天子丹，诸侯黝，大夫苍，土黈。"其中"丹"是红色，这段话的意思是皇帝的宫殿柱子油漆用红色，诸侯用黑色，其他官员只能用土黄色。此后，"青琐丹楹"也成为重要建筑物的主要设色标准。汉高祖刘邦自称"赤帝之子"，既表示对先祖的尊重，也显示其尊贵的地位，汉高祖不仅喜欢"常年着绿衣赤帻"，而且还将宫殿的柱、门、窗等统一装饰朱红，该做法也一直沿袭到唐代。至此，红色成为中国代表威严与不可侵犯的象征，因此在河南近现代部分行政建筑的设计中会将局部要素粉饰为红色，既不破坏整体城市风貌，又体现威严。河南省人民政府办公楼东侧的朱红色"城市之门"凹于建筑立面之内，但依然显现出不可侵犯的肃穆与庄严（图12-3-28、图12-3-29）。

黄色（金黄色），作为三原色之一的黄色是所有色彩中光感效果最佳的，因此，现代社会各国通用的警示标志大多使用黄色。黄色具有广阔的象征意义，光明、纯真、智慧都与黄色有关。不同国家看待黄色的感情也有所差异，包括中国在内的东亚及东南亚国家将其视为高贵的颜色，中原文化中的黄色代表权利、神圣、高贵与威严。中国历史上黄色也被视为皇家的颜色，封建社会的"黄袍加身"就意味着登基称帝，因此，黄色对封建统治者来说具有与众不同的政治意义。金子的金色与黄色接近，中原文化中黄色也被视为财富和华贵的象征，自宋朝开始在建筑上采用的黄色琉璃瓦顶。

近现代河南建筑中也不乏使用黄色作为整体外观设计要

图12-3-28 河南省人民政府办公楼建筑朱红色要素（一）
（来源：于雷 摄）

图12-3-29 河南省人民政府办公楼建筑朱红色要素(来源:秦曙光 摄)

素的案例。位于安阳市的中国文字博物馆是国家"十一五"期间的重点文化工程和河南省重点建设项目,建筑外观最为醒目的就是层层叠进的三重金黄色屋顶。河南艺术中心五个椭圆形的陶埙形单体外墙也采用金黄色表皮,演绎出醒目的城市地标。

"阴阳五色说"中,黄色属土,而土居"五方"的中央方位,故被认为是万物之色形成的基础,其黄河流域的土黄色是中原地区大地的颜色,河南地区现存的生土建筑是对环境的极好回应。现当代河南本土建筑中也大量使用土黄色粉饰外立面,使其具有可识别的地域特征。河南博物院外部墙面为土黄褐色,取中原"黄土""黄河"孕育了华夏文明之意,主馆正面从上至下有浅蓝色的透明窗与自上而下的透明采光带,具有"黄河之水天上来"的磅礴气势。主馆后为文物库房。整个建筑群设计以雄浑博大的"中原之气"为核心,线条简洁遒劲,造型新颖别致,风格独特,气势恢宏,另外还有如河南联通第二长途通信枢纽综合楼、郑州大学图书馆也采用同样的取色原则(图12-3-30)。

在我国传统文化中虽然青灰色不如黄色与红色那样彰显至高无上的地位,但日常中对其使用频率却很高。中国祖

图12-3-30 郑州大学新校区图书馆(来源:毕昕 摄)

先自古掌握青砖的烧制技巧，青砖灰瓦的民居建筑在我国古时中原地区城镇中占到大多数，因此大众广泛认为青灰色是传统民居街巷的主色调。青灰色以其较低的彩度和明度，也更易于与周边环境相协调，因此，河南地区建筑当表现平易近人地域性时，通常会使用青砖、灰顶的配色策略。在当代校园文化建设中，新建完成的大学行政办公建筑大多采用不张扬、平易近人的外观选色。如郑州大学新校区行政管理中心、校史馆和濮阳市规划展览馆就是采用青灰色立面表皮。建筑立面采用"石包玉"的概念，大尺度的虚实对比，给人以强烈的视觉冲击（图12-3-31、图12-3-32）。

图12-3-31　郑州大学新校区校史馆（来源：毕昕 摄）

图12-3-32　濮阳市规划展览馆（来源：《河南最美建筑》）

第十三章　结语：中原建筑文化传承中的挑战与分析

河南地处中原，文化积淀深厚。河南作为人口大省和农业大省，其传统建筑的保护和研究关系到广大城乡的建设和发展，意义深远。

落叶归根。乡愁和乡土的观念凝刻在每个中国人的内心，古村落和传统民居正是我们文化的根基和活的载体。从文化上讲，儒、释、道互补的中国文化传统，影响到中国人生活的方方面面，也影响到建筑师的现代建筑创作，因为在建筑层面，传统上就存在着"地方建筑"与"国家建筑"的长期互动，值得思考的是两者均可在古代典籍或儒家文献中找到其文化上的"根源"，或合理解释，这种文化上和精神上的观念因素不会随着社会的发展而根本荡涤。

就河南而言，随着经济的发展、城市与建筑不断现代化的同时，也逐步"图像化"，在视觉层面存在着一种商业化、物质化和娱乐化倾向，占据着城市和乡村生活的各个空间，地域建筑的差异进一步消除。在文化层面上，这种现状可以说是一种自信力和创造力的丧失，就建筑设计而言，简单抄袭西方设计作品的结果使我们迅速"时尚""前卫"起来，喧闹的表象下，只能靠符号化的形式维持一个虚假的地域想象，"文化强省"的政策如何使文化传承与经济发展相得益彰，是一个创新性课题。而现实中存在的拆旧建新、传统村落和民居建筑的快速消失，这在全国范围来看，河南的情况具有一定的普遍性。因此，结合本书的调研、编写，成为我们对中原建筑文化传承中"传统村落文化""传统民居保护"等问题的进一步探讨，亦是我们因关注现实而对未来产生的思考和忧虑。

回顾20世纪80年代，随着改革开放政策的实施，中国重新走向建设现代化国家方向。西方文化的涌入，冲击着社会生活的方方面面，思想界、艺术界空前活跃，随之而来的"文化热"成为一场遍及社会生活各个领域的文化反思，其实质不是发忧古之情，而是面对现实的巨大反差，对中国文化未来命运的大讨论。中国建筑现代化正是在此文化背景下展开，建筑界因多年封闭造成的落后而产生历史紧迫感，同时，面对西方建筑文化产生了更深的民族意识，开始了"具有现代的、中国的"建筑创作探索。这一问题似乎没有答案，是一个实践性的问题，四十年后的今天仍在探索之中。

1979～1982年美籍华裔建筑师贝聿铭设计和建成的香山饭店（图13-1），引起中国建筑界和媒体的高度关注，并对其展开讨论，表达了有保留的肯定态度。香山饭店丰富的庭院空间，虚实对比的造型，传统文化的细部及其"寻找一条中国建筑创作民族化的道路"的努力得到广泛赞誉；但它高昂的造价，对静宜园遗址自然环境的破坏（砍伐176棵古树）等也为人所诟病。中国建筑师对香山饭店的批评隐含着对其建设特殊性的质疑，香山饭店未能如贝聿铭所愿，成为中国建筑未来发展的范式。但其"符号化"的装饰设计手法影响深远，"菱形窗"的泛滥就是一例。这与西方从20世纪60年代中期开始的后现代主义文化语境相关，到70年代末，成为美国学术界一个主流话语。而当时的中国，首要的任务是普及现代主义。香山饭店由此成为一个焦点，其理论意义超出一般建筑所为。正是在这一历史交错中，贝聿铭从一种西方的视野试图为中国提供修正的现代主义模式，而处于启蒙阶段的中国建筑师完全没有也不可能意识到即将到来的现代化到底意味着什么。这种历史阶段的差异致使中国建筑师对贝聿铭的非西方式现代模式充满疑虑。

在当时的社会文化境遇下，香山饭店的成就被广泛理解为艺术形式和建筑语言的创新。但其对中国建筑文化的触动是根本性的。到此时，人们才开始触及中国传统文化的保守性。追求建筑符号、片段模仿的图像效果风行各地，在以民族性为基础的这次建筑创作现代性的探索中，形式本位占据了主体，如阙里宾舍、北京图书馆新馆、西单商厦方案等，使文化断层出现错置。但新思潮的出现，触动了一部分具有前瞻性的建筑师，设计出一批具有时代特征的作品，开启了中国建筑现代化创作之路，如：广州、深圳的新建筑，而北京国际展览中心成为20世纪80年代最具现代风格的作品（图13-2）。

1992年初，经过一段短暂的经济萧条和政治不确定性，邓小平进行了第二次"南巡"，并赢得了广大干部和群众的支持，再次将中国送上经济改革的进程，"发展才是硬道理"成为20世纪90年代的写照。随之而来的是市场化进程的加速，也带来了建筑创作的繁荣。与20世纪80年代的"文化热"相比，90年代的文化态势更似是一次"后文化热"，它不再是一波人文"思潮"，更似是一场社会"运动"，其内容、形式、规模和影响等远胜于前者。此时商业文化日益兴起，物质主义成为大众文化的主要价值取向，虚伪的装饰满足着人们追求物质、炫耀财富的虚荣心和消费欲。波及建筑领域，在建筑创作繁荣的背后是许多开发商追求建筑的感官刺激，如"福禄寿"建筑（图13-3）等非主流现象的出现正是如此。大量新古典主义，尤其是仿欧风建

图13-1 香山饭店（来源：《贝聿铭全集》）

图13-2 北京国际展览中心（图片来源：郑东军 摄）

图13-3 福禄寿酒店（图片来源：网络）

图13-4 郑州交通银行（图片来源：郑东军 摄）

图13-5 北京国家大剧院（图片来源：郑东军 摄）

筑的盛行，其代价不仅是建筑品味的下降，而是对本土文化的严重挫伤。这种不顾文化、经济，盲目追求矫饰的新古典主义（图13-4），使我们的城市形象更加混乱无序。但究其原因，不能简单归罪于开发商，从建筑角度看，20世纪80年代以来的中国现代建筑创作虽然有不少优秀作品，但缺乏理论指导和总结，创作手法单一，造成千篇一律、千城一面的现象，而一些新古典语言矫揉造作地堆积、拼贴让人产生设计精致的幻觉，把新古典主义降低为一种装饰形式的仿欧风建筑。

中国建筑现代化的道路是一个探索和实践的进程，发展中也伴有问题，如建筑创作中的"假古董"、"洋古董"等现象，使建筑有被腐俗化的倾向，值得思考。因为，急功近利是中国建筑发展的最大隐患，沉溺于物欲必定损害精神的成长，几十年后看这段历史，是否会只剩下一座座没有思想的斑斓废墟。这正是新古典主义发展中的文化危机。

对新古典主义文化批判的本质是一种对待西方文化的态度问题，形式与文化不可分割，时代性、民族性、地方性并非老调重弹。20世纪90年代末，北京国家大剧院（图13-5）的方案竞赛又使形式与文化问题成为大众焦点，着实热闹了一番。建成后，这个闪亮的金属球体，从京城中轴的制高点景山由北向南望去，确实显得突兀和异端。这似乎无可抱怨，因为当初参赛的众多方案大都陷入"形式——功能"、"形式——环境"的怪圈，不能自拔。假设从形式的角度去认识该设计：既然很难做出一个既"现代"又"中国"的方案，那就干脆回避，不谈"形式"！用一个大壳子把功能一罩，做一个无形式的形式。这个简单的椭圆体如何体现大型公建主入口的序列和地位？再次回避，从地下进入！所以，国家大剧院建成预示着传统的"形式本位"的终结，昭示着"技术本位"的前景。

迈入21世纪，中国顺利加入世界贸易组织、成功申办奥运会以及上海世界博览会，无可选择地进入全球化。国力的增强，使中国建筑师能够在与国外相当的技术条件下进行设计，这是一个新的历史契机，其实质是文化话语权的问题，文化自信使中国建筑在现代化发展中更加显现文化传承的重要意义。

2002年，中央电视台新总部大楼的国际建筑设计竞赛具有标志意义。西方明星建筑师库哈斯认为中国正在加入到经济全球化的进程中，并扮演越来越重要的角色，在中国做建筑设计和其他国家没有根本上的差异。问题是如何找到一个与中国社会、经济和文化飞速发展的状态相匹配的新的建筑形式。而任何已有的传统的处理手法都不足以成为这样一种意义的载体。库哈斯所找到的是一个三维的环状摩天楼（图13-6）。在这个环形体量中，一切与电视节目制作和播出相关的功能空间首尾相连，融为一体，形成一个高效率的机构。从形式看，这个建筑物是不稳定不明确的，倍受非议。中央电视台新总部大楼可以说是在全球化背景下以技术本位为基础的一次全新挑战。不管库哈斯如何解释，该建筑强调技术本位而缺乏历史文化根基，其指标性因建设在北京，影响不容忽视。其后的鸟巢、水立方、世博会中国馆等建筑已开始使技术与文化结合，现实由技术本位到文化本位的转型。

图13-6 中央电视台新楼（图片来源：郑东军 摄）

一个民族渴求代表自己文化传统的建筑是很自然的，但如果仅从建筑图像入手，把其理解为过去时代或特定地域的建筑符号、形式或风格，那显然会陷入建筑创作的误区，流于表面的形式再现。所谓"地域性"，虽然常常会反映在建筑的外在形式上，但更多地应当表现在文化的价值取向上。

"忽视未来的人，将冒丧失未来的危险。"（托夫勒语）

对人类命运的关注是当代东方和西方文化的共同趋向。而随着高科技的迅猛发展，后工业社会的显著成果之一，是朝着"巨型"的方向发展。"巨型"潮流不仅操纵着建筑物、传统工具、公共设施、城市和其他人类活动中心，而且包括政府、工业、教育、艺术、科学等机构在内。人们生活在如此紧张复杂的状态中，可能会比以往更觉得无望和不被重视。因此，对建筑的研究不再由建筑设计所形成的形式来衡量，而是以伦理上建筑的精神及其表现的人性意义（价值）决定。正如洛阳市在城市风貌规划建设中所提出的原则：自然质朴，规整有序，端庄大气，文脉清晰，忌轻浮、怪异、炫耀，不搞欧风。

中原建筑文化的传承包括两方面的内容：一是对有价值的传统建筑进行保留、保护和再利用，这就需要研究传统的营建思想和营造技术，使之得以维修和复建；二是对传统的发扬和发展。因为建筑创作需要与时俱进。科技的进步，文化的发展，信息的交流，新型建筑的产生是时代发展的必然。而由中国建筑近四十年历程的内在轨迹可以看出，与1980年代"文化热"相伴的中国建筑现代性和民族性的实践，是21世纪初全球化与地域建筑问题的继续，其问题的实质是从形式本位到技术本位，进而走向文化本位，即尊重历史、尊重生态、尊重生命的价值取向的一种文化自信和文化创造，显现出中西文化由碰撞、交流到共同发展，走中国建筑文化自身发展道路的未来趋向，这也是河南建筑文化传承的必由之路。

参考文献

Reference

[1] 主编李民. 中原文化大典总论[M]. 郑州：中原出版传媒集团、中州古籍出版社，2008.

[2] 主编贾文丰. 中原文化概论[M]. 郑州：中州古籍出版社，2010.

[3] 郑州市城市科学研究会. 华夏都城之源[M]. 郑州：河南人民出版社，2012.

[4] 主编宁稼雨. 华夏文化大观[M]. 天津：百花文艺出版社，2007.

[5] 主编姬建军，蔡邦新. 河南人口问题研究[M]. 郑州：河南人民出版社，1991.

[6] 主编程遂营. 河南旅游历史文化[M]. 北京：中国旅游出版社，2007.

[7] 河南省文物建筑保护研究院. 文物建筑第10辑[M]. 北京：科学出版社，2017.

[8] 总纂邵文杰. 河南省地方史志编纂委员会. 河南省志第十一卷方言志[M]. 郑州：河南人民出版社，1995.

[9] 王星光，贾兵强. 中原历史文化遗产可持续发展研究[M]. 北京：科学出版社，2009.

[10] 吴涛. 中原文化概论[M]. 郑州：大象出版社，2017.

[11] 主编王明贵. 中原文化集萃[M]. 郑州：河南人民出版社，2010.

[12] 赵爱华. 中原文化概论[M]. 北京：经济管理出版社，2015.

[13] 李炎. 南阳古城演变与清"梅花城"研究[M]. 北京：中国建筑工业出版社，2010.

[14] 郑州历史文化丛书编纂委员会. 郑州市文物志[M]. 郑州：河南人民出版社，1999.

[15] 河南省住房和城乡建设厅、文化厅、省文物局、财政厅. 河南省传统村落名录（图册）[M]. 2014.

[16] 郑州市嵩山历史建筑群申报世界文化遗产委员会办公室. 嵩山历史建筑群[M]. 北京：科学出版社，2008.

[17] 郑泰森. 大河之南[M]. 郑州：河南人民出版社，2010.

[18] 河南省第三次全国文物普查领导小组办公室. 河南省文物局. 河南省第三次全国文物普查300项重要发现[M]. 郑州：海燕出版社，2011.

[19] 河南省文物局. 河南世界文化遗产[M]. 郑州：中州古籍出版社，2016.

[20] 主编杨焕成，张家泰. 中原文化大典. 文物典. 历史文化名城[M]. 郑州：中原出版传媒集团、中州古籍出版社，2008.

[21] 主编张玉石. 中原文化大典. 文物典. 城址[M]. 郑州：中原出版传媒集团、中州古籍出版社，2008.

[22] 河南省文物局. 全国重点文物保护单位河南文化遗产[M]. 郑州：文物出版社，2007.

[23] 河南省嵩山风景名胜区管理委员会. 嵩山志[M]. 郑州：河南人民出版社，2007.

[24] 主编宋秀兰. 郑州市文物考古研究院. 郑州市中心城区优秀近现代建筑[M]. 北京：科学出版社，2011.

[25] 杨复竣. 史话太昊伏羲陵[M]. 郑州：中州古籍出版社，1995.

[26] 何平立. 天命、仪礼与秩序演绎——中国文化史要论[M]. 济南：山东人民出版社，2011.

[27] 李芳菊. 走马飞舟赊旗镇（会馆文化丛书）[M]. 郑州：郑州大学出版社，2007.

[28] 李继军，贾雄飞. 开封古城[M]. 上海：东方出版中心，2017.

[29] 齐岸民. 嵩山古建[M]. 北京：中华书局，2009.

[30] 刘有富，刘道兴. 河南生态文化史纲[M]. 郑州：黄河水利出版社，2013.

[31] 分册主编顾馥保，黄华. 中原建筑大典. 20世纪建筑[M]. 郑州：河南科学技术出版社，2013.

[32] 王鲁民. 营国——东汉以前华夏聚落景观规制与秩序[M]. 上海：同济大学出版社，2017.

[33] 杨焕成. 中国古建筑时代特征举要[M]. 北京：文物出版社，2016.

[34] 侯继尧，王军. 中国窑洞[M]. 郑州：河南科学技术出版社，1999.

[35] 邹学德，刘炎. 河南古代建筑史[M]. 郑州：中州古籍出版社，2001.

[36] 薛瑞泽，许智银. 河洛文化研究[M]. 北京：民族出版社，2007.

[37] 贾珺，王曦晨，黄晓等. 河南古建筑地图[M]. 北京：清华大学出版社，2016.

[38] 杜仙洲. 中国古建筑修缮技术[M]. 北京：中国建筑工业出版社. 1983.

[39] 侯继尧，王军. 中国窑洞[M]. 郑州：河南科学技术出版社，1999.

[40] 袁行霈，陈进玉，朱绍侯. 中国地域文化通览：河南卷[M]. 北京：中华书局，2014.

[41] 陆元鼎. 中国民居建筑[M]. 广州：华南理工大学出版社. 2003.

[42] 孙大章. 中国民居研究[M]. 北京：中国建筑工业出版社，2004.

[43] 李浈. 中国传统建筑形制与工艺[M]. 上海：同济大学出版社，2006.

[44] 左满堂，渠滔，王放. 河南民居[M]. 北京：中国建筑出版社，2012.

[45] 孟宪明. 中原文化大典·民俗典·民间生活[M]. 郑州：中州古籍出版社·2008.

[46] 克里斯托弗·亚历山大. 形式综合论. 王蔚，曾引译，张玉坤校.[M]. 武汉：华中科技大学出版社，2010.

[47] 陈志华，李秋香. 中国乡土建筑初探[M]. 北京：清华大学出版社. 2012.

[48] 分册主编张建涛，罗丁. 中原建筑大典·21世纪公共建筑[M]. 郑州：河南科学技术出版社，2013.

[49] 裴志杨，陈华平. 河南最美建筑[M]. 郑州：中州古籍出版社，2016.

[50] 陈华平. 河南最美建筑[M]. 郑州：中州古籍出版社，2016.

[51] 毛葛. 巩义三庄园[M]. 北京：清华大学出版社. 2013.

[52] 陈磊. 洛阳潞泽会馆建筑研究[J]. 文物建筑，2010.

[53] 吕梦柯. 洛阳山陕会馆及其戏楼演剧考述[J]. 戏剧文学，2016.

[54] 余晓川. 河南会馆建筑雕刻题材中的商业文化[J]. 中原文物，2017.

[55] 郑东军，张玉坤. 河南地区传统聚落与堡寨建筑[J]. 建筑师，2005.

[56] 杨焕成. 河南古建筑地方特征举例（上）——兼谈关注地方手法建筑研究[J]. 古建园林技术，2005.

[57] 杨焕成. 河南古建筑地方特征举例（下）——兼谈关注地方手法建筑研究[J]. 古建园林技术，2005.

[58] 祁英涛. 古建筑的维修[J]. 古建园林技术，1985.

[59] 杨新. 中国古建筑维修保护价值观[J]. 中国文物科学研究，2014.

[60] 郑东军，赵凯，张峰. 红旗渠畔古村落——林州任村[J]. 寻根，2006（03）：136-139.

[61] 李鹏飞，贾晓浒，张方超. 豫西窑居院落式适应性再生[J]. 城市建筑，2017（23）：63-65.

[62] 郑东军，曲天漪. 河南商水叶氏庄园保护规划与复建设计探研[J]. 南方建筑. 2013（1）73-77.

[63] 王贵祥. 建筑的神韵与建筑风格的多元化[J]. 建筑学报，2001（9）：35-38.

[64] 李保峰，赵逵，熊雁. 王屋山世界地质公园博物馆[J]. 建筑

学报,2007(1):49-51.
[65] 关肇邺,刘玉龙等. 仰韶文化博物馆[J]. 住区,2012(6):78-81.
[66] 齐康. 创作记事——河南博物院创作[J]. 建筑学报,1999(1):15-18.
[67] 王芳. 绿色生态策略在传统生土建筑改造中的应用———以郑州邙山黄河黄土地质博物馆建筑设计为例[J]. 建筑科学,2014(2):25-29.
[68] 崔恺,张男. 河南安阳殷墟博物馆[J]. 建筑学报,2006(9):39.
[69] 韦峰. 公共建筑"浅"绿色设计策略——以郑州节能环保产业孵化中心绿色示范楼为例[J]. 建筑与文化,2009(10):93-95.
[70] 李斌,何刚,李华. 中原传统村落的院落空间研究——以河南郏县朱洼村和张店村为例[J]. 建筑学报,2014(S1):64-69.
[71] 杜荣. 依山就势,与环境共生——大别山干部学院规划及建筑设计[J]. 建筑与文化,2013(8):86-87.
[72] 王飒,汪江华. 传统建筑技艺内涵与当代传承方式简析[J]. 新建筑,2012(1):136-139.
[73] 郑东军,谷春,闫冬. 河南冢头古镇明清建筑群营造与维修技术探研[J]. 中国名城,2016(8):83-88.
[74] 王铎,吴庆洲,喻学才等. 建筑文化的春天——"中国建筑文化运动"回眸. [J]. 华中建筑,2006(11):1-7.
[75] 黄华,郑东军. 中国传统建筑在近代的文化转型. [J]. 重庆建筑大学学报,2002(5):5-8.
[76] 李炎. 河南传统堡寨式聚落初探[D]. 郑州:郑州大学,2005.
[77] 尹亮. 河南乡土建筑类型及区划研究[D]. 郑州:郑州大学,2011.
[78] 王麟. 郑州地区传统民居的装饰艺术研究[D]. 开封:河南大学,2011.
[79] 陈阳. 基于类型学的荥阳传统民居形态研究[D]. 郑州:郑州大学,2012.
[80] 谭蓉. 荥阳地区合院式传统民居营造技术研究[D]. 郑州:郑州大学,2013.
[81] 颜艳. 河南省巩义窑洞建筑研究[D]. 武汉:华中科技大学,2013.
[82] 陈豪. 河南省郏县传统民居建筑文化研究[D]. 郑州:郑州大学,2014.
[83] 高娜. 豫中传统民居现状调查研究[D]. 郑州:郑州大学,2014.
[84] 瞿平山. 基于自然地理学下的豫西地区窑洞民居研究[D]. 郑州:郑州大学,2014.
[85] 刘攀. 郑州传统民居营造技术研究[D]. 郑州:郑州大学,2015.
[86] 王晓丰. 河南巩义传统民居建筑文化研究[D]. 郑州:郑州大学,2017.
[87] 刘洋. 河南郏县传统村落群保护与再利用探研[D]. 郑州:郑州大学,2018.
[88] 吕阳. 豫南地域文化背景下信阳传统村镇聚落空间模式研究[D]. 郑州:郑州大学,2015.
[89] 张书林. 河南近代建筑文化探研[D]. 郑州:郑州大学,2012.
[90] 路晓明. 豫北地区生土建筑的结构类型与构造研究[D]. 焦作:河南理工大学,2010.
[91] 张萍. 豫北山地民居的人文区划与类型研究[D]. 郑州:郑州大学,2012.
[92] 李松松. 河南道口古镇街巷空间与传统建筑研究[D]. 郑州:郑州大学,2014.
[93] 庄昭奎. 豫北平原地区传统民居营造技术研究[D]. 郑州:郑州大学,2015.
[94] 吴永发. 地区性建筑创作的技术思想与实践[D]. 上海:同济大学,2005.
[95] 郑小东. 建构语境下当代中国建筑中传统材料的使用策略研究[D]. 北京:清华大学,2012.

[96] 产斯友. 建筑表皮材料的地域性表现研究[D]. 广州：华南理工大学，2014.

[97] 户宗帝. 河南当代公共建筑创作中的文化传承与设计表达探析[D]. 郑州：郑州大学，2018.

[98] 刘超杰. 河南鹤壁地域建筑文化研究[D]. 郑州：郑州大学，2018.

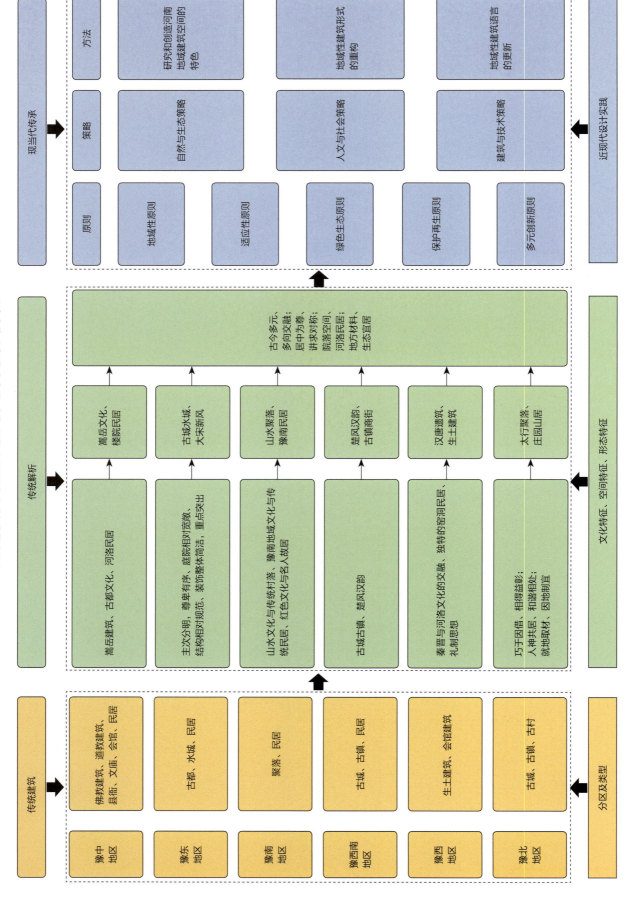

后 记

Postscript

历时两年，《中国传统建筑解析与传承 河南卷》书稿终于完成。

回想起两年前接受此项工作时确定的目标和研究、写作过程，期间的思考、困惑和收获，感慨良多。

写作过程本身亦是对河南传统建筑重新思考的过程，作为地方高校，对河南地域文化的研究有一定的基础和积累，但这次把解析和传承两方面结合起来，系统地对河南传统建筑进行理论梳理和阐述，仍是一个复杂的工作。

感谢写作团队的分工协作和踏实工作，期间河南省住建厅及村镇处、中国建筑出版传媒有限公司（中国建筑工业出版社）、河南省文物局、郑州大学建筑学院等领导、专家对本卷的编写工作都给予了大力支持和指导。调研期间，河南各地市、县住建和文物部门给予了大力支持和配合，令人难忘。

本卷初稿完成之际，河南省文物局原局长杨焕成研究员、河南省建筑设计院有限公司郑志宏总建筑师、河南省文物建筑保护设计研究院吕军辉副院长、河南省城乡规划设计总院有限公司黄向球总规划师、中国建筑工业出版社李东禧编审和吴绫副主任以及清华大学建筑学院罗德胤教授等又提出了具体和中肯的意见和建议。

本卷得以完成，是编写组共同努力的结果，书稿各章汇总后，由郑东军、宁宁、王晓丰、毕昕对整体章节结构、文字和插图进行梳理、调整和编排，其中主要分工如下：

绪论部分：第一章第一节~第三节：韦峰；第四节：郑东军；

上篇：第二章：郑东军、王晓丰；

　　　第三章：李丽、许继清、渠滔、郭兆儒、史学民；

　　　第四章：黄华、牛小溪；

　　　第五章：赵凯、张帆、闫冬；

　　　第六章：唐丽、黄黎明、宁宁；

　　　第七章：陈兴义、宁宁、王璐、毕小芳、张萍、庄昭奎；

　　　第八章：郑东军；

下篇：第九章：黄华、韦峰；

　　　第十章：李红建、王东东、白一贺；

　　　第十一章：许继清、陈伟莹、王坤、叶蓬；

　　　第十二章：毕昕、郑丹枫；

　　　第十三章：郑东军。

郑州大学建筑学院刘晓萌、吕阳、刘攀、张书林、刘超杰、刘洋、户宗帝、崔畅、王露、马睿晗、刘亚伟、程子栋、刘庚、桂平飞、李岚洋、栗小晴、毛鑫轶、申芮宁、白海迪、方广琳、杨璐、蒋辉、汤俊霞、王沛雨、李广伟等多届多位研究生和郑州大学城市规划设计研究院有限公司的张文豪、毛原春、李天平、于雷等设计人员参与了调研、测绘、航拍和绘图工作，以及河南省村镇规划协会高磊秘书长提供的相关资料，在此一并致谢！并对参考文献和引用插图及当代设计案例的单位和设计者们表示感谢！

对河南传统建筑的解析与传承是一个动态的、实践性的课题，本书作为一个阶段性的成果，仍有待相关学科和建筑设计实践的提升不断完善，也恳请广大读者和同仁批评指正！